水闸施工技术

主　编　吕希宏　宋家东
副主编　李亚平　靳记平　王棕旭　张　琦
主　审　龙振球

黄河水利出版社
·郑州·

内 容 提 要

全书共分九章。主要内容包括:施工导流、基坑排水、闸基开挖、常用地基处理方法、建闸材料的工程性质及各项技术要求、闸体的施工技术、金属结构的制作安装技术要求、文明施工和安全管理与环境保护、施工组织与管理。

本书实用性强,通俗易懂,具有现场使用、借鉴价值,可作为水闸施工技术工程人员及监理人员的参考用书。

图书在版编目(CIP)数据

水闸施工技术/吕希宏,宋家东主编 . —郑州:黄河水利出版社,2013.10
ISBN 978 - 7 - 5509 - 0560 - 3

Ⅰ.①水… Ⅱ.①吕… ②宋… Ⅲ.①水闸 - 工程施工 Ⅳ.①TV66

中国版本图书馆 CIP 数据核字(2013)第 245040 号

出 版 社:黄河水利出版社
　　　　　地址:河南省郑州市顺河路黄委会综合楼 14 层　邮政编码:450003
发行单位:黄河水利出版社
　　　　　发行部电话:0371 - 66026940、66020550、66028024、66022620(传真)
　　　　　E-mail:hhslcbs@ 126. com
承印单位:黄河水利委员会印刷厂
开本:787 mm×1 092 mm　1/16
印张:15
字数:347 千字　　　　　　　　　　　印数:1—1 000
版次:2013 年 10 月第 1 版　　　　　　印次:2013 年 10 月第 1 次印刷
定价:45.00 元

前　言

　　水闸在防洪、治涝、灌溉、供水（引水）、航运、发电等水利水电枢纽中应用十分广泛。水闸建设质量的优劣，对社会的经济发展和人民的人身安全等有着重要的意义。因此，提高水利专业人员职业素质对保护国家安全和财产有着极其重要的意义。

　　为贯彻好中央一号文件精神，努力推动水利跨越快速发展，为满足广大水利工程施工、监理等技术人员的需要，在少而精、易掌握的前提下，根据多年从事工程建设施工、监理的经验，编写了本书。其知识性、系统性、完整性、严谨性和实用性较强，能理论联系实际，满足实践需求，使广大施工、监理等技术人员掌握水闸工程施工的基本方法、工序和建设材料性质，将所学理论知识和方法在工程实践中加以应用。

　　本书由河南省第一水利工程局吕希宏、宋家东担任主编，由河南省第一水利工程局李亚平、靳记平、王棕旭，薄山水库张琦担任副主编，由龙振球担任主审。

　　本书内容简明扼要，利于理解，适合水利水电工程专业教学使用，也可供相关领域的技术和管理人员参考。

　　本书编写过程中参考了相关人员的文献，并收集了有关单位的施工组织设计。在此，也对这些书刊、资料的作者表示衷心的感谢。

　　由于编者水平有限，加之时间仓促，难免存在错误和不足之处，恳请读者批评指正。

编　者

2011 年 6 月

前　言

目 录

第一章　施工导流

水闸是修建在河道或渠道上利用闸门控制流量和调节水位的低水头水工建筑物,可以拦洪、挡潮或抬高上游水位,以满足灌溉、航运、发电、工业及生活用水等需求,在水利工程中应用广泛。

因在河道及渠道上修建水利水电工程的水闸时,施工期间往往会与社会各行业对水资源的技术控制和综合利用的要求发生矛盾,如防汛、供水、发电等,故必须在整个施工过程中对河道进行控制。也就是,将河道上游的来水量按预定的施工技术措施进行控制,来解决工程施工和水流蓄泄的矛盾,创造干地施工的条件,避免水流对建筑物施工造成的不利影响。

因此,应根据施工导流的特点,选定导流建筑物的布置、构造形式及尺寸,并拟定导流建筑物拆除、堵塞的施工方法及截流河床断面、拦洪度汛的方案,基坑排水的措施等。

第一节　施工导流的特点

施工前由于水闸所建的位置具有地表水或较高的地下水,施工无法进行,因此在施工前必须设法把这两部分水流引至水闸位置以外,所以施工导流首先要修建导流泄水建筑物,再修建挡水建筑物(围堰)进行河道截流,迫使河道水流改由导流泄水建筑物下泄,即利用临时挡水建筑物(围堰)抬高水位,并沿着事先开挖的引水渠,将河流引导到水闸的下游,然后进行施工过程的基坑排水,以保证施工场地的干燥。其主要特点如下:

(1)施工导流虽属临时工程,但在整个水闸的工程施工中是一项至关重要的单项工程,它不仅关系到整个工程的施工进度及工程完成时间,而且对施工方法的选择、施工场地的布置以及工程的造价有着很大的影响。

(2)为了解决好施工导流的问题,其设计和施工时的任务是,事先研究分析当地的自然条件、水文地质、气候等因素和工程特性及其他行业对水资源的需求,选择导流方案,划分导流时段。

(3)在工程的施工组织设计中,必须做好施工导流设计。根据当地的水位资料、地形地貌的具体情况,选定导流标准和导流设计流量,确定导流建筑物和围堰的形式、布置方法、构造和尺寸。

(4)合理拟定导流和挡水建筑物修建、拆除、封堵的施工方法,拟定河道截流、拦洪度汛和基坑排水的技术措施,并通过经济技术比较,选择一个最经济合理的导流方案。

第二节　施工导流的方法

施工导流的基本方法可分为两类:一类是全段围堰法导流(即河床外导流),另一类是分段围堰法导流（即河床内导流）。

一、全段围堰法导流

全段围堰法导流是指在河床外距水闸主体工程轴线（水闸）上下游一定距离各修建一道拦河坝体，使河道中的水流经河床外修建的临时泄水建筑物或永久泄水建筑物下泄，待主体工程建成或接近建成时，再将临时泄水建筑物封堵或拆除。

全段围堰法，按泄水建筑物的类型不同可分为明渠导流、涵洞导流、涵管导流等，一般适用于枯水期，流量不大、河道狭窄的中小河流。

（一）明渠导流

明渠导流是指在河岸或河滩的一边开挖渠道，上下游围堰一次拦断河床形成基坑，保护主体水闸建筑物干地施工，天然河道水流经河岸或滩地所开挖的导流明渠流向下游。

1. 明渠导流的布置形式

布置导流明渠，应在较宽的台地或滩地，渠身轴线要伸出上下游围堰外坡脚，水平距离要满足防冲要求，一般以 50 ~ 100 m 为宜。为了施工方便，渠线要短，一定要保证明渠中水流顺畅。为此，一般要求进口中心与河道主流的交角小于 30°，其转弯半径不宜小于 3 ~ 5 倍的渠底宽度。为了延长渗径，减少明渠中的水流渗入基坑，明渠与基坑之间要求有足够的距离。导流明渠最好是单岸布置，以利于工程施工和避免深挖方。

明渠进出口位置和高程，应根据实际的地形地貌及地质条件决定。基本要求：明渠进口、出口力求不冲不淤和不产生回流，可通过水利模型调整试验来确定进口的形式和位置，以达到理想的效果。进口高程按截流设计选择，一般由下游消能控制，通航的河道进出口高程和渠道水流流态应满足施工时通航和排水的要求，在满足上述条件的情况下，尽可能抬高进出口高程，以减少水下开挖的工程量。

2. 明渠断面形式的选择

明渠断面形式的选择：一般选择为梯形，当渠底为坚硬岩石时，可设计成矩形。有时为满足截流和通航的不同目的，也可设计为复式梯形断面。

3. 明渠断面尺寸的确定

明渠断面尺寸应由设计导流流量控制，并受地形、地质和允许抗冲流速的影响，应按不同的明渠断面尺寸与围堰相组合，通过计算和综合分析确定。

渠道的过水断面面积可按下式计算：

$$A = \frac{Q}{[v]} \tag{1-1}$$

式中　A——明渠过水断面面积，m^2；

　　　Q——导流设计流量，m^3/s；

　　　$[v]$——渠道中的允许流速，m/s。

4. 明渠糙率的确定

明渠糙率的大小直接影响到明渠的泄水能力，而影响糙率大小的主要因素与渠道衬砌材料、开挖方法、渠底渠坡的平整度等有关，可根据具体情况查阅有关资料确定。对重要的大型明渠工程，应通过模型试验选取糙率。

明渠结构布置应考虑后期封堵要求。当施工期有通航和排冰任务,明渠较宽时,可在明渠内预设闸门墩,以利于后期封堵;当施工期无通航和排冰任务时,应于明渠通水前将明渠段施工到适当高程,并设置导流底孔,以便为封堵工作做好准备。

明渠导流一般适用于岸坡平缓或有一岸具有较宽的台地、垭口或直河道的地形。

(二)涵管导流

涵管导流,一般布置在靠近岸边的河床台地或岩基上。进水口底板高程常设在枯水期最低水位以上,这样可以不修围堰或先修一小围堰而先将涵管埋筑好,再修筑上下游全段围堰,将河水引经涵管下泄。涵管导流一般为钢筋混凝土结构。由于涵管的泄水能力较小,因此一般用于导流流量较小的河流或用来担负枯水期的导流。当河岸为台地时,可在台地上开挖梯形断面的沟槽,然后封上钢筋混凝土涵管,为了防止涵管外壁和封土之间发生渗流,必须严格控制涵管外壁回填土料的分层、压实质量。同时,要在涵管的外壁每隔一定距离设置一道截水环,截水环与涵管连成一体同时浇筑,其作用是延长渗透水流的途径,降低渗流的水力坡度,减少渗流的破坏作用,同时应注意对涵管本身的温度缝或沉陷缝的处理,防止管身漏水。

二、分段围堰法导流

分段围堰法导流亦称分期围堰法,是利用围堰将河床分期、分段地围起来修建水闸的施工方法,分期、分段进行导流是在大江大河上修建水闸常采用的施工方法。分期是从时间上将施工导流分成几个时间段,分段是利用围堰将河床围成几个施工地段。导流的分期数和围堰的分段数并不一定相同,因为在同一导流的分期内,建筑物可以在一段围堰内施工,也可以同时在两段围堰内施工,但分的段数越多,围堰的工程量也相应地增大,施工就越来越复杂,随之工期越来越长。因此,在国内一般水闸的工程施工中,多采用二期二段的施工导流。

所谓二期二段导流法是把施工导流分为前期导流和后期导流。前期由束窄的河道导流,后期利用修建的建筑物泄水导流。

(一)前期导流

在确定分期、分段导流的施工方案时首先要确定一期围堰的位置。应根据结构布置的情况及纵向围堰所处的河床地形、地质、水力条件,施工场地以及进入基坑的交通道路来确定。尽量使各期的工程量大体平衡,并要考虑以下几个方面:

(1)导流的过水能力的要求。不但要满足一期导流的要求,还要满足二期导流的要求。

(2)河床地形、地质条件。要充分利用滩地、河心洲或礁岛作为纵向围堰或纵向围堰的一部分。

(3)围堰所围的范围,力求使各期的施工能力与施工强度相适应,工作面的大小应有利于布置所需的施工机械设备。

(二)后期导流

后期导流的方式,即事先在一期工程的建筑物地段内修建好临时的泄水孔,让进入后期导流施工时段全部或部分导流流量通过的下游。

总之,在实际工程中,必须根据工程的布置和水闸建筑物的形式以及施工条件因地制宜,进行恰当灵活的联合应用,才能比较经济合理地解决好整个施工期的施工导流问题。

三、导流标准和时段

(一)导流标准

导流标准的选择:导流设计流量是选择施工导流方式和确定导流建筑物形式的主要依据,要根据不同的施工导流时段选用某个设计标准相对应的导流流量值,从而确定导流方案和进行导流建筑物的设计。选择施工导流标准的高低对工程的造价和施工安全有很大影响。标准选择的目的是确定施工期间上游的来水量。目前,施工期河流来水量的计算仍然采用传统的数理统计方法。

导流标准的选择是以频率的方式预估一洪水重现期可能出现的水情,然后根据主体工程的等级,确定施工导流建筑物的级别,并结合施工期间流域的气象、水位特征以及导流工程失事后对工程自身和下游两岸可能造成的损失,选定某一洪水重现期作为导流设计标准。根据《防洪标准》(GB 50201—94),水利工程导流建筑物的设计洪水标准如表1-1所示。

表 1-1　水利工程导流建筑物的设计洪水标准划分

永久建筑物等级	1、2	3、4
导流建筑物等级	3	4
山区、丘陵区	50~30	30~20
平原区、滨海区	20~10	10

确定导流设计流量时,要考虑围堰的挡水任务。如为全年挡水应按等级选用相应频率的全年洪水流量作为设计标准;若只挡枯水期上游的来水,则应按该时段相应频率的洪水流量作为设计标准,该时段称为围堰挡水时段。施工工期,挡水时段经技术经济比较后在重现期为3~20年的范围内选定。当水文系列较长(不小于30年)时,也可根据实测流量资料分析选用。

(二)导流时段

导流时段划分的基本要求是要保证施工安全和经济效益。原则是所制定的导流方案能促使加快施工进度和缩短工期,这些因素是确定导流时段的关键。因此,应合理地划分导流时段,根据河道在不同时间的来水量,明确在不同流量情况下,导流建筑物的工作条件,既安全又经济地完成导流任务。

(三)施工导流流量的确定

在导流标准和导流时段确定后,可根据当地水文气象资料参照下面的方法确定施工导流流量。

1.实测流量资料分析法

可以根据选定的导流标准和导流建筑物的类型确定导流时段相应的导流设计流量,并在一年中取一个已定导流标准下的最大流量作为施工度汛的洪水流量。根据流量频率分析的结果,洪水重现期短(3~5年)的用不同时段(即全年、丰水期、枯水期和分月)分析得出的流量值比较,重现期长的就有较大的差异。重现期越长计算值相差越大,因此分月洪水一般多用来做施工截流和安排施工月进度的参考依据。

2. 流量模数计算法

从当地的水位图集中可查得不同季节、不同频率或重现期的流量模数,然后根据流量模数计算导流流量,其计算公式如下:

$$Q_{P导} = q_P F \quad (\text{m}^3/\text{s}) \tag{1-2}$$

式中 $Q_{P导}$——相应频率为 P 时的导流流量,如重现期为 N 年,则相应频率 $P = \dfrac{1}{N}$;

q_p——相应频率为 P 时的流量模数,$\text{m}^3/(\text{s} \cdot \text{km}^2)$;

F——集雨面积,km^2。

3. 雨量资料推算法

根据雨量资料(可通过日雨量和 24 h 雨量关系求得)进行按月时段或全年的 24 h 暴雨或短历时暴雨频率分析,用推理化公式推算流量。

$$Q_{P.\,CP} = 1\,000 C H_{24.\,P}F/86\,400 = 0.011\,6 C H_{24.\,P}F \tag{1-3}$$

式中 $Q_{P.\,CP}$——相当于频率为 P 的 24 h 平均流量,m^3/s;

C——径流系数,根据集雨面积内地形、地质、植被好坏来选用,$C = 0.6 \sim 0.9$;

F——集雨面积,km^2;

$H_{24.\,P}$——相当于频率为 P 的 24 h 降雨量,mm。

也可用下式估算流量:

$$Q_{P.\,CP} = 1\,000(H_{24.\,P-24})F/86\,400 = 0.011\,6(H_{24.\,P-24})F \tag{1-4}$$

式中 $H_{24.\,P-24}$——相当于频率为 P 的 24 h 雨量减去 24 h 稳定入渗水量,mm/h。

丰水期最大洪峰流量可用下式计算:

$$Q_{\max.\,P} = 1\,000 i_{t.\,P-1}F/3\,600 = 0.278 i_{t.\,P-1}F \tag{1-5}$$

式中 $Q_{\max.\,P}$——频率为 P 时的最大流量,m^3/s;

$i_{t.\,P-1}$——集流时间 t 相应频率为 P 的暴雨强度,mm/h;

F——轴线以上流域的集雨面积,km^2。

4. 河床束窄后的流速计算公式

$$V_c = \frac{Q}{\varepsilon(A_0 - A_1)} \tag{1-6}$$

式中 V_c——河床束窄后的流速,m/s;

Q——一期导流的设计流量,m^3/s;

ε——侧收缩系数,一般采用 $0.9 \sim 0.95$;

A_0——原河床的过水断面面积,m^2;

A_1——一期围堰所占据原河床的过水断面面积,m^2。

第三节　围堰工程

围堰是一种用于围护修建挡水建筑物的一种挡水临时建筑物,是保证施工能在干地上的基坑,在完成工程施工导流的任务后进行拆除。为此,修筑围堰除满足一般挡水的要求外,还要满足稳定和相对不透水、抗冲刷等要求。修建时应充分考虑利用当地的地形条件及优先选用当地的建筑材料,要使得堰体结构简单、施工方便、经济实用、便于拆除等。

一、围堰的形式和构造

围堰形式的基本要求:围堰的断面尺寸及填筑材料的选用要根据围堰的高度、当地建筑材料、施工工期和确保施工安全的要求来确定。既要使其满足稳定、防渗、防冲的要求,又要使其结构简单,施工方便,能就地取材,造价低廉,修建、维护及拆除方便。其形式和构造有如下几种。

(一)土石围堰

土石围堰是水利工程中最广泛采用的一种围堰形式,如图1-1所示。它是用当地材料填筑而成的。不仅就地取材和充分利用开挖弃料做围堰填料,而且结构简单、施工方便、便于拆除、造价低廉、经济实惠、适应性好。可在流水中、深水中、岩基或有覆盖层的河床上修建。但其工程量较大,堰身沉陷变形也较大。

土石围堰的结构形式在满足施工导流期正常运行的情况下应力求简单,便于施工。一般用于横向围堰,但在宽阔的河床中分期导流时,由于围堰束窄,河床增加的流速不大,也可作为纵向围堰,但需要注意防冲,以确保围堰的安全。

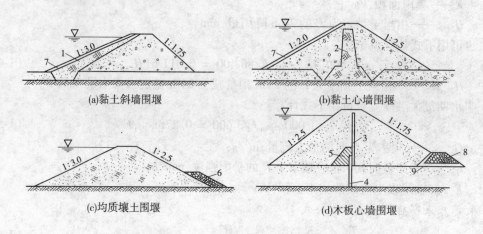

(a)黏土斜墙围堰   (b)黏土心墙围堰

(c)均质壤土围堰   (d)木板心墙围堰

1—斜墙;2—心墙;3—木板心墙;4—钢板桩防渗墙;5—黏土;
6—压重;7—护面;8—滤水棱体;9—反滤层
图1-1 土石围堰

(二)草土围堰

草土围堰是一种以草土结构组成的围堰,如图1-2所示。

草土围堰是我国劳动人民自古以来进行河堤堵口的常用形式,如草料为麦秸、稻草、芦柴、柳枝等。其优点是结构简单、施工方便。如草袋围堰、捆草围堰、捆厢塌围堰等,其施工进度快、取材容易、造价低、拆除方便,有一定的抗冲、抗渗能力。但堰体容重小,只适用于软土地基,且因柴草易腐烂,所以一般用于短期的或辅助性的围堰。

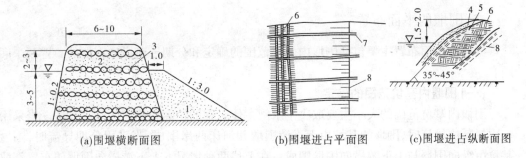

(a)围堰横断面图   (b)围堰进占平面图   (c)围堰进占纵断面图

1—戗土;2—土料;3—草捆;4—黏土;5—散草;

6—草捆;7—草绳;8—河岸线或堰体

图 1-2 草土围堰断面及施工示意图 (单位:m)

(三)草袋围堰

草袋围堰断面形式如图 1-3 所示。

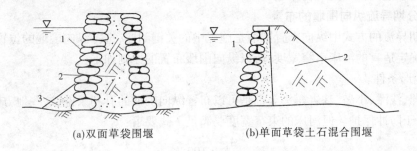

(a)双面草袋围堰   (b)单面草袋土石混合围堰

1—草袋;2—回填黏性土;3—抛填土方压脚

图 1-3 草袋围堰断面形式

草袋围堰双面或单面叠放盛装土料的草袋或编织袋,中间夹填黏性土或在迎水面叠放装上土料的草袋,背水面回填土石,这种围堰一般适用于施工期较短的中小型水闸工程。

(四)水沙吹填编织袋围堰

随着时代的发展和研制发明新材料的生产与施工新技术的不断推新革旧,常用于水利工程施工中的围堰工程修筑、便道易遭暴风雨冲毁、水中防护堰土体走失坍塌和修筑地形复杂及整体承载能力差的难点迎刃而解。实践与试验证明,采用水沙吹填编织袋围堰新技术施工法,施工工艺简单易行,经济效益明显,很值得推广运用。

水沙吹填编织袋围堰的工程特点:工期紧、任务得、难度大。

施工方法:先将第一根吹填料袋铺设好靠近钢桩,两端用绳子或铁丝扎紧,将挖塘机泥浆带输出口插入充填袋袖口内绑扎牢固后,开始向内吹填泥浆,吹填袋迅速被充满且产生一定压力(充填时要多次充填,以免压力过大胀破),泥浆内的水被压挤排至充填袋外(编织袋具有滤沙排水特性),充好后可将袖口扎紧扎严,以防外漏跑沙,完成第一条再铺设第二条、第三条……。根据原地形从低到高排严,逐步抬高,可根据挡水围堰断面的大小铺设充填袋,充填好后需固定好。将露出水面的部分用土料加以覆盖保护,以免被其他施工设备碰破损坏。

二、围堰的平面布置

围堰的平面布置主要包括围堰内基坑范围的确定和分期导流纵向围堰的布置两个问题。

（一）围堰内基坑范围的确定

围堰内基坑范围的大小主要取决于水闸主体工程的轮廓和相应的施工方法。当采用一次拦断法导流时，围堰的基坑由上下游围堰和河床两岸围成；当采用分期导流时，围堰基坑由纵向围堰与上下游横向围堰围成。在上述两种情况下上下游横向围堰的布置都取决于水闸主体工程的轮廓，通常基坑的坡脚距主体工程轮廓的距离不应小于 $20 \sim 30$ m，以便布置排水设施及交通运输道路，堆放材料和模板等。至于基坑开挖边坡的大小，与地质条件有关。实际工程的基坑形状和大小往往是不相同的，有时为照顾建筑物的需要，将轴线利用地形以减小围堰的高度和长度。为了保证基坑开挖和主体建筑物的正常施工，基坑范围要求适当留一定的富余地。

（二）分期导流纵向围堰的布置

在分期导流的方式中纵向布置围堰是施工中的关键问题，选择纵向围堰的位置，实际上就是要确定适宜的河床束窄宽度，所以纵向围堰布置的原则如下：

（1）地形条件。

河心洲、浅滩、小岛、基岩露头等都是可以布置纵向围堰的有利条件，这些地方便于施工，并有利于防冲保护。但河床的束窄宽度要满足下式要求：

$$K = \frac{A_1}{A_2} \times 100\% \qquad (1\text{-}7)$$

式中　K——河床束窄的宽度，一般为 $47\% \sim 68\%$；

　　　A_1——原河床的过水面积，m^2；

　　　A_2——围堰和基坑所占据的过水面积，m^2。

河床的允许束窄宽度主要与河床的地质条件有关。对于易冲刷河床，一般允许河床产生一定程度的变形，但是要保证河岸及围堰堰体免受淘刷，束窄流速可允许达到 3 m/s 左右，对岩石河床允许束窄宽度主要视岩石的抗冲流速而定。

（2）导流过水的要求。

一期基坑中能否布置下宣泄二期导流流量的泄水建筑物。

由一期转入二期施工时的截流落差是否过大。

在进行一期导流布置时，不但要考虑束窄河道的过水条件，而且要考虑二期截流与导流的要求。

（3）施工布局的合理性原则。

一期工程强度可比二期低些，但不宜相差太悬殊。

各期基坑中的施工强度应尽量均衡。

如有可能分期分段，数量应尽量少一些。

导流布置应满足总工期的要求。

当采用分期导流时上下游围堰一般不与河床中心线垂直，围堰的平面布置常呈梯形，可使水流畅顺,同时便于运输道路的布置和衔接;当采用一次拦断法导流时,上下游围堰不存在突起的绕流问题。为减少工程量,围堰多与主河道垂直。纵向围堰的平面布置形式常采用流线型和挑流布置。

三、围堰高度的确定

围堰高度应根据不同的导流泄水建筑物,在达到设计规定的过水能力时,上下游河床的水面高程加预留的安全加高来确定。安全超高值:对于不过水围堰,一般为 0.7~1.0 m;对于过水围堰,一般为 0.5 m。

四、围堰的拆除

围堰是临时建筑物,当导流任务完成后,应按工期和设计施工的要求进行拆除,以免影响水闸主体建筑物的施工及建筑物的正常运行。如果采用分期分段围堰法施工,第一期工程的上下游横向围堰拆除不彻底,务必影响第二期工程的泄水能力,增加下步工作的难度和工程量。如果采用全段围堰法施工,下游横向围堰拆除不彻底,将会使水位抬高,影响施工。所以,一般应选择在最后一次汛期过后,当上游水位下降时,从围堰的背坡处分层从上到下进行拆除。拆除期间必须保证残留的围堰能继续挡水和安全稳定,以免发生溃堰事故,使基坑过早淹没而影响施工。在最后的拆除中,基坑内所有的材料和设备及一切杂物都应事先运走和清除。土石围堰及草土围堰均可用正反铲挖掘机开挖和机配汽车运输,也可用人工进行拆除。土石围堰的拆除方法与顺序如图1-4所示。

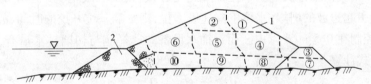

1—正向铲挖除;2—索式挖掘机挖除;①~⑩—拆除顺序

图 1-4　土石围堰的拆除方法与顺序

第二章 基坑排水

在河道或渠道上修水闸时,当围堰闭气后,应立即开始排除基坑内的积水和渗水,以保证随后在开挖基坑和进行基坑内水闸建筑物的施工过程中干地施工的场地。因此,基坑排水包括两个方面:一是基坑开挖前的初期排水,二是在水闸施工过程中的经常性排水。

第一节 基坑初期排水及经常性排水

一、初期排水

基坑初期排水是指排除围堰内闭气后的基坑积水和渗水及由于天气原因所下的雨水等。这些水可用固定式抽水机将水抽到下游河道或渠道中去,这种抽水方法属明式抽水法。

初期抽水阶段,基坑的水位允许下降速度需根据围堰的形式、基坑的地基特性及围堰的填筑质量和基坑内水深而定。水位下降速度过快,则围堰或基坑边坡中的动水压力变化过大,容易引起边坡的坍塌;水位下降速度太慢,则影响基坑开挖的时间,故一般将水位下降的速度控制在 0.5 m/d 以内。而对抽水设备的选择应与初期排水量有关,先要估算抽水量,由下式计算:

$$Q_{初} = Q_{积} + Q_{渗} \tag{2-1}$$

式中　$Q_{初}$——初期排水量,m^3/s;

　　　$Q_{积}$——基坑内的积水量,m^3/s;

　　　$Q_{渗}$——抽水过程中不断渗入基坑的流量,按渗流公式计算后,用试抽法修正,m^3/s。

如遇降雨,则在式(2-1)中再加上降雨量。

根据实际工程的经验统计分析,初期抽水量可按下式估算:

$$Q_{初} = (2 \sim 3)\frac{W}{T} \tag{2-2}$$

式中　$Q_{初}$——初期排水量,m^3/s;

　　　W——基坑中积水的体积,m^3;

　　　T——抽水时间,s;

　　　$2 \sim 3$——系数,作为初期抽水总量是围堰内积水量的 $2 \sim 3$ 倍,当围堰和基础防渗不好时,可能超过 3 倍,而防渗良好时可能不到 2 倍。

根据抽水量即可估算泵站抽水设备的配备功率和选用抽水机的类型,并考虑20%以上的备用功率,备用功率不应小于泵站中最大的 1 台水泵功率。水泵站由多台水泵组成,以便在不同抽水量和扬程的情况下灵活应用。

二、经常性排水

经常性排水量的确定,主要包括围堰和基坑的渗水、降雨、地基岩石冲洗及混凝土养护用水,所以设计中一般要考虑两种不同的组合,从中依据最大者来选择排水设备。一种组合是渗水加降水,另一种组合是基坑积水、渗水、降水、施工用水。

(一)降雨量的确定

在基坑排水中,大型工程可采用 20 年一遇 3 日暴雨中最大的连续 6 h 雨量,故基坑的降雨量可根据降雨强度和基坑集雨面积求得。

(二)施工过程中的用水确定

施工过程中的用水主要考虑混凝土养护用水。其用水量估算应根据气温条件和混凝土养护的要求而定。一般估算可按每立方米混凝土每次用水 5 L,每天养护 8 次计算。

(三)渗流流量的计算

通常基坑渗流的总量主要包括围堰的渗流量和基坑的渗透量两大部分。一般可参照基坑的地质条件,并和围堰所用的建筑材料的渗透系数有关,所采用的计算方法有以下几种情况:

(1)当基坑远离河岸不必围围堰时,渗入基坑的全部流量 Q 的计算。首先按基坑的宽长比 (B/L) 将基坑分为窄长形基坑 $(B/L \leqslant 0.1)$ 和宽阔形基坑 $(B/L > 0.1)$。前者按沟槽公式计算,后者则化为等效的圆井,按井的渗流公式计算。

(2)筑有围堰的基坑渗流量的计算,将基坑简化为等效圆井计算,一般有两种情况。

①无压基坑。如图 2-1 所示,首先分别计算出上下游面基坑的渗流量 Q_1 和 Q_2,然后相加,则得基坑的渗流量。

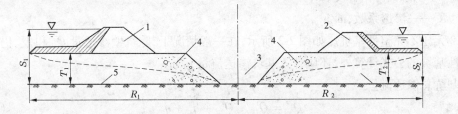

1—上游围堰;2—下游围堰;3—基坑;4—基坑覆盖层;5—隔水层

图 2-1　有围堰的无压完整性基坑

$$Q_1 = \frac{1.365}{2} \times \frac{K(2S_1 - T_1)T_1}{\lg \frac{R_1}{r_0}} \tag{2-3}$$

$$Q_2 = \frac{1.365}{2} \times \frac{K(2S_2 - T_2)T_2}{\lg \frac{R_2}{r_0}} \tag{2-4}$$

式中　K——基础的渗透系数;

R_1、R_2——降水曲线的影响半径;

r_0——将基础简化为等效圆井时的化引半径。

对于不规则形状的基坑：

$$r_0 = \sqrt{\frac{F}{n}} \qquad (2\text{-}5)$$

对于矩形基坑：

$$r_0 = n\frac{LtB}{4} \qquad (2\text{-}6)$$

式中 F——基坑面积，m^2；

L、B——基坑长度与宽度，m；

n——基坑形状系数，n 与 B/L 的关系见表 2-1。

表 2-1 基坑形状系数 n 值

B/L	0	0.2	0.4	0.6	0.8	1.0
n	1.0	1.12	1.16	1.18	1.18	1.18

渗透系数 K 与土壤的种类、结构、孔隙率有关，一般通过现场试验确定。

式(2-3)及式(2-4)分别适用于 $R_1 > 2S_1\sqrt{S_1 K_s}$ 和 $R_2 > 2S_2\sqrt{S_2 K_s}$，R_1、R_2 的取值主要与土质有关。根据经验，细砂 $R = 100 \sim 200$ m，中砂 $R = 250 \sim 500$ m，粗砂 $R = 700 \sim 1\,000$ m。R 值也可以按各种经验公式估算，如按库萨金公式

$$R = 575S\sqrt{HK_s} \qquad (2\text{-}7)$$

式中 H——含水层厚度，m；

S——水面降落深度，m；

K_s——渗透系数，m/h。

②无压不完整性基坑。如图 2-2 所示，在一般情况下，除坑壁渗透量 Q_{1s} 和 Q_{2s} 仍可按完整性基坑的公式计算外，还应计入基坑渗透流量 q_1、q_2。

基坑总渗透流量

$$Q_s = Q_{1s} + Q_{2s} + q_1 + q_2 \qquad (2\text{-}8)$$

其中，Q_{1s} 和 Q_{2s} 可分别按式(2-3)及式(2-4)计算，q_1 和 q_2 则按以下两式计算：

$$q_1 = \frac{K_s T S_1}{\dfrac{R_1 - L}{T} - 1.47\lg\left(\text{sh}\,\dfrac{\pi L}{2T}\right)} \qquad (2\text{-}9)$$

$$q_2 = \frac{K_s T_2}{\dfrac{R_2 - L}{T} - 1.47\lg\left(\text{sh}\,\dfrac{\pi L}{2T}\right)} \qquad (2\text{-}10)$$

式(2-9)、式(2-10)分别用于 $R_1 > L + T$ 和 $R_2 > L + T$ 的情况，式中 L 为基坑顺水流向宽度的一半，T 为坑底以下覆盖层厚度，如图 2-2 所示。

③考虑围堰结构的特点计算渗透量。以上两种简化方法是把宽阔形基坑，甚至连同

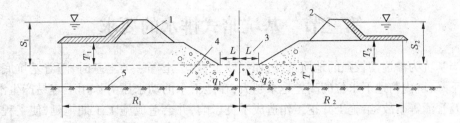

1—上游围堰;2—下游围堰;3—基坑;4—基坑覆盖层;5—隔水层

图 2-2　有围堰的无压不完整性基坑

围堰在内化为等效圆形直井计算,这是一个粗数。当基坑为窄长形,且需考虑围堰结构特点时,渗流量的计算可分为围堰自身渗漏与基坑渗漏两部分,分别计算后予以叠加。

当基坑在透水地基上时,可按表 2-2 所列参数来估算渗透量。

表 2-2　1 m 水头下 1 m² 基坑面积的渗流量

土类	细砂	中砂	粗砂	砂砾石	有裂隙岩石
渗透流量(m^3/h)	0.16	0.24	0.30	0.35	0.05～0.10

第二节　基坑明沟排水的要求

基坑明沟排水是指基坑开挖和水闸建筑物施工过程中,经常性排出的渗水、雨水和施工用水等。

在基坑开挖过程中,在坑内布置明式排水系统,即排水沟、集水井和水泵站,均应以不妨碍开挖和运输道路的布置为原则。可结合出料方便,在中间或一侧布置排水干沟,随着开挖工作的进行逐层设置。在修建过程中,排水沟应布置在主体建筑物轮廓线以外,如图 2-3 及图 2-4 所示。

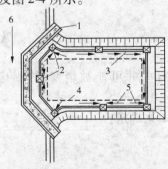

1—围堰;2—集水井;3—排水沟;
4—建筑物轮廓线;5—排水方向;6—水流方向

图 2-3　修建建筑物时基坑排水系统布置

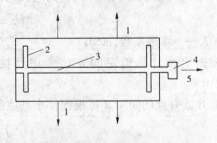

1—运料物;2—支沟;3—干沟;
4—集水井;5—水泵排水

图 2-4　基坑开挖过程中排水系统布置

第三节 基坑暗式排水的要求

当基坑为渗透性较强的地质条件,如细砂土、沙壤土等一类土基时,随着基坑底面的开挖下降,坑内与地下水位的高差越来越大,在地下水的动水压力作用下容易产生滑坡、坍塌及管涌等事故,给施工开挖工作造成不良影响,并会造成施工工期拖延,使工程的完工日期推后。

暗式排水即人工降低地下水位采用较为隐蔽的方式,最大的优点是不影响地面的施工场地布置,并可避免上述缺点。其基本的做法是:在基坑周围设置一些井,采用井点工程系统,将地下入井渗水抽到基坑外,使基坑范围内的地下水位降到基坑底面以下,可分为管井法和井点法两种方法。

一、人工降低地下水位的设计与计算

采用人工降低地下水位进行施工时,应根据要求的地下水位下降的深度、水文地质条件、施工条件以及设备条件等因素来确定排水总量(即总的渗流量)。计算管井或井点的需求量来选择抽水设备,进行抽水排水系统的布设。

其总的渗流量可按式(2-8)计算。

管井和井点数量 n 可根据总渗流量 Q 和单井集水能力 q_{max} 来确定,即:

$$n = \frac{Q}{0.8q_{max}} \tag{2-11}$$

单井的集水能力取决于滤水管面积和通过滤水管的允许流速,即:

$$q_{max} = 2\pi r_0 L v_P \tag{2-12}$$

式中 q_{max}——单井的集水流量,m^3/h;

r_0——滤水管的半径,m,当滤水管四周不设反滤层时用滤水管半径,设反滤层时半径应包括反滤层在内;

L——滤水管的长度,m;

v_P——允许流速,m/d,其计算公式为

$$v_P = 65\sqrt[3]{K} \tag{2-13}$$

式中 K——渗透系数,m/d。

根据上面计算确定的 n 值考虑到抽水过程中有些井可能被堵塞,故尚应增加 $5\% \sim 10\%$。

管井或井点的间距 d 可根据排水基坑的轴线长度 L 来确定:

$$d = \frac{L}{n} \tag{2-14}$$

在进行具体布置时,还应注意满足以下要求:

(1)在渗透系数小的土层中若间距过大,则地下水位降低所需的时间长,故要以抽至降低地下水的时间来布置井的间距。

(2)井的间距要与集水总管三通的时间相适应。

（3）为了使井的侧面进水不减少，井的间距不宜太小，要求浅井点 $d = (5 \sim 10) \times 2\pi r_0$，深井点 $d = (15 \sim 25) \times 2\pi r_0$。

（4）在基坑四角和靠近地下水流方向一侧，间距适当缩短，井的深度可按下式进行计算：

$$H = S_0 + \Delta S + \Delta h + h_0 + L \qquad (2\text{-}15)$$

式中　H——管井的深度，m；

　　　Δh——进入滤水管的水头损失，一般为 $0.5 \sim 1.0$ m；

　　　S_0——原地下水位与基坑底的高差，m；

　　　h_0——要求滤水管沉没深度，m，视井点结构而异，一般多小于 2 m；

　　　L——滤水管的长度，m；

　　　ΔS——基坑底与滤水管处降水位的高差，m，可用下式确定：

$$\Delta S = \frac{0.8 q_{max}}{2.73 KL} \lg \frac{L \cdot 32L}{n} \qquad (2\text{-}16)$$

式中符号含义同前。

二、管井法的施工要点

管井法的排水方法是：在基坑四周布置一些单独工作的井泵，地下水在重力作用下流入井中，将水泵或水泵的吸水管放入井内抽水，抽水设备可用离心泵或潜水泵及深井泵（见图 2-5）等。

当要求大幅度降低地下水位时，最好采用离心式深井泵。这种水泵属立轴多级离心泵，一般适应的深度不大于 20 m，排水效果好，需要的管井数量较少。管井的构造由滤水管（见图 2-6）、沉淀管和不透水管组成。管井外部有时需要设立反滤层，当地下水从滤水管中进入管内时，水中的泥沙即沉淀在管外。滤水管是管井的重要组成部分，其结构对井的出水量及可靠性影响很大，要求它的过水能力大，而且进入的泥沙少，并需具有足够的强度和耐久性。

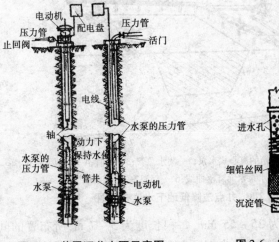

图 2-5　装置深井水泵示意图　　图 2-6　管式滤水管

管井的埋设方法有射水法、震动射水法、冲击转井法等。其步骤是先埋设套管,然后在套管中插入井管,井管下安装,再一边下反滤层料,一边拔起套管。

采用离心式抽水泵抽水时,一次吸水高度不超过 5~6 m,当需降低地下水位的深度较大时,可分层布设井管,如图2-7所示。

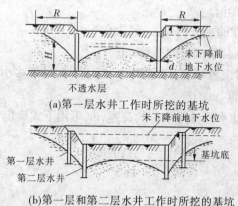

(a)第一层水井工作时所挖的基坑

(b)第一层和第二层水井工作时所挖的基坑

图2-7　分层降低地下水位布置图

三、井点法的施工要点

当土壤的渗透系数小于 1.0 m/d 时宜采用井点法排水。井点法可分为浅井点法、深井点法及喷式井点法等,一般常用的为浅井点法。

浅井点法又称轻型井点法。其结构形式是由井管、连接弯管、集水总管、普通离心式水泵、真空泵和集水箱等组成的排水系统,如图2-8所示。

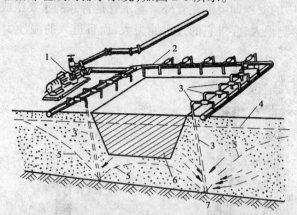

1—带真空泵和集水箱的离心式水泵;2—集水总管;3—井管;4—原地下水位;
5—抽水泵水面降落曲线;6—基坑;7—不透水层

图2-8　井点法降低地下水位布置图

井点法的井管直径一般为 35~55 mm,每根长度为 5~7 m,所布置的间距为 0.8~1.6 m,最大可达 3.0 m。集水管总管为直径 100~127 mm 的无缝钢管,管上装有与井点管连接的短接头。井管的埋设常用射水下沉法,下沉在距孔口 1.0 m 范围内须堵塞黏土密封,井管与总井的连接也应注意密封,以防漏气。国产 II BY 型浅井点设备的工作装置如图 2-9 所示。

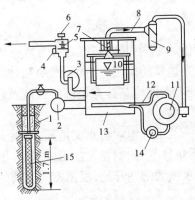

1—滤层;2—泵水总管;3—水泵;4—放水阀;5—弹簧;6—调节阀;
7—阀门;8—抽气管;9—分水器;10—浮筒;11—真空泵;
12—冷却水管;13—水箱;14—冷却水泵;15—针塞器

图 2-9　浅井点设备的工作装置

工作时先开动真空泵,造成井点系统的负压状态,从而把地下水及土中的空气一起从滤水总管吸入集水箱,空气从集水箱上部经分水器进行水汽分离后被真空泵抽出,当集水箱存很多水后再开动水泵抽水。集水箱中装有浮筒,当水量到达某一水位时,浮筒上的斜阀顶住抽气管,避免水流进入真空泵。在水泵出口装有调节阀,可根据集水箱内水位来调节水泵的流量。当水泵抽水量不足,箱内压力减小时,调节阀自动关闭,避免出水管内的水倒流。该机型可负担长约 160 m 的总管同时接通 60~90 根滤水管(器)工作。

浅井点的降深能力为 4~5 m,当要求地下水位降深较大时,也可分层布置。每层控制深度 3~4 m,一般不超过三层。深井点与浅井点不同,它的每一根管上都装有扬水器,因此它不受吸水高度的限制,有较大的降深能力。深井点分为喷射井点和压气扬水井点两种。喷射井点由集水池、高压水泵、输水井管和喷射井管等组成。通常一台高压水泵能为 30~35 个井点服务,其最适宜的降水范围为 5~18 m。喷射井点的排水效果不好,一般用于渗透系数为 3~50 m/d、渗水量不大的场合。压气扬水井点用压气扬水器进行排水,排水时压缩空气由输气管道送来,由喷气装置进入扬水管,于是管内容重较小的水汽混合液在管外压力作用下,沿水管上升到地面排走。为达到一定的扬水高度,就必须将扬水管沉入井口足够的潜没深度,使扬水管内外有足够的压力差,压气扬水井点降低地下水位可达 40 m。

第三章 闸基开挖及地基的处理

水闸的地基根据地质条件的不同而异，一般可分为岩石地基、土壤地基或砂砾石地基等。由于水闸工程地质和水文地质的作用影响，天然地基往往存在一些不同程度和不同形式的缺陷，必须经过人工处理而使地基具有足够的强度及整体性、抗渗性和耐久性，才能确保水闸的安全稳定。

由于各种水闸的大小不一及工程地质与水文地质不同，对各类水闸的闸基处理的要求也不同，因此对不同的地质条件、不同的建筑物形式及大小，要求用不同的处理措施和方法。现仅从施工的角度对水闸的闸基开挖，根据不同类别的处理、清理方式等分别进行介绍。

第一节 水闸开挖的基本要求和注意事项

水闸基础开挖应按照设计的要求，首先将地表杂物，如将风化物、破碎和有缺陷及松动的岩层挖除，使闸基建筑在坚实的岩石或坚硬的土基面上。所以，选择合理的开挖方法和措施，保证开挖的质量，加快开挖的速度，保证施工的安全，对于加快整个工程的建设具有重要的现实意义。

一、水闸在开挖前应做好的准备工作

（1）熟悉基本资料，详细分析闸址区域的工程地质和水文地质资料，了解岩性及土壤的力学性能，掌握各种地质资料的内涵和水文资料的特性，以及其地层分布情况等。

（2）明确水闸建筑物设计对地基的具体要求。

（3）熟悉工程条件、施工技术水平及机械设备、人员配备、料物储备、当地交通运输、水文气象等。

（4）与业主、地质、设计、监理等单位共同研究，确定适宜的闸基开挖方案、范围、深度和形态等。

（5）充分根据现场实际情况做好施工组织设计，合理安排工期，制定开挖程序。水闸闸基开挖由于受地形、时间和空间的限制，一般基坑的开挖比较集中，工种多，场地小，来往运输车辆多，机械设备布置要合理，故安全问题比较突出。因此，基坑开挖的程序应本着自上而下、先岸坡后河槽的原则。如果闸形较大，河槽段很宽，也可考虑部分河床和岸坡平行作业，但应采取有效的安全措施。无论是河床还是岸坡，都要由上而下，分层开挖，逐步下降。闸基的开挖程序如图 3-1 所示。

二、对岩基的开挖要求

（1）做好基坑的排水工作。在围堰闭气后，应立即排除基坑中的集水及围堰的渗水，

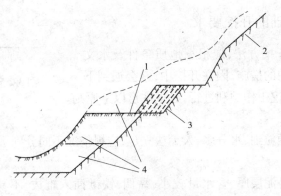

1—原地面线；2—安全削坡；3—开挖线；4—开挖层

图 3-1　闸基开挖程序

布置好排水系统，配足各种设备，边开挖基坑边排水，降低和控制水位，确保开挖工作不受水的影响，保证水闸建筑物能在预定的工期内进行干地施工。

（2）正确选择开挖方法，保证开挖质量。岩基开挖的主要方法是钻孔爆破法。闸基岩石开挖应采用分层梯段松动爆破；边坡轮廓面开挖应采用预裂爆破或光面爆破；紧邻水平建基面应预留岩体保护层，并对保护层进行分层爆破。开挖偏差的要求：对节理裂隙不发育、较发育、发育和坚硬、中硬的岩石体，水平建基面的高程开挖偏差要求不要大于 ±20 cm。设计边坡的轮廓面的开挖偏差在一次钻孔深度条件下开挖时不应大于其开挖高度的 ±2%，在分台阶开挖时，其最下一个台阶坡脚位置的偏差，以及整体边坡的平均坡度，均应符合设计要求。

闸基岩石开挖应注意的事项：闸基岩石开挖，一般采用延长药包梯段爆破，毫秒分段起爆，最大的一段爆破装药量不宜过多。对不具备梯段开挖的地形，应先进行平地拉槽毫秒起爆，创造梯段爆破条件。紧邻水平建基面的爆破，应防止爆破对基岩的影响，一般采用预留保护层的方法。保护层的开挖是控制岩石质量的关键。其要点是：分层开挖，梯段爆破，毫秒分段起爆。最大一段要控制起爆药量，控制爆破震动影响。对建基面 1.5 m 以上的一层岩石，应采用梯段爆破，炮孔装药直径不应大于 40 mm，手风钻钻孔一次起爆。保护层上层和中层开挖控制装药直径小于 32 mm，采用单孔起爆，距建基面 0.2 m 厚度的岩石应进行撬挖。边坡预裂爆破或光面爆破的效果应符合以下要求：在开挖轮廓面上，残留炮孔的痕迹应均匀分布，对于节理裂隙不发育的岩体，炮眼痕迹保存率应达到 80% 以上，对于节理裂隙发育的岩体应达到 50% ~ 80%，对于节理裂隙极发育的岩体应达到 10% ~ 50%。相邻炮孔间岩石的不平整度应不大于 15 cm。预裂炮孔和梯段炮孔在同一爆破网中时，预裂炮孔先于梯段炮孔起爆的时间不得小于 75 ~ 100 ms。

（3）选定合理的开挖范围和形态。基坑开挖范围主要取决于水闸的平面轮廓形状，满足交通运输及机械运行工作、施工排水、塔架立模等的要求。放宽的范围一般从几米到几十米不等，由现场实际情况而定。开挖以后的基岩面要求尽量平整，并尽可能略向上游倾斜，高差不宜太大，以利于水闸建筑物的稳定，要避免基岩有尖突部分和应力集中。闸基开挖形态如图 3-2 所示。

三、对特殊基础的开挖要求

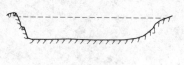

图 3-2　闸基开挖形态

对特殊地基的开挖方法,应根据地质条件及水文地质条件而采取不同的措施,因在开挖中,常会遇到下述的难处,为确保开挖工作顺利进行,必须注意以下原则。

(一)淤泥

淤泥的特点是颗粒细、水分多、人无法立足,应视情况不同分别采取措施。

1. 烂淤泥

烂淤泥的特点是泥层厚、含水量较小、黏稠,铁锹插入难拔、不易脱离。对于这种情况,在开挖前先将铁锹蘸水,也可用三股钗或五股钗进行人工开挖。为解决立足问题,可采用一点突破法,即先从坑边沿起,集中力量突破一点,一直挖到硬土,再向四周扩展,或者采用芦苇排铺路法,即将芦苇席扎成捆枕,连成苇排,铺在烂泥上,人工上排挖运。

2. 稀泥法

稀泥法的特点是含泥量高,流动性大,装筐易漏,必须采用帆布做袋抬运走。当稀泥较薄、面积较小时,可将干砂倒入进行挤淤形成土埂,然后在埂上挖运作业。若面积大,要同时填筑多条土埂,分区治理,以防乱流。若淤泥深度大、面积广,可将稀泥分区用埂分别排入附近挖好的深坑内。

3. 夹砂淤泥

夹砂淤泥的特点是淤泥中有一层或几层夹砂层。如果淤泥层较厚,可采用前面所述方法挖除;如果淤泥层很薄,可将砂面晾干,能站入人时方可进行。开挖时连同下层淤泥一同挖除,露出新砂面,切勿将夹砂层挖混,造成开挖困难。

(二)流砂

流砂现象一般发生在非黏土层中,主要与砂土的含水量、孔隙率、黏粒含量和动水压力的水力坡度有关,在细砂、中砂中常发生,也有的在粗砂中发生。

处理流砂开挖的主要方法如下:

(1)主要解决好"排与封"两大难题。即开挖时将开挖区泥沙层中的水及时排出,并降低含水量和水力坡度及将开挖区的流砂封闭起来。如坑底翻水,可在较低的位置挖沉砂坑,将竹筐或柳条筐沉入坑底,水进入筐内砂被阻于其外,然后将筐内水排走。

(2)对于坡面流砂,当土质允许、流砂层又较薄(一般在 4~5 m)时,可采用开挖方法,一般放坡为 1:4~1:8,但这要扩大开挖面积,增加工程量。

(3)当挖深不大、面积较小时,可以采取护面的措施,具体做法如下:

①采用砂石护面。在坡面上先铺一层粗砂,再铺一层小石子做反滤层,各层厚 5~8 cm,坡脚挖排水沟,做同样的反滤层。

反滤层可分为两部分。集水部分:为一层或数层粒径逐渐增大的材料做成的反滤层;导引部分:它的用途是将渗水引至下游,由大粒径的材料(如砾石、碎石、块石)或排水管组成。根据渗流流向和土料的布置特点,反滤层同样可以分成下列几种形式。

第 I 型:相邻两层的接触面是水平的或是倾斜的,较小粒径的土料位于较大粒径的土料之上,渗透水流的方向是由上向下的,如图 3-3 中的(a)、(b)所示。

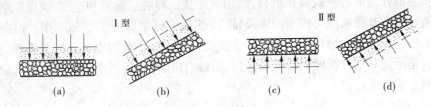

图 3-3 反滤层的几种形式

第Ⅱ型:相邻两层的接触面是水平的或是倾斜的,较粗的土料位于较细的土料之上,渗流主要是垂直地自下而上地流向接触面,如图 3-3 中的(c)、(d)所示。

另外,反滤层还根据与它相接触的土料性质或水渗向何处分为与黏性土料(黏土)相连接触的反滤层和与非黏性土料(砂土和砂砾土)相连接触的反滤层。

反滤层的位置、尺寸、土料粒径及各层厚度应符合施工规范的要求。

反滤层所用的材料如碎石、卵石、砾石和砂均须清除淤泥,其含泥量不得大于 5%。具体要求如下:

(a)反滤层各层的颗粒级配,根据当地现有的材料和施工规范的要求,其各层颗粒的有效粒径不应超过与之相邻的较细一层反滤层的控制粒径 D_{50} 的 5 倍。

(b)为了避免土粒从层内冲走,每层反滤层的颗粒不均匀系数不得超过 5。

(c)为了防止反滤层被堵塞,不准采用粒径小于 0.1 mm 的土粒。

(d)反滤层的各层厚度应小于 0.15 ~ 0.20 m,还可视工作条件而定。

②采用柴枕护面。在坡面上铺设爬坡式的柴捆(枕),坡脚设排水沟,沟底或两侧均铺设柴枕,以起到滤水拦砂的作用,如图 3-4 所示。即防止渗水流出时挟带泥沙,防止坡面径流冲刷,并隔一段距离打桩加固,防止柴枕下坍移动,如图 3-5 所示。此法适用于基坑深大,坡脚较长的地方。

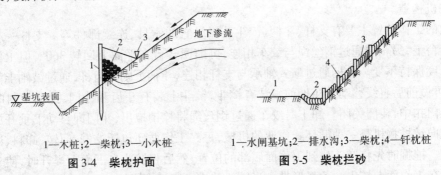

1—木桩;2—柴枕;3—小木桩
图 3-4 柴枕护面

1—水闸基坑;2—排水沟;3—柴枕;4—钎枕桩
图 3-5 柴枕拦砂

第二节 闸基坑的开挖机械化施工要点

水闸基坑开挖机械化施工所用的机械有挖铲,挖铲分正向铲和反向铲。单斗式挖掘机、索铲挖掘机和斗轮式挖掘机、推土机、装载机、运输机械一般是用自卸汽车和小中型三轮自卸汽车等。

水闸基础开挖的各种机械化组合,能加大加快工程的运输量和速度,确保工期。

水闸基坑的开挖机械化施工的主要特点:挖掘机械主要用于挖掘工作。挖掘机械按构造及工作特点可分为循环作业的单斗式挖掘机和连续作业的多斗式挖掘机两类。挖掘组合机械是指能有一台机械同时完成开挖、运输、卸土等任务。现将各类挖掘机械的主要原理分别介绍如下。

一、单斗式挖掘机

单斗式挖掘机是水闸工程施工中最常用的一种机械,可以用来开挖各类土石方,它主要由工作装置、行驶装置和动力装置三部分组成。

单斗式挖掘机的工作装置有铲斗、支撑和操纵铲斗各种部件,形式有正向铲、反向铲、索铲、抓铲四种,如图3-6所示。

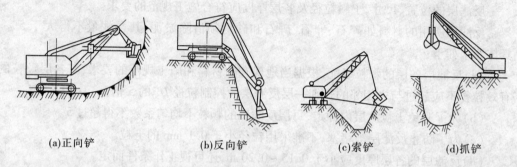

(a)正向铲   (b)反向铲   (c)索铲   (d)抓铲

图3-6 单斗式挖掘机工作装置的类型

二、正向铲挖掘机

正向铲挖掘机的构造和工作原理如图3-7和图3-8所示,图3-7为钢丝绳操纵的正向铲挖掘机构造。

它的工作装置主要有支杆、斗柄、铲斗及操纵它的索具、连续部件等。支杆一端铰接于回转台上,另一端通过钢丝绳与绞车相连,可随回转台在平面上回转360°,但工作时其垂直角度保持不变。斗柄通过鞍式轴承与支杆相连,斗柄下则有齿杆,通过鼓轴上齿轴的带动,可做前后直线移动。斗柄前端装有铲斗,铲斗上装有斗齿和斗门,挖掘土料时栓销插入斗门扣中,斗门关闭。卸土时绞车通过钢丝绳将栓销拉出,斗门即自动下垂开放。

正向铲挖掘机是一种循环式作业的机械,每一工作循环包括挖掘、回转、卸料、迎回四个环节。挖掘时先将铲斗放到工作面底部的位置,然后将铲斗自下而上提升时,使斗柄向前推压在工作面上挖出一条弧形带。当铲斗装满土石后,将铲后退离开工作面,回转挖掘机上部机构至运土车辆处,打开斗门将料物卸掉,此后转回挖土机上部机构,同时放下铲斗,进行二次循环,至所在位置全部挖完后再移动到另一停机位置继续挖掘工作。正向铲主要进行在Ⅰ～Ⅳ级土去工作,但也可以挖装松散石土料。

正向铲挖掘机的主要技术性能如表3-1所示。

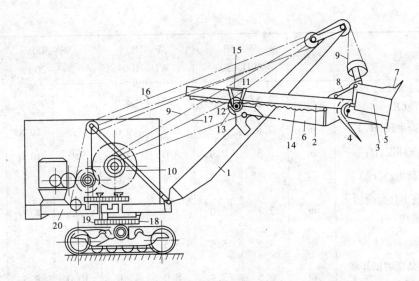

1—支杆;2—斗柄;3—铲斗;4—斗底绞链连接;5—门扣;6—开启斗门用索;7—斗齿;8—拉杆;
9—提升索;10—绞盘;11—枢轴;12—取土;13—齿轮;14—齿杆;15—鞍式轴承;
16—支承索;17—回引索;18—旋转用大齿轮;19—旋转用小齿轮;20—回转盘

图 3-7　正向铲挖掘机构造

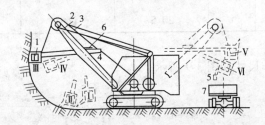

1—铲斗;2—支杆;3—提升索;4—斗柄;5—斗底;6—鞍式轴承;
7—车辆;Ⅰ～Ⅳ—挖掘过程;Ⅴ、Ⅵ—装卸过程

图 3-8　正向铲工作原理图

表 3-1　正向铲挖掘机的主要技术性能

项目	单位	W－50 WD－50		W－100 WD－100		W－200 WD－200		WD－400
土斗容量	m³	0.5		1.0		2.0		4.0
支杆长度	m	5.5		6.8		8.6		10.5
斗柄长度	m	4.5		4.9		6.1		7.3
支杆倾角	°	45	60	45	60	45	60	45
停机面以下的挖掘深度(A)	m	1.5	1.1	2.0	1.5	2.2	1.8	2.92
停机面以上的最大挖掘 半径($R_平$)	m	4.7	4.3	6.4	5.7	7.4	6.25	9.25

项目	单位	W – 50 WD – 50		W – 100 WD – 100		W – 200 WD – 200		WD – 400
停机面以上的最小挖掘半径($R_{小}$)	m	2.5	2.8	3.3	3.6			8.66
最大挖掘半径($R_{大}$)	m	7.8	7.2	9.8	9.0	11.5	10.8	14.3
最大挖掘高度($H_{大}$)	m	6.5	7.9	8.0	9.0	9.0	10.0	10.0
最大卸载半径($r_{大}$)	m	7.1	6.5	8.7	8.0	10.0	9.6	12.6
最大卸载半径时的卸载高度(h)	m	2.7	3.0	3.3	3.7	3.75	4.7	4.88
最大卸载高度($h_{大}$)	m	4.5	5.6	5.5	6.8	6.0	7.0	6.3
最大卸载高度时的卸载半径(r)	m	6.5	5.4	8.0	7.0	10.0	8.5	12.15
移动速度	km/h	1.5 ~ 3.6		1.5		1.22		0.45
履带对地面的平均压力	kPa	60.8		90.9		124.5		176.4
挖掘次数	次/min	4		3		2.5		
工作质量	t	20.5		42.0		80.0		202.0

正向铲挖掘机工作尺寸如图 3-9 所示。

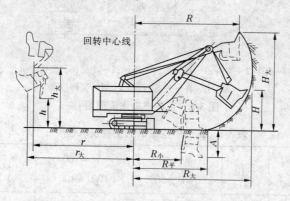

A—停机面以下的挖掘深度;$R_{平}$—停机面以上的最大挖掘半径;$R_{小}$—停机面以上的最小挖掘半径;
$R_{大}$—最大挖掘半径;H—最大挖掘半径时的挖掘高度;R—最大挖掘高度时的挖掘半径;
$H_{大}$—最大挖掘高度;$r_{大}$—最大卸载半径;h—最大卸载半径时的卸载高度;
r—最大卸载高度时的卸载半径;$h_{大}$—最大卸载高度

图 3-9　正向铲挖掘机工作尺寸

三、单斗式挖掘机生产率的计算

在施工中应尽可能提高实用生产率,其计算公式如下:

$$P = \frac{60ngK_{充}K_{时}K_{修}K_{延}}{K_{松}} \qquad (3-1)$$

式中　n——设计的每分钟循环次数；

g——铲斗容量，m^3；

$K_{充}$——生产斗充盈系数；

$K_{时}$——时间利用系数；

$K_{修}$——工作循环时间修正系数，一般取 $0.8 \sim 0.9$，$K_{修} = 1/(0.4K_{土}) + 0.6B$，$K_{土}$ 为土壤级别修正系数，一般取 $1.0 \sim 1.2$，B 为转角修正系数，卸料转角为 $90°$ 时 $B = 1.0$，卸料转角为 $100° \sim 135°$ 时，$B = 1.08 \sim 1.37$；

$K_{延}$——卸料延误系数，卸入弃土堆为 1.0，卸入车厢为 0.9；

$K_{松}$——可松系数。

提高挖掘机生产率的主要措施如下：

（1）加长中间斗齿长度，以减小铲土阻力，从而减少铲土时间。

（2）加强对机械工人的培训，保证机械正常运行，并做好施工现场准备，操作时应尽可能合并回转、升起降落等生产过程，以缩短循环工作时间。

（3）挖松土料时可更换大容量铲斗。

（4）合理布置工作面，使掌子高度接近挖掘机的最佳掌子高度，并使卸土时挖掘机转角最小。

（5）做好机械保养，保证机械正常运行，组织好运输工具，修好施工场的道路，尽量减少工作时间的延误，合理调配机械组合系统，确保工程进度加快。

四、索铲挖掘机的工作原理与构造

索铲挖掘机的工作装置构造主要由支杆、铲斗、升降索和牵引索组成，如图 3-10 所示。

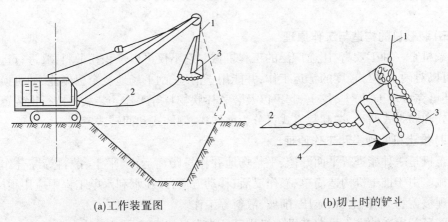

(a)工作装置图　　　　　　　　　(b)切土时的铲斗

1—升降索；2—牵引索；3—铲斗；4—切土时地面线

图 3-10　索铲挖掘机的工作装置构造

铲斗由升降索悬挂在支杆上，前端通过铁链与牵引索连接，控制时先收紧牵引索，再放松牵引索和升降索,铲斗借自重荡至最远位置并切入土中,再拉紧牵引索,使铲斗沿地面切土并装满铲斗。此时,收紧升降索和牵引索,将铲斗提起,回转机身至卸土处,放松牵引索,使铲斗倾翻卸料。

索铲挖掘机杆较长,倾角一般为30°~45°,所以挖掘机的挖掘半径、卸载半径和卸载高度均较大。由于铲斗是借自重切入土中,因此适用于开挖停机面以下较松软土壤,也可用于浅水中开采砂砾料。索铲卸土最好直接卸于弃土堆中,必要时也可直接装车运走。

五、多斗式挖掘机的性能与工作原理

多斗式挖掘机是一种连续作业式挖掘机械,按其结构不同可分为链斗式和斗轮式两类。

(一)链斗式挖掘机的构造和工作原理

链斗式挖掘机是由使动机械带动固定使动链条上的斗进行挖掘,多用于挖掘河滩及水下的砂砾料,与其配合的运输工具成组合体。

链斗式挖掘机的主要构造有斗架、提升索、斗架键斗、主动轮、卸料漏斗、回转盘、主机房、卷扬机、昂杆、皮带轮、泄水槽、平衡水箱等。其工作原理是:斗架上端铰接在固定体上,下端由升降索固定并由升降索控制深度,斗架上附有链条,并装有若干链斗,主动轮通过链条带动链斗工作,挖掘的砂砾料卸入漏斗后,由皮带轮卸料。

(二)斗轮式挖掘机的构造与工作原理

斗轮式挖掘机的构造主要有斗轮、升降机构、操作室、中心料斗、送料皮带机、双槽卸料斗、动力系统、履带转台、受料皮带机、斗轮臂等。

斗轮式挖掘机的工作原理是:斗轮装在可仰俯的斗轮臂上,斗轮装有7~8个铲斗,当斗轮转动时即可挖土,铲斗转到最高位置时,斗内的土料借助自重卸到受料皮带机上卸入运输工具或直接卸到料堆上。斗轮式挖掘机的主要特点是斗轮转速快,连续作业,生产效率高,且斗轮臂倾角可以改变,可以回转360°,故开挖面积大,可适用于不同形状的工作面。

(三)装载机的构造与工作原理

装载机是一种工效高、用途广泛的工程机械。它不仅可以堆积松散料物,进行运卸作业,还可以对硬土进行轻度的铲运工作,并能用于清理、刮平场地及牵引作业,如更换工作装置,还可完成堆土、松土、挖土、起重以及装载棒状物料等工作。装载机按行走装置可分为轮胎式和履带式两种,按卸载方式可分为前卸式、侧卸式和回转式三种。

(四)推土机的种类和工作原理

推土机是一种能进行平面开挖、平整场地并作短距离运土、平土、散料等综合作业的土方机械。由于推土机构造简单、操作灵活、移动方便,故在水利水电工程中应用很广,常用来清理覆盖物、堆积土料、碾压、削坡、散料等工作。

我国目前生产的推土机按其操作机构可分为卷扬式和液压式两种。

卷扬式推土机的推土器是利用卷扬机和钢丝绳滑轮,操纵的升降速度较快,操作方便。缺点是推土机不能进行强制性切土,铲硬土比较困难。

液压式推土机的升降是利用液压装置来进行的,因而可强制切土,但提升高度不如卷

扬机高。液压式推土机具有构造简单、操作容易、振动小、噪声低等特点,是普遍应用的工具。

第三节 闸基的清理方法和要求

闸基的清理是指水闸建筑前基础底与岸坡表面的清理,一般包括围堰及水闸轮廓形状内的基础结合面的清理。

一、常用的清理闸基的方法

(1)人工清理,手推车运输。适用于小范围或狭窄场面的清理,当缺乏必要的机械设备时亦可用于大面积的清理,但功效慢。

(2)推土机清理。适用于大面积的基坑清理,其经济距离为 50 m 的范围。

(3)铲运机清理。适用于大面积的基坑表面清理,铲运机路线可布置成环线或"∞"字形,铲土距离为 100 ~ 200 m,运距以 500 m 为宜。

(4)各机械组合分开清理。当基坑面积大、清理厚度大于 2 m 的范围、方量较大时,可用推土机集堆土料,装载机装车,自卸汽车运输,这样可加快清理的速度。

二、闸基清理的基本要求

对于闸基的清理必须做到以下几点:

(1)凡有机质含量大于20%的表层土应予以清理。耕作土层 0.3 ~ 0.5 m 厚的腐殖土也应予以清理,以降低土体的压缩性,提高基坑的抗剪强度。

(2)表层所有草皮、树木、乱石、淤泥及其他杂物,均应彻底清除和打扫干净。

(3)表层较浅范围内,自然容重小于 1.48 kg/cm^3 的细砂、散细砂和极细砂等土类,不符合设计基础要求的强度,均应予以清理。对于某些特殊的基础、岸坡,如软土闸基、流砂闸基、破碎且裂隙较大的地基等,应按专门的设计要求清理。

(4)对于易风化的灵敏性土类,若清理后不能及时动工建闸,应根据实际情况预留保护层。

第四节 闸基的处理要点

闸基的处理,概括起来大致有开挖、加固及闸基面的处理三方面的工作,并且三者是相互联系的。

一、对闸基处理的质量控制要求

对已确定的闸基处理方法应做现场试验,并编制专项施工措施设计,在处理过程中,如遇地质情况与设计不相符,应及时修改施工设计。

根据以上要求,在采用换土(砂)振冲、高压喷射灌浆等地基处理方法时,施工前应做现场试验,确定相应的施工工艺参数,并编制专门的施工措施设计,以保证工程质量。在施工过程中也可能会遇到地质状况与设计不相符合的情况,这时应及时向项目法人及设计单位提出,必要时应修改施工措施设计,以保证施工顺利进行。

二、对闸基的一般要求

(1)具有足够的强度,以承受闸体的压力。

(2)具有足够的整体性和均匀性,以满足闸基的抗滑稳定要求和减少不均匀沉陷。

(3)具有足够的抗渗性,以满足渗透稳定的要求。

(4)具有足够的耐久性,以防止岩体性质在水的长期作用下发生浸渍恶化。

(5)静力和动力稳定,保证闸的安全运行和经济效益,闸体和地基接触面的形状适宜,避免不利的应力分布。

三、各类闸基施工处理的要求

闸基的处理方法根据闸基地质条件而异。

(一)砂垫层基础施工的要求

砂垫层的砂粒料应符合设计要求并通过试验确定。如用混合砂料,应按优选的比例拌和均匀,砂料的含泥量不应大于5%。

根据以上要求,在砂垫层施工时,材料的选用应遵循就地取材、节约经费的原则,并要考虑施工方便,技术可靠。

级配良好的中砂和粗砂,较易振动密实。如河南省汝南县的桂庄闸地基换填,原3.5 m的中砂,用水撼法振密,相对密度达0.5~0.9,最大干密度为1.85 kg/cm^{3}以上,达到最佳效果,满足设计要求。级配良好的砾质砂也可使用。但对可能产生管涌的土类,必须验算闸基出口段的抗渗稳定性。至于粉细砂和沙壤土类,不均匀系数大多为1~3,如遭受振动荷载作用,易发生液化现象,不宜采用。

对于砂料的含泥量要求,一般规范都规定不大于3%。考虑砂垫层砂料的选用关键是紧密度能不能满足要求,故含泥量可放宽到5%左右。

(二)软弱闸基进行加固时的施工技术要求

振冲法适用于砂土或沙壤土闸基的加固,软弱黏土闸基必须经过充分论证方可使用。

振冲法处理闸基的方法是20世纪70年代引进的新技术,可用于处理上述闸基,而且效果良好。如北京市潮白河向阳闸的沙壤土闸基等,均采用此法加固,并总结出一套完整的施工工艺,且经过专家鉴定确认。

振冲法加固砂土或沙壤土闸基,作用是起到加密、排水减压和预振效应等三个方面的作用,对提高闸基土壤抗液化能力和承载力的效果明显。但同时应指出,目前有些专家对振冲法加固软弱黏性土闸基的有效性认识尚不一致,有的意见认为,用振冲法加固黏性土闸基主要是振冲置换土和制桩挤实作用,形成桩土复合闸基,因此一些资料提出用碎石振冲置换软基时,闸基土的不排水抗剪强度应大于16~20 kPa,这是由于软土强度太低,则位于软土的碎石桩四周的侧压力太低,所形成的复合闸基并不能显著提高闸的承载能力。所以,在使用振冲法处理软弱黏性土闸基时,必须经过充分论证后才可采用。另外,可采用抛石法,在盛产石料的地区,或利用旧建筑物拆下来的块石,不小于30 cm的片石,从四周向基坑抛石,使软土向两侧挤出,待抛石填够一层后,用重型机械压实使其达到设计要求。例如,山东省东营市垦利县十八户闸闸基软土处理即用此法,效果很好。

(三)钻孔灌注桩处理闸基的要求

灌注桩一般可分为钻孔和挖孔两种施工方法。

1. 钻孔灌注桩施工的一般要求

(1)灌注桩施工时应具有工程地质资料及水文地质资料,以便了解施工现场的地质地貌,以及水、水泥、砂石、钢筋等原材料和制成品的质量检验报告。

(2)灌注桩施工时应按有关规定采取安全生产、保护环境等措施。

(3)灌注桩施工应有完善的施工记录。

2. 钢管桩施工平台的技术要求

(1)钢管桩的倾斜率在1%以内。

(2)位置的偏差在300 mm以内。

(3)平台必须完整,各连接处要牢固,钢管桩周围需要抛砂包,并定期测量钢管桩周围河床面标高、检查冲刷是否满足要求。

3. 一般灌注桩的施工技术要求

钻孔深度达到设计标高后,应对孔深、孔径等工序进行检查,并符合表3-2的质量标准。

表3-2　钻孔、挖孔、成孔的质量标准

项目	允许偏差
孔的中心位置(mm)	群桩100,单排桩50
孔径	不小于设计桩径
倾斜度(%)	钻孔小于1,挖孔小于0.5
孔深(mm)	摩擦桩:不小于设计规定,支撑桩超深不小于500
沉淀厚度(mm)	摩擦桩符合设计要求。当设计无要求时,对直径≤1.5 m的桩≤300;对直径>1.5 m或桩长>40 m或土层较差的桩≤500。支撑桩不大于设计标准
清孔后的泥浆指标	相对密度1.03～1.10,黏度17～20 Pa·s,含砂率2%,胶体率>98%

4. 泥浆的调制和使用要求

(1)钻孔泥浆一般由水、黏土(或膨胀土)和添加剂按适当配合比配制而成,其性能指标应符合有关标准规定。

(2)直径大于2～5 m大钻孔灌注桩对泥浆的要求较高,泥浆的选择应根据钻孔的工程地质情况、孔位、钻孔的性能、泥浆材料条件等确定。在地质复杂、覆盖层较厚、护筒下沉不到岩层的情况下,宜使用丙烯酰胺,即PHPI泥浆,此泥浆的特点是不分散、低固相、高黏度。

5. 钢筋骨架制作、运输及吊装就位的技术要求

（1）钢筋骨架制作应符合设计要求和规范规定。

（2）长桩骨架应分段制作，分段长度应根据吊装条件确定，并应确保骨架不变形，接头应错开。

（3）应在骨架外侧设置控制保护层的垫块，其间距竖向为 2 m，横向周围不得少于 4 m，骨架顶端应设置吊环。

（4）骨架入孔一般用吊机，无吊机时可用钻机架。灌注塔架的方法，起吊应按骨架长度的编号入孔。

（5）变截面的桩，钢管骨架的吊放应按设计要求施工。

（6）钢筋骨架制作和吊装的允许偏差为：主筋间距为 ±10 mm，箍筋间距为 ±20 mm，骨架外径为 ±10 mm，骨架倾斜度为 ±0.5%，骨架保护层厚度为 ±20 μm，骨架中心平面位置为 20 mm，骨架顶端高程为 ±20 mm，骨架地面高程为 ±50 mm。

6. 灌注水下混凝土的技术要求

（1）首批灌注水下混凝土的数量应能满足导管首次埋深（≥1.0 m）和填充导管底部的需要，如图 3-11 所示。

所需混凝土数量可参考下式计算：

$$V \geqslant \frac{\pi D_1^2}{4}(H_1 + H_2) + \frac{\pi D_2^2}{4}h_1 \qquad (3\text{-}2)$$

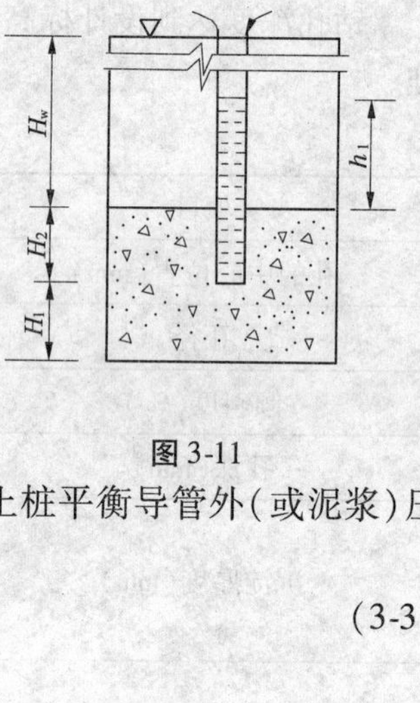

式中　V——首批混凝土灌注时所需数量，m^3；

　　　D_1——桩孔直径，m；

　　　H_1——桩孔底至导管底端的间距，m，一般为 0.4 m；

　　　H_2——导管初次埋置深度，m；

　　　D_2——导管内径，m；

图 3-11

　　　h_1——桩孔内混凝土埋置深度为 H_2 时，导管内混凝土桩平衡导管外（或泥浆）压力所需的高度，其计算公式如下：

$$h_1 = H_w \gamma_w / \gamma_c \qquad (3\text{-}3)$$

　　　H_w——井孔内水或泥浆的厚度，m；

　　　γ_w——井孔内水或泥浆的容重，kN/m^3；

　　　γ_c——混凝土拌和物的容重，kN/m^3。

（2）当混凝土运到工地后，应检查其均匀性和坍落度。若不符合规范和试验要求，则应进行第二次拌和，二次拌和仍不合格者，应立即停止使用。

（3）首批混凝土拌和物下落后，混凝土应连续灌注。

（4）在灌注中，特别是潮汐地区和有承压层的地区，应注意保持孔内水位。

（5）在灌注过程中，导管的埋置深度应控制在 2～6 m。

（6）应经常探测井孔内壁混凝土面的位置，及时调整导管的埋设深度。

（7）为防止钢筋骨架上浮，当所灌注的混凝土顶面距离钢筋骨架底部 1 m 左右时，应降低混凝土的灌注速度；当混凝土拌和物上升到骨架底面 0.4 m 以上时，应提升导管，使

其底高于骨架 2 m 以上,这时可恢复正常灌注速度。

(8)在灌注混凝土的过程中,应将孔内溢出的水或泥浆引流至适当位置处理,不得任意排放,以免污染环境及河流。

(9)灌注桩顶部标高应比设计标高高出一定高度,一般为 0.5 m 左右,以保证混凝土强度,多余部分接桩前应凿除残余桩头,且应无松散层。在灌注桩即将结束时,应核对混凝土的灌入数量,以确定所测混凝土的高度是否正确。

(10)在使用全护筒灌注水下混凝土时,当混凝土进入护筒后,护筒底部应始终位于混凝土面以下,并随导管的提升应逐步上拔护筒。护筒内的混凝土灌注高度,不仅要考虑导管护筒引导提升的高度,还要考虑因上拔护筒引起的混凝土面降低,以保证导管的埋置深度和护筒底面低于混凝土面,要边灌注边排水,以保证护筒内水位稳定而不至于水位过高造成反穿孔。

(11)变截面桩灌注混凝土的技术要求。变截面桩应从小截面的桩底部开始灌注,其技术要求与等截面桩相同,灌注至扩大截面时,导管应提升至扩大面下约 2 m 处,并应略加大混凝土灌注速度和混凝土的坍落度。当混凝土面高于扩大截面处 3 m 后,应引导导管提升至扩大截面处以上 1 m,并连续灌注混凝土至桩顶。

(四)挖孔灌注桩的质量要求

1. 基本要求

(1)挖孔灌注桩适用于无地下水或少量地下水,但较密实的土层或风化岩层,岩孔内产生的空气污染物超过现行《环境空气质量标准》(GB 3095—1996)规定的三级标准浓度的限值时,必须采取通风措施后才可采用人工挖孔的方法进行施工。

(2)挖孔的直径,应采用设计规定的挖孔尺寸,在挖孔过程中应经常检查桩孔尺寸、平面位置和竖轴线倾斜情况,如有偏差应立即纠正。

(3)挖孔桩井口的护围应高出地面 20~30 cm,以防土石杂物流入孔内伤人,孔深超过 10 m 时,应增设通风设备。

(4)挖井的全过程要求各种施工记录应备全。

2. 挖孔时的技术要求

(1)挖孔达到设计深度后应进行孔底处理,必须做到孔底表面无松渣和沉淀土,如地质情况复杂应钻探,业主应进行研究后再作处理。

(2)孔内遇到岩层须爆破时应专门设计,宜采用浅眼松动爆破法严格控制炸药用量,并在炮眼附近加设支护。孔深大于 5 m 时,必须采用电雷管引爆。内孔爆破后应先通风排烟 15 min,经检查无有毒气体后,方可继续作业。

(五)灌注桩的质量检验及质量标准要求

(1)钻孔或挖孔,在终孔和清孔后应进行孔位、孔深的检验。

(2)孔径、孔形和倾斜度宜采用仪器测定,当缺乏专用仪器时,可采用外径为钻孔桩钢筋笼直径加 100 mm,但长度为 4~6 倍外径的钢筋检孔器入钻孔内检测。

(3)钻孔、挖孔和成孔的质量标准,曲线部分的半径允许偏差为 ±0.5%,半径大于 1.2 m 时为 ±60 mm。

(4)钻孔、挖孔灌注桩的混凝土检测要求:

①桩身混凝土的抗压强度应符合设计规定,每桩取试块2~4组,检验要按规定进行。

②检测方法和数量应符合规范的要求,并满足设计标准,一般应选择有代表性的桩,用无破损法进行检测。重要工程或重要部位的桩宜逐根检查,当对桩的质量有疑问时,应采用钻芯取样法对桩进行检测。

轴力差即为当检测桩身不符合设计要求时,应及时汇报业主、监理、设计,共同研究处理方案。

(5)钻孔、挖孔灌注桩的承载试验,加荷试验采用电动油泵、千斤顶和锚桩,并按《建筑桩基技术规范》(JGJ 94—2008)的规定设计图纸。

单桩竖向荷载试验方法与要求:

①试验设备。试验仪器采用静荷载试验仪,加荷设备采用电动油泵、千斤顶和锚桩、反力梁装置,采用位移百分表测量桩顶位移,固定百分表的基准梁埋设在地基中。在整个试验过程中试验的仪器设备均被遮蔽,可保证测量精度。

②加荷。可采用慢性维持荷载,第一根桩分级小,每级加荷200 kN,预置最大加荷值为5 000 kN。首次加荷以2倍分级加荷。每级加荷后,时间间隔为5 min、10 min、15 min、20 min、25 min,各读一次,累计1 h后每30 min测读一次,达到稳定标准后即施加下一级荷载。稳定标准为沉降增量$\Delta s \leqslant 0.1$ min/h,并且连续出现2次。由于两根试桩加荷到一定程度后,桩头出现破坏迹象,无法连续加荷,试验终止。

桩身应力测试:

①基本原理。桩身应力测试采用GR型钢筋应力传感器,其工作原理是在微振动条件下,钢弦自动频率与钢弦应力之间存在$f = \frac{1}{4}(\sigma/\rho)^{\frac{1}{2}}$的关系。

②工作过程。当传感器受力时,使振弦产生应变,并使钢弦自振频率相应改变,利用激励装置使钢弦起振,并接收振荡频率,根据规定的应变—频率曲线即可得到作用在传感器上的应变值。标定截面的轴力差即为桩侧摩阻力,桩端截面上的轴力即为桩端阻力。测试的传感器必须由厂家提供出厂合格证。

③传感器的布设。每根桩的钢筋笼上安装9个传感器,沿轴线共布置3个应变测量截面,每个截面上安装3个传感器,均匀分布,应变测量截面1位于桩顶以下1~3 m处,截面2位于桩顶以下10.4 m处,截面3位于桩顶以下19.0 m处。

(6)在钻孔灌注桩的施工过程中,常见的质量问题原因分析如下。

在钻孔灌注桩施工过程中,常见的质量问题主要有塌孔、桩孔倾斜、梅花桩孔、桩钢筋笼上浮、桩底沉渣土厚或桩底部混浆等。其各项的原因分析如下。

①塌孔。在钻有厚砂层、淤泥层、卵石层等夹层部位的成孔过程中,由于砂层、淤泥层和卵石层的整体性较差,当施工时,桩孔在钻孔时位置被淘空,遇到钻孔桩的作用力作用,使夹层部位的砂层、淤泥层、砾石层孔壁不稳定,而且是采用泥浆护壁,不能保持孔壁的完整性而使井壁坍落。若在石灰岩地区施工,当桩孔壁遇到地下溶洞、溶槽、暗河时,桩孔内泥浆会漏走而骤然下降,使桩孔壁突然失去泥浆静压力的作用而向桩孔内塌。遇到塌孔,常用的处理方法是选用胶体率较大的黏性土块来造浆,同时增大泥浆比重,塌孔越大泥浆比重越大,塌孔较严重的可向桩孔内加黏土块,加小石片,反复冲击造壁。若以上方法仍

没效果,那么在征得设计单位、监理单位同意后可采用其他有效方法。

②桩孔倾料。主要原因为桩孔位置有较大的探头石或桩施工现场地质岩层走向的坡度很大,桩孔出现一边软一边硬的地质情况,使钻头或冲锤挤向软的一边而引起斜孔。另外,在粉细砂或泥石软土层中成孔,若钻进或冲进过快也会引起轻微的塌孔,使孔径增大。此时,孔壁对钻头或冲锤的约束减小,如不及时控制好进尺速度,很容易使钻孔或冲锤因摆动偏向一方,导致偏孔。发生偏孔后若是钻孔成孔的多改用冲锤成孔来矫正,并在施工中经常测量孔斜度。孔斜不严重的可用低锤凿冲矫正,若孔斜严重,可向桩孔内回填角石和黏土块,然后用低锤凿冲反复矫正,可收到好的效果。

③梅花桩孔。主要是由地层岩石坚硬造成的。目前,使用的冲击锤主要有十字锤、工字锤和人字锤三种。桩进入较硬的岩层后,若冲进的桩锤高过大而桩锤的转向环又不灵活,就很容易使桩锤在冲进过程中沿着锤齿部位形成的轨道冲进,这样桩孔壁将残留少许凸向桩孔的不规则石笋,这样的桩孔就叫梅花。在钻(冲)桩施工过程中,若发现有梅花桩孔应及时处理。常用的处理方法主要有两种:用修孔锤修孔;向桩孔内回填角石至梅花桩孔顶面以上,检修好桩锤的转向环,然后低锤凿冲反复修孔。

④桩底沉渣土厚或桩底部混浆。主要原因有以下几个:清孔此段岩渣颗粒粒径过大,清孔时泥浆无法使其呈现悬浮状态浮出桩面而成为永久性的沉渣;清孔后到灌注混凝土期间的间歇时间过长,泥浆比重过大,以致在灌注混凝土时的冲击力不能完全将桩孔的泥浆翻起造成混浆,使原来已处于悬浮状态的岩渣沉回桩孔底部,这些沉淀的岩渣土不能及时翻起而成为永久性的泥渣,造成沉积堆厚所;灌注混凝土桩心时导管下端距离桩孔底部过高,影响了混凝土的冲击力对桩底泥浆的翻起效果,并使初始灌注的混凝土无法包裹住导管的下端造成混凝土夹层;初始灌注混凝土的坍落度过小、流动性差,影响了混凝土的冲击力作用而造成底部混浆;导管内壁过粗糙、光洁度不足,减小了初始混凝土的冲击力,使灌注时活塞在导管中的下落速度影响混凝土的冲击速度造成桩底部混浆。

桩底沉渣土厚或桩底部混浆的处理方法如下:

①认真检查清孔阶段的岩渣颗粒以及清孔后的泥浆比重。为了提高泥浆的清孔效果,可在泥浆中加入外加剂碳酸钠,一般掺入量为 0.1% ~ 0.3%,外加剂碳酸钠可以提高泥浆的胶体柔性和稳定性。

②严格控制好导管下端至孔底的距离,通常为 30 ~ 50 cm,且使导管的初始埋深不小于 1 m。

③严格控制好清孔后的停置时间,若时间过长,应利用混凝土的导管重新清孔后,再进行水下混凝土的灌注工作。

④严格控制好混凝土的坍落度,确保混凝土的流动性并经常清理导管内壁,保证管内的光洁度及混凝土灌注的质量。

⑤对于桩长大于 35 m 的桩采用正循环施工,清孔没有把握时应利用真空泵采用反循环的施工方法对桩孔底部沉渣进行清孔,以确保成桩后的桩底沉渣厚度不超过设计和施工规范的标准。

(7)桩钢笼上浮的主要原因和处理措施。

桩钢笼上浮的主要原因有两个方面:一方面是在混凝土灌注桩与钢筋笼处,导管底端距钢筋笼底部太近,所灌注的混凝土从导管流出之后对钢筋笼的冲击力过大,而推动钢筋笼上浮;另一方面是在灌注混凝土时由于时间过长,表层混凝土开始初凝初步形成硬壳,在混凝土与钢筋之间产生一定的握裹力,若此时导管底部未及时提升到钢筋笼以上,混凝土从导管流出后向上移动时会带动钢筋笼上浮。

桩钢筋笼上浮处理的措施如下:

①若钢筋笼的上端在护筒的范围内,可将其焊到护筒上,若在护筒以下,则可用钢管压在钢筋笼顶以防止上浮。

②当灌注的混凝土将要接近钢筋笼时,适当放慢灌注混凝土的速度并控制好导管的埋深,以减小混凝土的上浮力。

③控制好灌注混凝土的整体时间。

④随机观察钢筋是否有上浮的现象,并随时采取各项处理措施,如压顶、放慢导管的提升速度,并用铁管敲击导管,以减小导管的提升阻力。

(8)断桩的原因分析及处理方法。

断桩的主要原因是:在水下混凝土的灌注过程中导管的提升控制不当,使导管下端脱离了混凝土面而不作任何处理,又插回混凝土灌注工作中继续施工,或出现导管堵塞无法流通,需要将导管提出桩孔,致使混凝土灌注工作中断,而这种前后衔接问题的施工处理不当,使前阶段灌注的混凝土面的泥浆等杂物不能完全翻起排出而留在衔接面上造成断桩。

断桩的处理措施与桩底沉渣的处理方法相同。

(六)沉井方法处理闸基的施工技术要求

沉井施工前应根据地质资料编制沉井施工设计,选定下沉方式,计算沉井各阶段的下沉系数,而确定制作下沉等施工方案。

(1)沉井基础的一般施工技术要求。

①沉井现场必须有足够的承载力,支垫布置应满足设计要求,且抽垫方便。第一节沉井下沉工作应在井壁混凝土强度达到该段下沉要求的控制强度后再进行下沉工作。

②沉井施工前应根据设计单位提供的地质资料来决定是否补充施工的技术措施,并为编制施工组织设计提供准确依据。

③沉井施工前应对洪汛、凌汛、河床的冲刷、通航及漂浮物等做好调查研究,以确定应对的施工技术和处理措施。

④沉井下沉前应对附近的建筑物和施工设备加强有效的防护措施。

⑤在沉井的施工全过程应按时观测,下沉时每班至少观测两次,及时掌握和纠正沉井的位移和倾斜。

⑥如果采用浮式沉井,应在下水之前进行水密性试验,对水下基床进行检查,认为合格后才可下水。

⑦沉井接高时各节的竖向中轴线应统一与第一节竖向中轴线重合,接高前要尽量随机纠正沉井的倾斜度。

⑧沉井下沉到设计高程后应检查基底情况是否符合设计要求,必要时请潜水员工进行水下检查并随时做好记录后方可封底,水下封底的混凝土应密实不漏水。

（2）沉井的制作要求。

沉井位于浅水或可能被水淹没的岸滩上时宜就地筑高制作,沉井在制作至下沉的过程中,在无水淹没的岸滩上时,如果地基的承载力满足设计要求,可就地平整夯实制作。如地基承载力不够,则应采取加固措施。若在地下水位较低的岸滩且土质较好,可以挖坑制作沉井。

筑岛沉井的制作与地下水的要求如下:

制作沉井的岛面平台和开挖基坑,施工的底部高程应比施工时最高水位高出 0.5 ~ 0.7 m,有流水时应适当增高。

水中筑岛除按围堰有关规定施工外,还应符合以下要求:

①筑岛的尺寸应满足沉井制作及抽垫等施工要求。无围堰筑岛应在沉井周围设置不小于 2 m 宽的护道,有围堰筑岛,其护道宽度可按下式计算:

$$b \geqslant H\tan\left(45° - \frac{\varphi}{2}\right) \tag{3-4}$$

式中　b——护道宽度,m;

　　　H——筑岛高度,m;

　　　φ——筑岛土的饱和土水时的内摩擦角(″)。

护道宽度在任何情况下不应小于 1.5 m,当实际采用的护道宽度 b 小于式(3-4)计算的值时,则应考虑沉井重力等对围堰所产生的侧压力的影响。

②筑岛的材料应用透水性强、易于压实的沙壤土或碎石土,但不应含有影响岛体受力及抽垫下沉的块体。岛面及地基承载力应满足设计要求,无围堰筑岛的临水面坡度一般为 1∶1.25 ~ 1∶3。

③在沉井的施工期内,水流受到压缩后,应防止冲刷、坍塌,要保持岛体的稳定,坡面、坡脚不被冲刷,必要时应采取防护措施。

④在斜坡上筑岛应进行设计,并应有防滑的措施。在淤泥等软土区筑岛时,应将软土挖除换填或采取其他措施。

筑岛沉井,一般采用钢筋混凝土厚壁沉井,制作沉井前应检查纵横向中轴线位置是否符合设计要求。

在支垫上立模制作沉井时,应符合下列要求:

①支垫布置应满足设计要求及抽垫方便。

②支垫顶面应有足够的强度和较好的刚性。内隔墙与井壁连接处支垫应连成整体,底模应支撑于支垫上,以防不均匀沉降,外模与混凝土面衔接一侧应平直光滑。

刃脚部分采用土模制作时,应符合以下要求:

①刃脚部分的外模应能承受井壁混凝土的重力在刃脚斜面上产生的水平分力,土模顶面的承载力应满足设计要求,土模顶面一般填筑至沉井隔墙底面。

②土模表面及刃脚底面的地面上,均应铺设一层 20 ~ 30 mm 的水泥砂浆,砂浆层表面应涂隔离剂。

③应有良好的防水排水措施。沉井分节制作高度应能保证其稳定又有适当重力便于顺利下沉。底节沉井的最小高度应能抵抗拆除支垫或挖除土模时的竖向挠曲强度,降土

条件许可时宜高些。

筑岛沉井节的支垫抽除应符合以下要求：

①沉井混凝土的强度满足沉井抽垫受力的要求时方可抽垫。

②支垫应分区，依次对称同步地向沉井外抽出，随同砂土回填捣实，抽垫时应防止偏斜。

③定位支点处的支垫，应按设计要求的顺序尽快地抽出。

拆除土模应符合下列要求：

①底节混凝土达到设计强度后方可拆除土模。

②自中心四周分区分层，同步对称挖土，防止沉井发生倾斜。

③拆除土模时不得失控。沉井外围的土，刃脚斜面及隔墙底面黏附于土模的残留物应清除干净，防止影响封底混凝土质量。

制造浮式沉井的方法及浮运前的准备工作如下：

①位于深水中的沉井，可采用浮式沉井。根据河岸地形设备条件，进行技术经济比较，确定沉井的结构形式，选择制作场地和下水的方案。当在浮船或支架平台上制作沉井时，浮船支架平台的承载力应满足设计要求。

②浮式沉井可采用空腹式钢丝绳网水泥薄壁沉井、钢筋混凝土薄壁沉井、钢壳沉井、装配式钢筋混凝土薄壁沉井，以及带临时井底的沉井、带气筒的沉井等各种形式，根据工作的需要、经济对比的情况、施工技术条件等来选择。

浮式沉井的制作工艺应按《公路桥涵施工技术规范》（JTJ 041—2000）有关规定和有关资料执行。

沉井浮运前应进行到位的工作：

①各类浮式沉井均须灌水下沉，各节沉井均应进行水密试验，底节还应该根据其工作压力进行水压试验，合格后方可下水。

②应对所经水域和沉井位置外的河床进行探查，所经水域应无妨碍浮运的水下障碍物，要求沉井位置处的河床应基本平整。

③检查施工运输的定位导向，锚定、潜水、起吊及排灌水设备的完好情况。

④了解当地的水文气象资料和航运的情况，并与有关部门随时取得紧密配合，必要时宜在运输时不要断流。

⑤浮运沉井的实际重力与设计重力不相符时，应重新验算沉入水中的深度是否安全可靠。

浮式沉井的技术要求如下：

①沉井底节下水后，悬浮接高时的初步定位装置应根据下水的方法，底节沉井的高度、形状与水深，流速，河床土质及沉井接高和下沉过程中墩位处与河床受冲刷的影响等综合分析确定。

②浮式沉井在悬浮状态接高时应符合下列要求：

a.沉井底节下水后接高时，应向沉井内灌水或从气筒内排气，使沉井入水深度增加到沉井接高时所需要的高度。在灌注接高时的混凝土过程中，同时向井外排水或向气筒内补气以维持沉井入水的深度不变。

b.在灌水排气或排水补气及灌注接高混凝土的过程中应均匀对称进行。

c.在灌水或排气的过程中,应检查并调整固定沉井位置的锚定系统。

d.带气筒的浮式沉井,对气筒应进行保护。

e.带临时性井底的浮式沉井和空腔井壁沉井,应严格控制各灌水隔舱间的水头差,且不得超过设计要求和施工规范规定。

沉井浮运就位的注意事项:

①浮运和灌水着床应在沉井混凝土达到设计要求强度后,并尽可能安排在低水位或水流平稳时进行。

②浮式沉井必须对浮运就位和灌水着床的稳定性进行验算。

③沉井沉运宜在白天和风浪小时进行施工,以拖轮搬运或用绞车牵引进行。对于水深或流速大的河流,为增加沉井的稳定性,可在沉井两侧设置导向船,沉井下沉前初步锚定墩位的上游,在沉井搬运下沉的任何时间内,露出水面的高度均不应小于1 m。

④定位准确后,应向井孔内或腔格内迅速对称均衡地灌水,使沉井落至河床。在水中拆除底板时,应注意防止沉井偏斜。薄壁空腔沉井着床后,可对称均衡地灌水灌注混凝土和加压下沉。

⑤沉井着床后,应采取措施使其尽快下沉,并加强对沉井上游冲刷情况进行观测和对沉井平面位置的准确及偏斜情况检查,发现问题应及时采取措施予以调整。

⑥沉井着床后应随时观测由于沉井下沉的阻力和压缩流水断面而引起流速增大所造成的河床冲刷,必要时可在沉井位置处用卵石、碎石垫填整平,增加沉井着床后的稳定。

沉井除土下沉的技术要求:

①沉井也可采用不排水除土下沉方法,在稳定的土层中,同样可采用排水除土下沉的方法。采用排水除土下沉时,应有安全措施,以防止发生人身安全事故。

②下沉沉井时,不宜使用爆破方法,在特殊情况下,经批准必须采用爆破时,应事先做好计划,经监理、设计、业主共同研究批准后并严格控制药量。

③正常下沉时应自中间向刃脚处均匀对称除土,对于排水除土下沉的底节沉井,设计支承位置处的土应在分层除土中最后同时挖除。由数个井室组成的沉井,为使下沉不发生倾斜,应控制各井室之间除土面的高差,并避免内隔墙底部在下沉时受到下面土层的顶托。

④在下沉的过程中,应随时掌握土层情况,做好下层观测记录,分析和检查土的阻力与沉井重力的关系,选用最有利的下沉方法。

⑤下沉通过黏土胶粒结构层或沉井自重力偏轻下沉困难时,可采用井外高压射水、降低井内水位等方法帮助下沉,在结构受力容许的条件下,亦可采用压重或接高沉井下沉的方法。

⑥下沉时应随机注意正位,保持竖直下沉。至少每下沉1 m检查一次沉井入土深度,尚未超过其平面最小尺寸的1.5~2倍时,最易出现倾斜,应及时注意校正,但偏斜时的竖直校正一般均会引起平面位置的移动,故要加强观测和检查。

⑦采用吸泥沙等方法在不稳定的土或砂土中下沉时,应有向井内外排水的设施,以保持井内外水位相平或井内水位略高于井外水位,防止翻砂。吸泥器应均匀吸泥沙,防止局

部吸泥器吸泥过深而造成沉井不均匀下沉。

⑧合理安排沉井外弃土的地点,避免对沉井引起偏压。在水中下沉时应注意河床因冲刷淤泥引起的土面高程差,必要时可采用沉井外弃土来调整。

⑨沉井下沉至设计标高以上 2 m 时,应适当放慢下沉速度并控制井内除土量和除土位置,以使沉井下沉到正确位置。

⑩可采取以下辅助措施帮助下沉:

a. 高压射水。在沉井下沉的施工过程中,当局部地点难以由潜水员定点向射水掌握操作时,在一个沉井内只可开动一套射水设备,并不得进行除土或其他吊起作业时,射水水压应根据地层情况、沉井入土深度等因素确定,可取 1~2.5 MPa。

b. 抽水助沉。不排水下沉的沉井,对于易引起翻砂、涌水的地层,不宜采用抽水助沉的方法。

c. 炮震助沉。一般不宜采用,但在特殊情况下必须采用时应严格控制用炸药量,在井孔中央底面放置。炸药起爆助沉时,可采用 0.1~0.2 kg。具体使用应据沉井大小、井壁厚度及炸药的性能并经过试验后方可。同一沉井每次只能起爆一次,并根据具体情况适当控制震炮次数。

d. 压重助沉。在沉井圬工尚未接筑完毕时,可利用接筑圬工压重助沉,也可在沉井壁顶部用钢铁块件或其他重物压重助沉。除为纠正沉井偏斜外,压重应均匀对称旋转。用压重助沉时,应结合具体情况及实际效果选用。

利用空气幕下沉沉井的技术要求如下。

①空气幕的制作应符合下列要求:

气斗的选型应以布设简单、不易堵塞、便于喷台扩散为原则,可采用 150 mm × 50 mm 的棱锥形。

喷气孔直径为 1 mm,气斗喷气孔数量应根据每个气斗所用的有效面积确定。气斗可按下部为 1.32 m^2/个、上部为 2.6 m^2/个考虑。喷气孔平均可按 1.0~1.6 m^2/个考虑。气斗喷气布置按等距离分布,上下交错排列。距刃脚底面以上 3 m 左右可不设,防止压气时引起翻砂。

井壁内埋管可为环形管与竖管。喷气孔设在环形管上也可以只设竖管。喷气孔设在竖管上可根据施工设备条件和实际情况决定,但各尾端均应有防止砂粒堵塞喷气孔的储砂筒设施。

②压风设备的规定如下:

风压机具有设计要求的风压和风量。风压应大于最深喷气孔处的水压力和送气管路的耗损。一般可按最深喷气孔处理,按水压的 1.4~1.6 倍来考虑,风量可按喷气孔总数及每个喷气孔单位时间内所耗风量来计算。地面风管应尽量减少弯头和接头,以降低气压损耗。为稳定风压,在风压机与外送气管阀应设置必要数量的储气设备。

③沉井下沉时应注意事项:

沉井在整个下沉的过程中,应先在井内除土,消除刃脚下土的抗力后再压气。一般除土面低于刃脚 0.5~1.0 m 时即可压气。压气的时间不宜过长,一般不超过 5 min/2 次。放气顺序应先上部气斗后下部气斗,以形成沿沉井外壁上喷的气流。气压不应小于喷气孔最深处理论水压的 1.4～1.6 倍,应尽可能使用风压机的最大值。

停气时,应先停下部气斗,依次向上停止部气斗,并应缓慢减压,不得将高压空气突然停止,防止造成瞬间负压,避免使喷气孔内吸入泥沙而被堵塞。

气幕下降沉井适用于砂类土、粉质土及黏质土的地层,对于卵石土砾类土、硬黏性类土、风化岩等地层不宜使用。

沉井接高的技术要求:

①在沉井接高时,应随时注意纠偏和防止倾斜,接高各节的竖向中轴线应互相重合。

②水上沉井接高时,井顶露出水面不应小于 1.5 m,地面上的沉井接高时,井顶露出地面不应小于 0.5 m。

③接高前不得不将刃脚淘空,以避免沉井倾斜,接高加重应均匀对称进行。

④混凝土接缝应按规定处理。

各类沉井下沉的规定要求如下:

沉井下沉时,如需在沉井顶部设置防水或防土围堰,其围堰底部与井顶应连接牢固,防止沉井下沉时围堰与井顶脱离。

沉井下沉遇到倾斜岩层时,首先应将表面松软岩层或风化层凿去,并尽量整平,使沉井刃脚的 2/3 以上嵌搁在岩层上,嵌入深度最小不宜小于 0.25 m,其余到岩层的刃脚部分可用袋装混凝土等填塞缺口。刃脚以内井底岩层的倾斜面应凿成台阶,并清渣封底。

纠正沉井倾斜和位移的规定要求如下:

①纠偏前应分析其原因,得出结果后,再采取相应的处理措施。如果有障碍物,应首先排除。

②纠正位移时可先除土,使沉井底面中心向墩位设计中心倾斜,再对侧面除土,使沉井恢复竖直,如此反复进行,使沉井逐步移近中心达到设计要求。

③纠偏倾斜时,一般可采用除土压重顶部施加水平力或刃脚下支垫等方法进行,对空气幕沉井可采用测压气纠偏的方法。

④纠正扭转时,可在一对角线两角除土,在另外两角填土,借助于刃脚下不相等的土压力所形成的扭矩,使沉井在下沉过程中逐步纠正其扭转角度。

沉井基底的检验要求如下:

沉井沉至设计标高后,应检验基底的地质情况是否与设计相符。排水下沉时,可直接检验处理;不排水下沉时,应进行水下检查处理,必要时取样鉴定。

基底应符合下列要求:

①不排水下沉的沉井基底面应整平坦无污泥,基底为岩层时,岩面残留物应清除干净,清理后有效面积不得小于设计要求,井壁隔墙及刃脚封底混凝土接触面处的石子、泥污应予以清除。

②排水下沉井应满足基底平面的要求。

③沉井下沉至设计标准高程后,应进行沉陷观测,达到设计要求后方可封底。

沉井封底的要求如下:

①基底检查合格后应及时封底。对于排水下沉的沉井,在清基时,如渗水量上升速度小于或等于 6 mm/min,可按普通混凝土浇筑方法进行封底,若渗水量大于上述规定,宜采

用水下混凝土浇筑方法进行封底。

②用刚性导管法进行水下混凝土的有关规定。混凝土的坍落度宜为 150～200 μm。混凝土的材料按钻孔灌注桩水下混凝土的要求并根据试验配比来施工。

③灌注封底水下混凝土时需要的导管间隔及根数,应根据导管作用半径及封底面积来确定。

④用多根导管灌注的顺序应进行设计,防止发生混凝土夹层,若同时灌注,当基底不平时,应逐步使混凝土保持大致相同的标高。

⑤每根导管开始灌注时所用的混凝土坍落度宜采用下限,首批混凝土需要的数量应通过计算确定。

⑥在灌注过程中,导管应随混凝土面升高而徐徐提升,导管埋深应与导管内混凝土下落深度相适应,一般不应小于表 3-3 中的规定。

表 3-3　不同灌注深度导管的最小埋深

灌注深度(m)	≤10	10～15	15～20	>20
导管最小埋深(m)	0.6～0.8	1.1	1.3	1.5

用多根导管灌注时,导管埋深不应小于表 3-4 中的规定。

表 3-4　多根导管不同间距的最小埋深

导管间距(m)	≤5	6	7	8
导管最小埋深(m)	0.6～0.9	0.9～1.2	1.2～1.4	1.3～1.4

⑦灌注混凝土的过程中,应注意混凝土的堆高和扩展情况。正确地调整坍落度和导管的埋深,每盘混凝土灌注后形成适宜的堆高和不陡于 1:5 的流动坡度。抽拔导管应严格使导管不进水。混凝土面的最终灌注高度应比设计值高出不小于 150 mm,待灌注混凝土强度达到要求后,再抽水去除表面软弱层。

井孔填充和顶板浇筑的技术措施如下:

①不排水封底的沉井,应在封底的混凝土强度满足设计要求后方可抽水。

②沉井顶部浇筑钢筋混凝土板时,应保持无水施工。

沉井的质量检验与标准如下:

①沉井基础的施工应分段进行质量检查并填写检查记录。

②沉井的制作、封底、填充、封顶等工序检验内容如表 3-5 所示。

③沉井基础的质量应符合下列规定:

a. 混凝土的强度应达到设计要求。

b. 顶面、底面中心与设计中心的偏差应相符合。但当设计无要求时,其允许偏差值,纵横方向为沉井高度的 1/50(包括因横倾斜而产生的移位)。对于浮式沉井,允许偏差值应增加 250 mm。

c. 沉井的最大倾斜度为 1/50。

d. 矩形、圆形沉井的平面扭转角偏差,就地制作的沉井等不得大于 1,浮式沉井不得大于 2。

表 3-5　沉井制作的允许偏差

项目		允许偏差
沉井的平面尺寸	长度、宽度	一般为 ±0.5%，当长度大于 24 m 时为 ±120 mm
	曲线部分的半径	一般为 ±0.5%，当半径大于 12 m 时为 ±60 mm
	两对角线的差异	对角线长度的 ±1%，最大为 ±180 mm
沉井井壁的厚度	混凝土、片石	+40 mm，-30 mm
	钢筋混凝土	±15 mm

注:1.对于钢沉井及结构构造拼装等方面有特殊要求的沉井,其平面尺寸的允许偏差应按设计要求确定。

　　2.井壁的表面要平滑而不外凸,且不要向外倾斜。

第四章　常用地基处理方法

　　为了满足城镇供水及农田灌溉的需求,在黄河滩区需要修建诸多的水闸、泵站等水工建筑物。河南黄河滩区地貌属黄河冲积扇平原,由于河段的游荡性,河槽在两岸大堤之间摆动,形成了宽窄不一的河漫滩地。河道的游荡不定,决定了沉积物的复杂多变。20 m深度以上地层为第四系全新统(Q_4)和晚更新统(Q_3)冲积堆积层,岩性主要为低液限粉土、砂土和低液限黏土,其天然地基承载力较低,而上述水工建筑物基础一般需要承受较大的上部荷载,基底压力往往超越持力层天然承载力许多,必须对天然地基进行加固处理,以满足地基承载力及地基变形的要求。

　　调查河南引黄涵闸地基处理的有关资料,这方面的记载很少。20 世纪 90 年代,在台前刘楼闸、原阳祥符朱闸、濮阳柳屯闸地基处理中曾采用过高压旋喷注浆法,即采用高压水泥浆通过钻杆由水平方向的喷嘴喷出,形成喷射流,以此切割土体并与土拌和形成水泥土加固土体的地基处理方法。其加固机制是靠喷嘴以很高的压力喷射出能量大、速度快的浆液,当它连续、集中地作用在土体上时,压应力和冲蚀等多种因素便在很小的区域内产生效应,对粒径很小的土粒或粒径较大的卵石、碎石均有巨大的冲击和搅动作用,使注入的浆液和土拌和凝固为新的固结体。通过专用的施工机械,在土中形成一定直径的桩体,与桩间土形成复合地基承担基础传来的荷载,可提高地基承载力和改善地基变形特性。

　　查阅现行有关设计规范,在《泵站设计规范》(GB 50265—2010)和《水闸设计规范》(SL 265—2001)中,关于地基处理的方法仅列出了换土垫层、桩基础、沉井基础、振冲砂(碎石)桩和强夯等有限的几种方法。

　　随着工程建设的飞速发展,地基处理的手段也日趋多样化,部分土体被增强或置换形成增强体,由增强体和周围地基共同承担荷载的地基称为复合地基。复合地基最初是指采用碎石桩加固后形成的人工地基。随着深层搅拌桩加固技术在工程中的应用,发展了水泥土搅拌桩复合地基的概念。碎石桩是散体材料桩,水泥土搅拌桩是黏结材料桩。在荷载作用下,由碎石桩和水泥土搅拌桩形成的两类人工地基的性状有较大的区别。水泥土搅拌桩复合地基的应用促进了复合地基理论的发展,由散体材料桩复合地基扩展到柔性桩复合地基。随着低强度桩复合地基和长短桩复合地基等新技术的应用,复合地基概念得到了进一步的发展,形成刚性桩复合地基概念。如果将由碎石桩等散体材料桩形成的人工地基称为狭义复合地基,则可将包括散体材料桩、各种刚度的黏结材料桩形成的人工地基及各种形式的长短桩复合地基称为广义复合地基。复合地基由于其充分利用桩间土和桩共同作用的特有优势及相对低廉的工程造价,得到了越来越广泛的应用。

第一节　地基处理方法分类

当天然地基不能满足建(构)筑物对地基稳定、变形及渗透方面的要求时,需要对天然地基进行处理,以满足建(构)筑物对地基的要求。地基处理方法可以根据地基处理的原理、目的、性质和时效等进行分类。

一、根据地基处理的原理分类

(一)置换

置换是用物理力学性质较好的岩土材料置换天然地基中部分或全部软弱土及不良土,形成双层地基或复合地基,以达到提高地基承载力、减少沉降的目的。它主要包括换土垫层法、褥垫层法、振冲置换法、沉管碎石桩法、强夯置换法、砂桩(置换)法、石灰桩法以及 EPS 超轻质料填土法等。

(二)排水固结

排水固结的原理是软黏土地基在荷载作用下,土中孔隙水慢慢排出,孔隙比减小,地基发生固结变形,同时随着超静水压力逐渐消散,土的有效应力增大,地基土的强度逐步增长,以达到提高地基承载力、减少工后沉降的目的。它主要包括加载预压法、超载预压法、砂井法(包括普通砂井、袋装砂井和塑料排水带法)、真空预压与堆载预压联合作用以及降低地下水位等。

(三)振密、挤密

振密、挤密是采用振动或挤密的方法使未饱和土密实,使地基土体孔隙比减小,强度提高,达到提高地基承载力和减少沉降的目的。它主要包括表层原位压实法、强夯法、振冲密实法、挤密砂桩法、爆破挤密法、土桩和灰土桩法。

(四)灌入固化物

灌入固化物是向土体中灌入或拌入水泥、石灰或其他化学浆材,在地基中形成增强体,以达到地基处理的目的。它主要包括深层搅拌法、高压喷射注入法、渗入性灌浆法、劈裂灌浆法、挤密灌浆法和电动化学灌浆法等。

(五)加筋法

加筋法是在地基中设置强度高的土工聚合物、拉筋、受力杆件等模量大的筋材,以达到提高地基承载力、减少沉降的目的。强度高、模量大的筋材可以是钢筋混凝土,也可以是土工格栅、土工织物等。它主要包括加筋法、土钉墙法、锚固法、树根桩法、低强度混凝土桩复合地基法和钢筋混凝土桩复合地基法等。

(六)冷热处理法

冷热处理法是通过人工冷却,使地基温度低到孔隙水的冰点以下,使之冻结,从而具有理想的截水性能和较高的承载能力;或焙烧、加热地基主体,改变土体物理力学性质,以达到地基处理的目的。它主要包括冻结法和烧结法两种。

(七)托换

托换是指对原有建筑物地基和基础进行处理、加固或改建,在原有建筑物基础下需要修建地下工程及在邻近建造新工程而影响到原有建筑物的安全等问题的技术总称。它主要包括基础加宽法、墩式托换法、桩式托换法、地基加固法及综合加固法等。

二、根据竖向增强体的桩体材料分类

(一)散体材料桩复合地基

桩体是由散体材料组成的,主要形式有碎石桩、砂桩等,复合地基的承载力主要取决于散体材料内摩擦角和周围地基土体能够提供的桩侧摩阻力。

(二)柔性桩复合地基

桩体由具有一定黏结强度的材料组成,主要形式有石灰桩、土桩、灰土桩、水泥土桩等。复合地基的承载力由桩体和桩间土共同提供,一般情况下桩体的置换作用是主要组成部分。

(三)刚性桩复合地基

桩体通常以水泥为主要胶结材料,桩身强度较高。为保证桩土共同作用,通常在桩顶设置一定厚度的褥垫层。刚性桩复合地基较散体材料桩复合地基和柔性桩复合地基具有更高的承载力与压缩模量,而且复合地基承载力具有较大的调整幅度。水泥粉煤灰碎石桩(CFG 桩)是刚性桩复合地基的桩体主要形式之一。

三、根据人工地基的广义分类

地基处理是利用物理、化学的方法,有时还采用生物的方法,对地基中的软弱土或不良土进行置换、改良(或部分改良)、加筋,形成人工地基。经过地基处理形成的人工地基大致上可以分为三类:均质地基、多层地基和复合地基。从广义上讲,桩基础也可以说是一类经过地基处理形成的人工地基。通过地基处理形成的人工地基可分为均质地基、复合地基和桩基础三类。

(一)均质地基

通过土质改良或置换,全面改善地基土的物理力学性质,提高地基土抗剪强度,增大土体压缩模量,或减小土的渗透性。该类人工地基属于均质地基或多层地基。

(二)复合地基

通过在地基中设置增强体,增强体与原地基土体形成复合地基,以提高地基承载力,减少地基沉降。

(三)桩基础

通过在地基中设置桩,荷载由桩体承担,特别是端承桩,通过桩将荷载直接传递给地基中承载力大、模量高的土层。

各种天然地基和人工地基均可归属于以上三种地基。

四、其他分类

根据地基处理加固区的部位分为浅层地基处理方法、深层地基处理方法以及斜坡面土层处理方法。

根据地基处理的用途分为临时性地基处理方法和永久性地基处理方法。

地基处理方法的严格分类是困难的,不少地基处理方法具有几种不同的作用,例如振冲法既有置换作用又有挤密作用,又如土桩和灰土桩既有挤密作用又有置换作用。另外,一些地基处理方法的加固机制及计算方法目前不是十分明确,尚需进行探讨。

地基处理方法的确定应根据结构类型、荷载大小及使用要求,结合地形地貌、地层结构、土质条件、地下水特征、环境情况和对邻近建筑物的影响等因素进行综合分析,初步选出几种地基处理方法。然后,分别从加固原理、适用范围、预期处理效果、耗用材料、施工机械、工期要求和对环境的影响等方面进行技术经济分析和对比,选择最佳的地基处理方法。

第二节 换填垫层法

当建筑物基础下的持力层比较软弱,不能满足上部结构荷载对地基的要求时,常采用换填土垫层来处理软弱地基。即将基础下一定范围内的土层挖去,然后回填以强度较大的砂、砂石或灰土等,并分层夯实至设计要求的密实程度,作为地基的持力层。换填垫层法适用于浅层地基处理,处理深度可达 2 ~ 3 m。在饱和软土上换填砂垫层时,砂垫层具有提高地基承载力、减小沉降量、防止冻胀和加速软土排水固结的作用。

工程实践表明,在合适的条件下,采用换填垫层法能有效地解决中小型工程的地基处理问题。其优点是可就地取材,施工方便,不需特殊的机械设备,既能缩短工期又能降低造价。因此,得到较为普遍的应用。

一、适用范围

换填垫层法适用于淤泥、淤泥质土、湿陷性黄土、素填土、杂填土地基及暗沟、暗塘等浅层软弱地基及不均匀地基的处理。

换填垫层法适用于处理各类浅层软弱地基。若在建筑范围内软弱土层较薄,则可采用全部置换处理。对于较深厚的软弱土层,当仅用垫层局部置换上层软弱土时,下卧软弱土层在荷载下的长期变形可能依然很大。例如,对较深厚的淤泥或淤泥质土类软弱地基,采用垫层仅置换上层软土后,通常可提高持力层的承载力,但不能解决由于深层土质软弱而造成地基变形量大对上部建筑物产生的有害影响;或者对于体型复杂、整体刚度差或对差异变形敏感的建筑,均不应采用浅层局部置换的处理方法。

对于建筑范围内就不存在松填土、暗沟、暗塘、古井、古墓或拆除旧基础后的坑穴,均可采用换填垫层法进行地基处理。在这种局部的换填处理中,保持建筑地基整体变形均匀是换填应遵循的最基本原则。

开挖基坑后,利用分层回填夯压,也可处理较深的软弱土层。但换填基坑开挖过深,常因地下水位高,需要采取降水措施;坑壁放坡占地面积大或边坡需要支护,则易引起邻近地面、管网、道路与建筑的沉降变形破坏;再则,施工土方量大、弃土多等,常使处理工程费用增高、工期拖长、对环境的影响增大等。因此,换填垫层法的处理深度通常控制在 3 m 以内较为经济合理。

大面积填土产生的大范围地面负荷影响深度较深,地基压缩变形量大,变形延续时间长,与换填垫层法浅层处理地基的特点不同,因此大面积填土地基的设计施工应符合国家标准《建筑地基基础设计规范》(GB 50007—2002)的有关规定。

在用于消除黄土湿陷性时,尚应符合国家现行标准《湿陷性黄土地区建筑规范》(GB 50025—2004)中的有关规定。

换填时应根据建筑体型、结构特点、荷载性质和地质条件,并结合施工机械设备与当地材料来源等综合分析,进行换填垫层的设计,选择换填材料和夯压施工方法。

采用换填垫层法全部置换厚度不大的软弱土层,可取得良好的效果;对于轻型建筑、地坪、道路或堆场,采用换填垫层法处理上层部分软弱土时,由于传递到下卧层顶面的附加应力很小,也可取得较好的效果。但对于结构刚度差、体型复杂、荷重较大的建筑,由于附加荷载对下卧层的影响较大,若仅换填软弱土层的上部,地基仍将产生较大的变形及不均匀变形,仍有可能对建筑造成破坏。在我国东南沿海软土地区,许多工程实例的经验或教训表明,采用换填垫层法时,必须考虑建筑体型、荷载分布、结构刚度等因素对建筑物的影响。对于深厚软弱土层,不应采用局部换填垫层法处理地基。对于不同特点的工程,还应分别考虑换填材料的强度、稳定性、压力扩散能力、密度、渗透性、耐久性、对环境的影响、价格、来源与消耗等。当换填量大时,尤其应首先考虑当地材料的性能及使用条件。此外,应考虑所能获得的施工机械设备类型、适用条件等综合因素,从而合理地进行换填垫层设计及选择施工方法。例如,对于承受振动荷载的地基不应选择砂垫层进行换填处理;略超过放射性标准的矿渣可以用于道路或堆场地基的换填,但不应用于建筑换填垫层处理等。

二、作用机制

(一)置换作用
将基底以下软弱土全部或部分挖出,换填为较密实的材料,可提高地基承载力,增强地基稳定。

(二)应力扩散作用
基础底面下一定厚度垫层的应力扩散作用,可减小垫层下天然土层所受的压力和附加压力,从而减小基础沉降量,并使下卧层满足承载力的要求。

(三)加速固结作用
用透水性大的材料做垫层时,软土中的水分可部分通过它排除,在建筑物施工过程中,可加速软土的固结和软土抗剪强度的提高。

(四)防止冻胀
由于垫层材料是不冻胀材料,采用换土垫层对基础底面以下可冻胀土层全部或部分置换后,可防止土的冻胀作用。

(五)均匀地基反力
对于石芽出露的山区地基,将石芽间软弱土层挖出,换填压缩性低的土料,并在石芽以上也设置垫层;对于建筑物范围内局部存在松填土、暗沟、暗塘、古井、古墓或拆除旧基础后的坑穴的情况,可进行局部换填,保证基础底面范围内土层的压缩性和反力趋于均匀。

(六)提高地基持力层的承载力

用于置换软弱土层的材料,其抗剪程度指标常较高,因此垫层(持力层)的承载力要比置换前软弱土层的承载力高许多。

(七)减少基础的沉降量

地基持力层的压缩量中所占的比例较大,由于垫层材料的压缩性较低,因此设置垫层后总沉降量会大大减小。此外,由于垫层的应力扩散作用,传递到垫层下方下卧层上的压力减小,也会使下卧层的压缩量减小。

因此,换填的目的就是提高承载力,增加地基强度,减少基础沉降;垫层采用透水材料可加速地基的排水固结。

三、设计

垫层设计应满足建筑地基的承载力和变形要求。首先,垫层能换除基础下直接承受建筑荷载的软弱土层,代之以能满足承载力要求的垫层;其次,荷载通过垫层的应力扩散作用,使下卧层顶面受到的压力满足小于或等于下卧层承载能力的条件;最后,基础持力层被低压缩性的垫层代换,能大大减小基础的沉降量。因此,合理确定垫层厚度是垫层设计的主要内容。通常,根据土层的情况确定需要换填的深度,对于浅层软土厚度不大的工程,应置换掉全部软土。对需换填的软弱土层,首先应根据垫层的承载力确定基础的宽度和基底压力,再根据垫层下卧层的承载力设计垫层的厚度。

垫层的设计内容应包括选择垫层的厚度和宽度及垫层的密实度。

(一)垫层厚度

在工程实践中,一般取厚度 $z = 1 \sim 2$ m(为基础厚度的 $50\% \sim 100\%$)。当厚度太小时,垫层的作用不大;若厚度太大(如在 3 m 以上),则施工不便(特别在地下水位较高时),故垫层厚度不宜大于 3 m。

垫层的厚度应根据需置换软弱土的深度或下卧土层的承载力确定,并符合下式要求:

$$p_z + p_{cz} \leqslant f_{az} \tag{4-1}$$

式中　p_z——相应于荷载效应标准组合时,垫层底面处的附加压力值,kPa;

　　　p_{cz}——垫层底面处土的自重压力值,kPa;

　　　f_{az}——垫层底面处经深度修正后的地基承载力特征值,kPa。

下卧层顶面的附加压力值可以根据双层地基理论进行计算,但这种方法仅限于条形基础均布荷载的计算条件;也可以将双层地基视作均质地基,按均质连续、各向同性、半无限直线变形体的弹性理论计算。第一种方法计算比较复杂,第二种方法的假定又与实际双层地基的状态有一定误差。最常用的是扩散角法,计算的垫层厚度虽比按弹性理论计算的结果略偏安全,但由于计算方法比较简便,易于理解又便于接受,故在工程设计中得到了广泛的认可和使用。

垫层底面处的附加压力值可分别按式(4-2)和式(4-3)计算:

条形基础

$$p_z = \frac{b(p_k - p_c)}{b + 2z\tan\theta} \tag{4-2}$$

矩形基础

$$p_z = \frac{bl(p_k - p_c)}{(b + 2z\tan\theta)(l + 2z\tan\theta)} \qquad (4\text{-}3)$$

式中　b——矩形基础或条形基础底面的宽度,m;

　　　l——矩形基础底面的长度,m;

　　　p_k——相应于荷载效应标准组合时,基础底面处的平均压力值,kPa;

　　　p_c——基础底面处土的自重压力值,kPa;

　　　z——基础底面下垫层的厚度,m;

　　　θ——垫层的压力扩散角,(°),宜通过试验确定,当无试验资料时,可按表4-1采用。

表4-1　压力扩散角 θ

z/b	换填材料		
	中砂、粗砂、砾砂、圆砾、角砾、石屑、卵石、碎石、矿渣	粉质黏土、粉煤土	灰土
0.25	20°	6°	28°
≥0.5	30°	23°	

注:1. 当 $z/b < 0.25$ 时,除灰土取 $\theta = 28°$ 外,其余材料均取 $\theta = 0°$,必要时,宜由试验确定。

　　2. 当 $0.25 < z/b < 0.5$ 时,θ 值可通过内插法求得。

压力扩散角应根据垫层材料及下卧层的力学特性差异而定,可按双层地基的条件来考虑。四川及天津曾先后对上硬下软的双层地基进行了现场载荷试验及大量模型试验,通过实测软弱下卧层顶面的压力反算上部垫层的压力扩散角。

根据模型试验实测压力值,在垫层厚度等于基础宽度时,计算的压力扩散角 θ 均小于30°,而直观破裂角为30°。同时,对照耶戈洛夫双层地基应力理论计算值,在较安全的条件下,验算下卧层承载力的垫层破坏的扩散角与实测土的破裂角相当。因此,采用理论计算值时,扩散角 θ 最大取30°。对于 θ 小于30°的情况,以理论计算值为基础,求出不同垫层厚度时的扩散角 θ。

根据有关垫层试验,中砂、粗砂、砾砂、石屑的变形模量均在30～45 MPa的范围内,卵石、碎石的变形模量可达35～80 MPa,而矿渣的变形模量为35～70 MPa。这类粗颗粒垫层材料与下卧的软弱土层相比,其变形模量比值均接近或大于10,扩散角最大取30°;而对于其他常做换填材料的细粒土或粉煤灰垫层,碾压后变形模量可达13～20 MPa,与粉质黏土垫层类似,该类垫层材料的变形模量与下卧较软土层的变形模量的比值显著小于粗粒土垫层的比值,则可以较安全地按3考虑,同时按理论值计算出扩散角 θ 值。灰土垫层则根据中国建筑科学研究院的试验及实践经验,按一定压实要求的3:7或2:8灰土28 d强度考虑,取 θ 为28°。

换填垫层的厚度不宜小于0.5 m,也不宜大于3 m。

(二)垫层宽度

垫层宽度的确定应从两方面考虑:一方面要满足应力扩散角的要求,另一方面要有足够的宽度防止砂垫层向两侧挤出。如果垫层两侧的填土质量较好,具有抵抗水平向附加应力的能力,侧向变形小,则垫层的宽度主要由压力扩散角考虑。

确定垫层宽度时,除应满足应力扩散的要求外,还应考虑垫层应有足够的宽度及侧面土的强度条件,防止垫层材料向侧边挤出而增大垫层的竖向变形量。最常用的方法依然是按扩散角法计算垫层宽度,或根据当地经验取值。当 $z/b > 0.5$ 时,垫层厚度较大,按扩散角确定垫层的底宽较宽,而按垫层底面应力计算值分布的应力等值线在垫层底面处的实际分布较窄。当两者差别较大时,也可根据应力等值线的形状将垫层剖面做成倒梯形,以节省换填的工程量。当基础荷载较大,或对沉降要求较高,或垫层侧边土的承载力较差时,垫层宽度可适当加大。在筏板基础、箱型基础或宽大独立基础下采用换填垫层时,对于垫层厚度小于 0.25 倍基础宽度的条件,计算垫层的宽度仍应考虑压力扩散角的要求。

垫层底面的宽度应满足基础底面应力扩散的要求,可按下式确定:

$$b' \geq b + 2z\tan\theta \tag{4-4}$$

式中 b'——垫层底面宽度,m;

θ——压力扩散角,可按表 4-1 查用,当 $z/b < 0.25$ 时,仍按表中 $z/b = 0.25$ 取值。

(三)垫层的承载力

经换填处理后的地基,由于理论计算方法尚不够完善,或由于较难选取有代表性的计算参数等原因,而难以通过计算准确确定地基承载力,所以换填垫层处理的地基承载力宜通过试验,尤其是通过现场原位试验确定。对于按现行的国家标准《建筑地基基础设计规范》(GB 50007—2002)划分安全等级为三级的建筑物及一般不太重要的、小型、轻型或对沉降要求不高的工程,当无试验资料或无经验时,在施工达到要求的压实标准后,可以参考表 4-2 所列的承载力特征值取用。

表 4-2 垫层的承载力

换填材料	承载力特征值 f_{ak}(kPa)
碎石、卵石	200 ~ 300
砂夹石(其中碎石、卵石占全重的 30% ~ 50%)	200 ~ 250
土夹石(其中碎石、卵石占全重的 30% ~ 50%)	150 ~ 200
中砂、粗砂、砾砂、圆砾、角砾	150 ~ 200
粉质黏土	130 ~ 180
石屑	120 ~ 150
灰土	200 ~ 250
粉煤灰	120 ~ 150
矿渣	200 ~ 300

注:压实系数小的垫层,承载力特征值取低值,反之取高值;原状矿渣垫层取低值,分级矿渣或混合矿渣垫层取高值。

(四)垫层地基的变形

我国软黏土分布地区的大量建筑物沉降观测及工程经验表明,采用换填垫层进行局部处理后,往往由于软弱下卧层的变形,建筑物地基仍将产生过大的沉降量及差异沉降量。因此,应按现行的国家标准《建筑地基基础设计规范》(GB 50007—2002)中的变形计算方法进行建筑物的沉降计算,以保证地基处理效果及建筑物的安全使用。

粗粒换填材料的垫层在施工期间垫层自身的压缩变形已基本完成,且量值很小。因而对于碎石、卵石、砂夹石、砂和矿渣垫层,在地基变形计算中,可以忽略垫层自身部分的变形值;但对于细粒材料尤其是厚度较大的换填垫层,则应计入垫层自身的变形。有关垫层的模量应根据试验或当地经验确定。当无试验资料或无经验时,可参照表4-3选用。

表4-3 垫层模量

(单位:MPa)

垫层材料	压缩模量 E_s	变形模量 E_0
粉煤灰	8 ~ 20	
砂	20 ~ 30	
碎石、卵石	30 ~ 50	
矿渣		35 ~ 70

注:压实矿渣的 E_0/E_s 值可按 1.5 ~ 3 取用。

下卧层顶面承受换填材料本身的压力超过原天然土层压力较多的工程,地基下卧层将产生较大的变形。如工程条件许可,宜尽早换填,以使由此引起的大部分地基变形在上部结构施工前完成。

(五)垫层材料

1. 砂石

砂石宜选用碎石、卵石、角砾、圆砾、砾砂、粗砂、中砂或石屑(粒径小于 2 mm 的部分不应超过总重的 45%),应级配良好,不含植物残体、垃圾等杂质。

当使用粉细砂或石粉(粒径小于 0.075 mm 的部分不应超过总重的 9%)时,应掺入不少于总重 30% 的碎石或卵石,使其颗粒不均匀系数不小于 5,拌和均匀后方可用于铺填垫层。砂石的最大粒径不宜大于 50 mm。

石屑是采石场筛选碎石后的细粒废弃物,其性质接近于砂,在各地使用作为换填材料,均取得了很好的成效。但应控制好含泥量及含粉量,才能保证垫层的质量。

对于湿陷性黄土地基,不得选用砂石等渗水材料。

2. 粉质黏土

粉质黏土土料中有机质含量不得超过 5%,亦不得含有冻土或膨胀土。当含有碎石时,其粒径不宜大于 50 mm。用于湿陷性黄土地基或膨胀土地基的粉质黏土垫层,土料中不得夹有砖、瓦和石块。

黏土及粉土均难以夯压密实,故换填时均应避免作为换填材料。在不得不选用上述土料回填时,也应掺入不少于 30% 的砂石并拌和均匀后使用。当采用粉质黏土大面积换填并使用大型机械夯压时,土料中的碎石粒径可稍大于 50 mm,但不宜大于 100 mm,否则将影响垫层的夯压效果。

3. 灰土

灰土的体积配合比宜为2:8或3:7。土料宜用粉质黏土,不得使用块状黏土和砂质粉土,不得含有松软杂质,并应过筛,其颗粒粒径不得大于15 mm。石灰宜用新鲜的消石灰,其颗粒粒径不得大于5 mm。

灰土强度随土料中黏粒含量的增加而加大,塑性指数小于4的粉土中黏粒含量太少,不能达到提高灰土强度的目的,因而不能用于拌和灰土。灰土所用的消石灰应符合Ⅲ级以上标准,储存期不超过3个月,所含活性CaO和MgO越高则胶结力越强。通常,灰土的最佳含灰率为CaO + MgO约达总量的8%。石灰应消解3~4 d并筛除生石灰块后使用。

4. 粉煤灰

粉煤灰可用于道路、堆场和小型建筑物及构筑物等的换填垫层。粉煤灰垫层上宜覆土0.3~0.5 m。粉煤灰垫层中采用掺加剂时,应通过试验确定其性能及适用条件。作为建筑物垫层的粉煤灰应符合有关放射性安全标准的要求。粉煤灰垫层中的金属构件、管网宜采取适当的防腐措施。大量填筑粉煤灰时应考虑对地下水和土壤的环境影响。

粉煤灰可分为湿排灰和调湿灰。按其燃烧后形成玻璃体的粒径分析,应属粉土的范畴。但由于含有CaO、SO_3等成分,具有一定的活性,当与水作用时,因具有胶凝作用的火山灰反应,使粉煤灰垫层逐渐获得一定的强度与刚度,有效地改善了垫层地基的承载能力及减小变形的能力。不同于抗地震液化能力较低的粉土或粉砂,由于粉煤灰具有一定的胶凝作用,在压实系数大于0.9时,即可以抵抗7度地震液化。用于发电的燃煤常伴生有微量放射性同位素,因而粉煤灰有时会有弱放射性。作为建筑物垫层的粉煤灰,应以国家标准《掺工业废渣建筑材料产品放射性物质控制标准》(GB 9196—1988)及《放射卫生防护基本标准》(GB 4792—1984)的有关规定作为安全使用的标准。粉煤灰含碱性物质,回填后碱性成分在地下水中溶出,使地下水具弱碱性,因此应考虑其对地下水的影响并应对粉煤灰垫层中的金属构件、管网采取一定的防护措施。粉煤灰垫层上宜覆盖0.3~0.5 m厚的黏性土,以防干灰飞扬,同时减少碱性对植物生长的不利影响,有利于环境绿化。

5. 矿渣

垫层使用的矿渣是指高炉重矿渣,可分为分级矿渣、混合矿渣及原状矿渣。矿渣垫层主要用于堆场、道路和地坪,也可用于小型建筑物、构筑物地基。选用矿渣的松散重度不小于11 kN/m³,有机质及含泥总量不超过5%。设计、施工前必须对选用的矿渣进行试验,在确认其性能稳定并符合安全规定后方可使用。作为建筑物垫层的矿渣应符合对放射性安全标准的要求。易受酸、碱影响的基础或地下管网不得采用矿渣垫层。大量填筑矿渣时,应考虑对地下水和土壤的环境影响。

矿渣的稳定性是其是否适用于做换填垫层材料的最主要性能指标,冶金部试验结果证明,当矿渣中CaO的含量小于45%及FeS与MnS的含量约为1%时,矿渣不会产生硅酸盐分解和铁锰分解,排渣时不浇石灰水,矿渣也就不会产生石灰分解,则该类矿渣性能稳定,可用于换填。对中、小型垫层可选用8~40 mm与40~60 mm的分级矿渣或0~60 mm的混合矿渣;较大面积换填时,矿渣最大粒径不宜大于200 mm或大于分层铺填厚度的2/3。与粉煤灰相同,对用于换填垫层的矿渣,同样要考虑放射性对地下水、环境的影响及对金属管网、构件的影响。

6.其他工业废渣

在有可靠试验结果或成功工程经验时,对质地坚硬、性能稳定、无腐蚀性和放射性危害的工业废渣等均可用于填筑换填垫层。被选用工业废渣的粒径、级配和施工工艺等应通过试验确定。

7.土工合成材料

由分层敷设的土工合成材料与地基土构成加筋垫层。所用土工合成材料的品种与性能及填料的土类应根据工程特性和地基土条件,按照现行国家标准《土工合成材料应用技术规范》(GB 50290—98)的要求,通过设计并进行现场试验后确定。

土工合成材料是近年来随着化学合成工业的发展而迅速发展起来的一种新型土工材料,主要将涤纶、尼龙、腈纶、丙纶等高分子化合物,根据工程的需要,加工成具有弹性、柔性、高抗拉强度、低伸长率、透水、隔水、反滤性、抗腐蚀性、抗老化性和耐久性的各种类型的产品。如各种土工格栅、土工格室、土工垫、土工网格、土工膜、土工织物、塑料排水带及其他土工复合材料等。由于这些材料的优异性能及广泛的适用性受到工程界的重视,被迅速推广应用于河、海岸护坡,堤坝,公路,铁路,港口,堆场,建筑,矿山,电力等领域的岩土工程中,取得了良好的工程效果和经济效益。

用于换填垫层的土工合成材料,在垫层中主要起加筋作用,以提高地基土的抗拉强度和抗剪强度,防止垫层被拉断裂和剪切破坏,保持垫层的完整性,提高垫层的抗弯刚度。因此,利用土工合成材料加筋的垫层有效地改变了天然地基的性状,增大了压力扩散角,降低了下卧天然地基表面的压力,约束了地基侧向变形,调整了地基不均匀变形,增大了地基的稳定性,并提高了地基的承载力。由于土工合成材料的上述特点,将它用于软弱黏性土、泥炭、沼泽地区修建道路及堆场等取得了较好的成效,同时在部分建筑物、构筑物的加筋垫层中应用,也得到了肯定的效果。

理论分析、室内试验及工程实测的结果证明,采用土工合成材料加筋垫层的作用机制为:

(1)扩散应力。加筋垫层刚度较大,增大了压力扩散角,有利于上部荷载扩散,降低垫层底面压力。

(2)调整不均匀沉降。由于加筋垫层的作用,加大了压缩层范围内地基的整体刚度,均化传递到下卧土层上的压力,有利于调整基础的不均匀沉降。

(3)增大地基稳定性。由于加筋垫层的约束,整体上限制了地基土的剪切、侧向挤出及隆起。

采用土工合成材料加筋垫层时,应根据工程荷载的特点,对变形、稳定性的要求和地基土的工程性质,地下水性质及土工合成材料的工作环境等,选择土工合成材料的类型、布置形式及填料品种,主要包括以下几个方面:

(1)确定所需土工合成材料的类型、物理性质和主要的力学性质,如允许抗拉强度及相应的伸长率、耐久性与抗腐蚀性等。

(2)确定土工合成材料在垫层中的布置形式、间距及端部的固定方式。

(3)选择适用的填料与施工方法等。

此外,要通过验证保证土工合成材料在垫层中不被拉断和拔出失效。同时,要检验垫层地基的强度和变形,以确保满足设计要求。最后,通过载荷试验确定垫层地基的承载能力。

土工合成材料的耐久性与老化问题在工程界备受关注。由于土工合成材料引入我国为时尚短,仅在江苏使用了十几年,未见在工程中老化而影响耐久性。英国已有近100年的使用历史,效果较好。导致土工合成材料老化有三个主要因素:紫外线照射、60~80 ℃的高温与氧化。在岩土工程中,由于土工合成材料埋在地下的土层中,上述三个影响因素皆极微弱,故土工合成材料均能满足常规建筑工程中的耐久性需要。

作为加筋的土工合成材料,应采用抗拉强度较高,受力时伸长率不大于4%~5%,耐久性好,抗腐蚀的土工格栅、土工格室、土工垫或土工织物等土工合成材料;垫层填料宜用碎石、角砾、砾砂、粗砂、中砂或粉质黏土等材料。当工程要求垫层具有排水功能时,垫层材料应具有良好的透水性。

在加筋土垫层中,主要由土工合成材料承受大的拉应力,所以要求选用高强度、低徐变性的材料,在承受工作应力时的伸长率不宜大于4%~5%,以保证垫层及下卧层土体的稳定性。在软弱土层中采用土工合成材料加筋垫层,由土工合成材料承受上部荷载产生的应力远高于软弱土层中的应力,因此一旦由于土工合成材料超过极限强度产生破坏,随之荷载转移而由软弱土层承受全部外荷载,势将大大超过软弱土的极限强度,从而导致地基的整体破坏。结果,地基可能失稳而引起上部建筑产生迅速与大量的沉降,并使建筑结构造成严重的破坏。因此,用于加筋垫层中的土工合成材料必须留有足够的安全系数,而绝不能使其受力后的强度等参数处于临界状态,以免导致严重的后果。同时,应充分考虑因垫层结构的破坏对建筑安全的影响。

在软土地基上使用加筋垫层时,应保证建筑稳定并满足允许变形的要求。

(六) 垫层的压实标准

各种垫层的压实标准可按表4-4选用。

表4-4　各种垫层的压实标准

施工方法	换填材料类别	压实系数 λ_c
碾压、振密 或夯实	碎石、卵石	0.94~0.97
	砂夹石(其中碎石、卵石占全重的30%~50%)	
	土夹石(其中碎石、卵石占全重的30%~50%)	
	中砂、粗砂、砾砂、角砾、圆砾、石屑	
	粉质黏土	
	灰土	0.95
	粉煤灰	0.90~0.95

注:1. 压实系数 λ_c 为土的控制干密度 ρ_d 与最大干密度 ρ_{dmax} 的比值;土的最大干密度宜采用击实试验确定,碎石或卵石的最大干密度可取 $2.0~2.2 \text{ t/m}^3$。

2. 当采用轻型击实试验时,压实系数 λ_c 宜取高值;当采用重型击实试验时,压实系数 λ_c 宜取低值。

3. 矿渣垫层的压实指标为最后两遍压实的压陷差小于 2 mm。

对于工程量较大的换填垫层,应按所选用的施工机械、换填材料及场地的土质条件进行现场试验,以确定压实效果。

四、施工

换土垫层适用于淤泥、淤泥质土、湿陷性黄土、素填土、杂填土地基及暗沟、暗塘等的浅层处理。施工时将基底下一定深度的软土层挖除,分层回填砂、碎石、灰土等强度较大的材料,并加以夯实振密。回填材料有多种,但其作用和计算原理基本相同。换土垫层是一种较简易的浅层地基处理方法,并已得到广泛的应用,处理地基时,宜优先考虑此法。换土可用于简单的基坑、基槽,也可用于满堂式置换。砂和砂石垫层作用明确,设计方便,但其承载力在相当程度上取决于施工质量,因此必须精心施工。

(一)施工机械

垫层施工应根据不同的换填材料选择施工机械。粉质黏土、灰土宜采用平碾、振动碾或羊足碾;中小型工程也可采用蛙式夯、柴油夯;砂石等宜用振动碾;粉煤灰宜采用平碾、振动碾、平板式振动器、蛙式夯;矿渣宜采用平板式振动器或平碾,也可采用振动碾。

(二)施工方法

垫层的施工方法、分层铺填厚度、每层压实遍数等宜通过试验确定。除接触下卧软土层的垫层底部应根据施工机械设备及下卧层土质条件确定厚度外,一般情况下,垫层的分层铺填厚度可取 200~300 mm。为保证分层压实质量,应控制机械碾压速度。

换填垫层的施工参数应根据垫层材料、施工机械设备及设计要求等通过现场试验确定,以获得最佳夯压效果。在不具备试验条件的场合,也可参照建工工程的经验数值,按表4-5选用。对于存在软弱下卧层的垫层,应针对不同施工机械设备的重量、碾压强度、振动力等因素,确定垫层底层的铺填厚度,使其既能满足该层的压密条件,又能防止破坏及扰动下卧软弱土的结构。

表4-5 垫层的每层铺填厚度及压实遍数

施工设备	每层铺填厚度(m)	每层压实遍数
平碾(8~12 t)	0.2~0.3	6~8(矿渣 10~12)
羊足碾(5~16 t)	0.2~0.35	8~16
蛙式夯(200 kg)	0.2~0.25	3~4
振动碾(8~15 t)	0.6~1.3	6~8
插入式振动器	0.2~0.5	
平板式振动器	0.15~0.25	

(三)最优含水量

粉质黏土和灰土垫层土料的施工含水量宜控制在最优含水量 ω_{op} ±2% 的范围内,粉煤灰垫层的施工含水量宜控制在 ω_{op} ±4% 的范围内。最优含水量可通过击实试验确定,也可按当地经验取用。

为获得最佳夯压效果,宜采用垫层材料的最优含水量 ω_{op} 作为施工控制含水量。对于粉质黏土和灰土,现场可控制在最优含水量 ω_{op} ±2% 的范围内;当使用振动碾碾压时,可适当放宽下限范围值,即控制在最优含水量 ω_{op} -6% ~ ω_{op} +2% 范围内。最优含水量可按现行国家标准《土工试验方法标准》(GB/T 50123—1999)中轻型击实试验的要求求得。在缺乏试验资料时,也可近似取液限值的60%,或按照经验采用塑限 ω_P ±2% 的范围值作为施工含水量的控制值。粉煤灰垫层不应采用浸水饱和施工法,其施工含水量应控制在最优含水量 ω_{op} ±4% 的范围内。若土料湿度过大或过小,应分别予以晾晒、翻松或掺加吸水材料、洒水湿润,以调整土料的含水量。对于砂石料,则可根据施工方法不同按经验控制适宜的施工含水量,即当用平板式振动器时可取 15% ~ 20%,当用平碾或蛙式夯时可取 8% ~ 12%,当用插入式振动器时宜为饱和。对于碎石及卵石,应充分浇水湿透后夯压。

(四)不均匀沉降的处理

当垫层底部存在古井、古墓、洞穴、旧基础、暗塘等软硬不均的部位时,应根据建筑对不均匀沉降的要求予以处理,并经检验合格后,方可铺填垫层。

对垫层底部的下卧层中存在的软硬不均点,要根据其对垫层稳定及建筑物安全的影响确定处理方法。对于不均匀沉降要求不高的一般性建筑,当下卧层中不均点范围小、埋藏很深、处于地基压缩层范围以外,且四周土层稳定时,对该不均点可不作处理;否则,应予以挖除,并根据与周围土质及密实度均匀一致的原则分层回填并夯压密实,以防止下卧层的不均匀变形对垫层及上部建筑产生危害。

(五)基坑开挖及排水

基坑开挖时应避免坑底土层受扰动,可保留约200 mm 厚的土层暂不挖去,待铺填垫层前再挖至设计标高。严禁扰动垫层下的软弱土层,防止它被践踏、受冻或受水浸泡。在碎石或卵石垫层底部宜设置150 ~ 300 mm 厚的砂垫层或铺一层土工织物,以防止软弱土层表面的局部破坏,同时必须防止基坑边坡坍落土混入垫层。

垫层下卧层为软弱土层时,因其具有一定的结构强度,一旦被扰动则强度大大降低,变形大量增加,将影响到垫层及建筑的安全使用。通常的做法是,开挖基坑时应预留厚约200 mm 的保护层,待做好铺填垫层的准备后,对保护层挖一段随即用换填材料铺填一段,直到完成全部垫层,以保护下卧土层的结构不被破坏。按浙江、江苏、天津等地的习惯做法,在软弱下卧层顶面设置厚150 ~ 300 mm 的砂垫层,防止粗粒换填材料挤入下卧层时破坏其结构。

换填垫层施工应注意基坑排水,除采用水撼法施工砂垫层外,不得在浸水条件下施工,必要时应采取降低地下水位的措施。

(六)垫层搭接

垫层底面宜设在同一标高上,如深度不同,基坑底土面应挖成阶梯或斜坡搭接,并按先深后浅的顺序进行垫层施工,搭接处应夯压密实。

粉质黏土及灰土垫层分段施工时,不得在柱基、墙角及承重窗间墙下接缝。上下两层的缝距不得小于500 mm。接缝处应夯压密实。灰土应拌和均匀并应当日铺填夯压。灰土夯压密实后3 d内不得受水浸泡。粉煤灰垫层铺填后宜当天压实,每层验收后应及时铺填上层或封层,防止干燥后松散起尘污染,同时应禁止车辆碾压通行。

为保证灰土施工控制的含水量不致变化,拌和均匀后的灰土应在当日使用。灰土夯实后,在短时间内水稳性及硬化均较差,易受水浸而膨胀疏松,影响灰土的夯压质量。粉煤灰分层碾压验收后,应及时铺填上层或封层,防止干燥或扰动使碾压层松胀、密实度下降及扬起粉尘污染。

在同一栋建筑下,应尽量保持垫层厚度相同;对于厚度不同的垫层,应防止垫层厚度突变;在垫层较深部位施工时,应注意控制该部位的压实系数,以防止或减少由于地基处理厚度不同所引起的差异变形。

(七)土工合成材料敷设

敷设土工合成材料时,下铺地基土层顶面应平整,防止土工合成材料被刺穿、顶破。敷设时应把土工合成材料张拉平直、绷紧,严禁有褶皱;端头应固定或回折锚固;切忌暴晒或裸露;连接宜用搭接法、缝接法和胶结法,并均应保证主要受力方向的连接强度不低于所采用材料的抗拉强度。

敷设土工合成材料时应注意均匀平整,且保持一定的松紧度,以使其在工作状态下受力均匀,并避免被块石、树根等刺穿或顶破,引起局部的应力集中。用于加筋垫层中的土工合成材料,因工作时要受到很大的拉应力,故其端头一定要埋设固定好,通常是在端部位置挖地沟,将合成材料的端头埋入沟内上覆土压住固定,以防止端头受力后被拔出。敷设土工合成材料时,应避免长时间暴晒或暴露,一般施工宜连续进行,暴露时间不宜超过48 h,并注意掩盖,以免材质老化、降低强度及耐久性。

(八)施工注意事项

(1)砂垫层的材料必须具有良好的振实加密性能。

颗粒级配的不均匀系数不能小于5,且宜采用砾砂、粗砂和中砂。当只用细砂时,宜同时均匀掺入一定数量的碎石或卵石(粒径不宜大于50 mm)。人工级配的砂石垫层,应先将砂石按比例拌和均匀后,再进行铺填加密。砂和砂石垫层材料的含泥量不应超过5%。作为提供排水边界作用的砂垫层,其含泥量不宜超过3%。

(2)在地下水位以下施工时,应采取降低地下水位的措施,使基坑保持无水状态。

碎石垫层的底面最好先垫一层砂,然后分层铺填碎石。当因垫层下方土质差异而使垫层底面标高不一时,基坑(槽)底宜挖成阶梯形,施工时按先深后浅的顺序进行,并应注意搭接处的质量。

(3)砂垫层施工的关键是将砂石材料振实加密到设计要求的密实度(如达到中密)。

如果要求进一步提高砂垫层的质量,则宜加大机械的功率。目前,砂垫层的施工方法有振实法、水撼法、夯石法、碾压法等多种,可根据砂石材料、地质条件、施工设备等条件选用。施工时应分层铺筑,在下层的密实度经检验达到合格要求后,方可进行上层施工。砂垫层施工时的含水量对压实效果影响很大,含水量很低的砂土,碾压效果往往不好;对浸没于水中的砂,效果也差,而以润湿到饱和状态时效果最好。

五、质量检验

(一)检验方法

粉质黏土、灰土、粉煤灰和砂石垫层的施工质量可用环刀法、贯入仪、静力触探、轻型动力触探或标准贯入试验检验;砂石、矿渣垫层可用重型动力触探检验,并均应通过现场试验以设计压实系数所对应的贯入度为标准检验垫层的施工质量。压实系数也可采用环刀法、灌砂法、灌水法或其他方法检验。

垫层的施工质量检验可利用贯入仪、轻型动力触探或标准贯入试验检验。必须首先通过现场试验,在达到设计要求压实系数的垫层试验区内,利用贯入试验测得标准的贯入深度或击数,然后以此作为控制施工压实系数的标准,进行施工质量检验。检验砂垫层使用的环刀容积不应小于 $200~cm^3$,以减小其偶然误差。粗粒土垫层的施工质量检验,可设置纯砂检验点,按环刀取样法检验,或采用灌水法、灌砂法进行检验。

1. 环刀取样法

在捣实后的砂垫层中用容积不小于 $200~cm^3$ 的环刀取样,测定其干密度,并以不小于该砂料在中密状态时的干密度(单位体积干土的质量)为合格。中砂在中密状态时的干密度,一般可按 $1.55\sim1.6~t/m^3$ 考虑。对砂石垫层的质量检查,取样时的容积应足够大,且其干密度应提高。如在砂石垫层中设置纯砂检验点,则在同样的施工条件下,可按上述砂垫层方法检测。

2. 贯入测定法

采用贯入仪、钢筋或钢叉的贯入度大小来检查砂垫层的质量时,应预先进行干密度和贯入度的对比试验。如检查测定的贯入度小于试验所确定的贯入度,则为合格。进行钢筋贯入测定时,将直径为 $20~mm$、长度在 $1.25~m$ 以上的平头钢筋,在砂层面以上 $700~mm$ 处自由落下,其贯入度应根据该砂的控制干密度试验确定。进行钢叉贯入测定时,用水撼法施工所使用的钢叉,在离砂层面 $0.5~m$ 的高处自由落下,并按试验所确定的贯入度作为控制标准。

(二)检验数量

采用环刀法检验垫层的施工质量时,取样点应位于每层厚度的 2/3 深度处。检验点数量:对于大基坑,每 $50\sim100~m^2$ 不应少于 1 个检验点;对于基槽,每 $10\sim20~m$ 不应少于 1 个检验点;每个独立柱基不应少于 1 个检验点。采用贯入仪或动力触探检验垫层的施工质量时,每分层检验点的间距应小于 $4~m$。

垫层施工质量检验点的数量因各地土质条件和经验的不同而不同。对于大基坑,较多采用每 $50\sim100~m^2$ 不少于 1 个检验点,或每 $100~m^2$ 不少于 2 个检验点。

垫层的施工质量检验必须分层进行,应在每层的压实系数符合设计要求后铺填上层土。

（三）竣工验收

竣工验收采用载荷试验检验垫层承载力时,每个单体工程不宜少于3个检验点;对于大型工程,则应按单体工程的数量或工程的面积确定检验点数。

竣工验收宜采用载荷试验检验垫层质量,为保证载荷试验的有效影响深度不小于换填垫层处理的厚度,载荷试验压板的边长或直径不应小于垫层厚度的1/3。

第三节　振冲法

振冲法又称振动水冲法,是以起重机吊起振动器,启动潜水电机带动偏心块,使振动器产生高频振动,同时启动水泵,通过喷嘴喷射高压水流,在边振边冲的共同作用下,将振动器沉到土中的预定深度,经清孔后,从地面向孔内逐段填入碎石,使其在振动作用下被挤密实,达到要求的密实度后即可提升振动器,如此反复直至地面,在地基中形成一个大直径的密实桩体与原地基构成复合地基,提高地基承载力,减少沉降,是一种快速、经济有效的加固方法。

通过振冲器产生水平方向振动力,振挤填料及周围土体,达到提高地基承载力、减小沉降量、增加地基稳定性、提高抗地震液化能力的目的。

德国在20世纪30年代首先用此法振密砂土地基。近年来,振冲法已用于黏性土中。

一、适用范围

振冲法大致分为振冲挤密碎石桩和振冲置换碎石桩两类。

（一）振冲挤密碎石桩

振冲挤密碎石桩适用于处理砂类土,从粉细砂到含砾粗砂,粒径小于0.005 mm的黏粒不超过10%,可得到显著的挤密效果。

（二）振冲置换碎石桩

振冲置换碎石桩适用于处理不排水抗剪强度不小于20 kPa的黏性土、粉土、饱和黄土和人工填土等地基。

二、作用机制

振冲法对不同性质的土层分别具有置换、挤密和振动密实的作用。对黏性土主要起到置换作用,对中细砂和粉土除置换作用外还有振实挤密作用。在以上各种土中施工,都要在振冲孔内加填碎石(或卵石等)回填料,制成密实的振冲桩,而桩间土则受到不同程度的挤密和振实。桩和桩间土构成复合地基,使地基承载力提高,变形减小,并可消除土层的液化。

在中、粗砂层中振冲,由于周围砂料能自行塌入孔内,也可以采用不加填料进行原地振冲加密的方法。这种方法适用于较纯净的中、粗砂层,施工简便,加密效果好。

三、设计

振冲法处理设计目前还处在半理论半经验状态,这是因为一些计算方法都还不够成熟,某些设计参数也只能凭工程经验选定。因此,对大型的、重要的或场地地层复杂的工程,在正式施工前应通过现场试验确定其适用性。

(一)加固范围及布桩形式

散体材料桩复合地基应在轮廓线以外设置保护桩。

碎石桩复合地基的桩体布置范围应根据建筑物的重要性和场地条件确定,常依基础形式而定:筏板基础、交叉条基、柔性基础应在轮廓线内满堂布置,轮廓线外设 2~3 排保护桩;其他基础应在轮廓线外设 1~2 排保护桩。

布桩形式对大面积满堂布置,宜采用等边三角形梅花布置;对独立柱基、条形基础等,宜采用正方形、矩形布置(见图 4-1)。

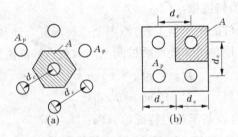

图 4-1　布桩形式

(二)桩长

桩长按照以下原则确定:

(1)当相对硬层埋深不大时,应按相对硬层埋深确定。

(2)当相对硬层埋深较大时,按建筑物地基变形允许值确定。

(3)在可液化地基中,应按要求的抗震处理深度确定。

(4)桩长不宜小于 4 m。与桩体破坏特性有关,防止刺入破坏。

(三)桩径、桩距

桩径与振冲器功率、碎(卵)石粒径、土的抗剪强度和施工质量有关。振冲桩直径通常为 0.8~1.2 m,可按每根桩所用填料量计算。

桩距与土的抗剪强度指标及上部结构荷载有关,并结合所采用的振冲器功率大小综合考虑。30 kW 振冲器布桩间距可采用 1.3~2.0 m,55 kW 振冲器布桩间距可采用 1.4~2.5 m,75 kW 振冲器布桩间距可采用 1.5~3.0 m。荷载小或对于砂土宜采用较大的间距。

不加填料振冲加密孔间距视砂土的颗粒组成、密实要求、振冲器功率等因素而定,砂的粒径越细,密实要求越高,则间距越小。使用 30 kW 振冲器,间距一般为 1.8~2.5 m;使用 75 kW 振冲器,间距可加大到 2.5~3.5 m。振冲加密孔布孔宜用等边三角形或正方形,对大面积挤密处理,用前者比后者可得到更好的挤密效果。

(四)碎石垫层

在桩顶和基础之间宜敷设一层 300 ～ 500 mm 厚的碎石垫层。碎石垫层起水平排水的作用,有利于施工后土层加快固结,更大的作用在碎石桩顶部采用碎石垫层可以起到明显的应力扩散作用,降低碎石桩和桩周围土的附加应力,减少碎石桩侧向变形,从而提高复合地基承载力,减少地基变形量。在大面积振冲处理的地基中,如局部基础下有较薄的软土,应考虑加大垫层厚度。

(五)桩体材料

桩体材料可用含泥量不大于5%的碎石、卵石、矿渣或其他性能稳定的硬质材料,不宜使用风化宜碎的石料。常用的填料粒径为:30 kW 振冲器,20 ～ 80 mm;55 kW 振冲器,30 ～ 100 mm;75 kW 振冲器,40 ～ 150 mm。填料的作用:一方面是填充在振冲器上拔后在土中留下的孔洞;另一方面是利用其作为传力介质,在振冲器的水平振动下通过连续加填料将桩间土进一步振挤加密。

(六)复合地基承载力特征值

(1)重大工程和有条件的中小型工程,原则上由现场复合地基载荷试验确定。

(2)初步设计时也可用单桩和处理后桩间土的承载力特征值按下式估算:

$$f_{spk} = mf_{pk} + (1 - m)f_{sk} \qquad (4-5)$$

$$m = d^2/d_e^2 \qquad (4-6)$$

式中　f_{spk}——振冲桩复合地基承载力特征值,kPa;

　　　f_{pk}——桩体承载力标准值,kPa,宜通过单桩载荷试验确定;

　　　f_{sk}——处理后桩间土承载力标准值,kPa,宜按当地经验取值,当无经验时,可取天然地基承载力特征值;

　　　m——桩土面积置换率;

　　　d——桩身平均直径,m;

　　　d_e——1 根桩分担的处理地基面积的等效圆直径。

等边三角形布桩:　　　　$d_e = 1.05s$

正方形布桩:　　　　　　$d_e = 1.13s$

矩形布桩:　　　　　　$d_e = 1.13 \sqrt{s_1 s_2}$

式中　s、s_1、s_2——桩间距、纵向间距、横向间距。

(3)对小型工程的黏性土地基,若无现场载荷试验资料,初步设计时复合地基承载力特征值也可按下式估算:

$$f_{spk} = [1 + m(n - 1)]f_{sk} \qquad (4-7)$$

式中　n——桩土应力比,在无实测资料时,可取 2 ～ 4,原土强度低取大值,原土强度高取小值。

实测的桩土应力比参见表4-6,由该表可见,n 值多数为 2 ～ 5,建议桩土应力比可取2 ～ 4。

表4-6　实测桩土应力比

序号	工程名称	主要土层	n	
			范围	均值
1	江苏连云港临洪东排涝站	淤泥		2.5
2	塘沽长芦盐场第二化工厂	黏土、淤泥质黏土	1.6～3.8	2.8
3	浙江台州电厂	淤泥质粉质黏土	3.0～3.5	
4	山西太原环保研究所	粉质黏土、黏质粉土		2.0
5	江苏南通天生港电厂	粉砂夹薄层粉质黏土		2.4
6	上海江桥车站附近路堤	粉质黏土、淤泥质粉质黏土	1.4～2.4	
7	宁夏大武口电厂	粉质黏土、中粗砂	2.5～3.1	
8	美国 Hampton(164)路堤	极软粉土、含砂黏土	2.6～3.0	
9	美国 New Orleans 试验堤	有机软黏土夹粉砂	4.0～5.0	
10	美国 New Orleans 码头后方	有机软黏土夹粉砂	5.0～6.0	
11	法国 Ile Lacroix 路堤	软黏土	2.0～4.0	2.8
12	美国乔治工学院模型试验	软黏土	1.5～5.0	

(七)地基变形计算

振冲处理地基的变形计算应符合现行国家标准《建筑地基基础设计规范》(GB 50007—2002)的有关规定。

$$S = \psi_s (S_{sp} + S_1) \tag{4-8}$$

式中　ψ_s——沉降经验系数,对于碎石桩复合地基,取 1.0;

　　　S_{sp}——复合地基的沉降;

　　　S_1——下卧层沉降,可用分层总和法计算。

$$S_{sp} = \sum_{i=1}^{n} \frac{p_{01}}{[E_{sp}]_i} (Z_i \bar{a}_i - Z_{i-1} \bar{a}_{i-1}) \tag{4-9}$$

式中　p_{01}——对应于荷载效应准永久组合时,基础底面处的附加应力,kPa;

　　　Z_i、Z_{i-1}——基础底面至第 i 层、第 $i-1$ 层土底面的距离,m;

　　　$\bar{a}_i$、$\bar{a}_{i-1}$——基础底面计算点至第 i 层、第 $i-1$ 层土底面范围内平均附加应力系数;

　　　E_{sp}——复合土层压缩模量,MPa。

复合土层的压缩模量由现场静载荷试验确定,中小型工程可采用经验公式:

$$E_{sp} = [1 + m(n-1)] E_s \tag{4-10}$$

式中 E_s——桩间土压缩模量,MPa,宜按当地经验取值,当无经验时,可取天然地基压缩模量。

式(4-7)中的桩土应力比,在无实测资料时,对黏性土可取2~4,对粉土和砂土可取1.5~3,原土强度低取大值,原土强度高取小值。

(八)不加填料振冲

(1)不加填料振冲加密宜在初步设计阶段进行现场工艺试验,确定不加填料振密的可能性、孔距、振密电流值、振冲水压力、振后砂层的物理力学指标等。

(2)30 kW 振冲器振密深度不宜超过 7 m,75 kW 振冲器振密深度不宜超过 15 m。不加填料振冲加密孔距可为 2~3 m,宜用等边三角形布孔。

(3)不加填料振冲加密地基承载力特征值应通过现场载荷试验确定,初步设计时也可根据加密后原位测试指标按现行国家标准《建筑地基基础设计规范》(GB 50007—2002)的有关规定确定。

(4)不加填料振冲加密地基变形计算应符合现行国家标准《建筑地基基础设计规范》(GB 50007—2002)的有关规定。加密深度内土层的压缩模量应通过原位测试确定。

四、施工

(一)施工设备

振冲施工可根据设计荷载的大小、原土强度的高低、设计桩长等条件选用不同功率的振冲器。施工前应在现场进行试验,以确定水压、振密电流和留振时间等各种施工参数。

振冲器的上部为潜水电动机,下部为振动体。电动机转动时通过弹性联轴节带动振动体的中空轴旋转,轴上装有偏心块,以产生水平向振动力。在中空轴内装有射水管,水压可达 0.4~0.6 MPa。依靠振动和管底射水将振冲器沉至所需深度,然后边提振冲器边填砾砂边振动,直到挤密填料及周围土体。振冲法施工时除振冲器外,尚需行走式起吊装置、泵送输水系统、控制操纵台等设备。

振冲施工选用振冲器要考虑设计荷载的大小、工期、工地电源容量及地基土天然强度的高低等因素。30 kW 功率的振冲器每台机组约需电源容量 75 kW,其制成的碎石桩径约 0.8 m,桩长不宜超过 8 m,因其振动力小,桩长超过 8 m 加密效果明显降低;75 kW 振冲器每台机组需要电源电量 100 kW,桩径可达 0.9~1.5 m,振冲深度可达 20 m。

在邻近既有建筑物场地施工时,为降低振动对建筑物的影响,宜用功率较小的振冲器。

为保证施工质量,电压、加密电流、留振时间要符合要求。如电源电压低于 350 V,则应停止施工。使用 30 kW 振冲器,密实电流一般为 45~55 A;55 kW 振冲器密实电流一般为 75~85 A;75 kW 振冲器密实电流为 80~95 A。

升降振冲器的机械可用起重机、自行井架式施工平车或其他合适的设备。施工设备应配有电流、电压和留振时间自动信号仪表。升降振冲器的机具常用 8~25 t 汽车吊,可振冲 5~20 m 长桩。

（二）施工步骤

（1）清理平整施工场地，布置桩位。

（2）施工机具就位，使振冲器对准桩位。

（3）启动供水泵和振冲器，水压可用 200～600 kPa，水量可用 200～400 L/min，将振冲器徐徐沉入土中，造孔速度宜为 0.5～2.0 m/min，直至达到设计深度。记录振冲器适合深度的水压、电流和留振时间。

（4）造孔后，提升振冲器冲水直至孔口，再放至孔底，重复两三次，扩大孔径并使孔内泥浆变稀，开始填料制桩。

（5）大功率振冲器投料可不提出孔口，小功率振冲器下料困难时，可将振冲器提出孔口填料，每次填料厚度不宜大于 50 cm。将振冲器沉入填料中进行振密制桩，在电流达到规定的密实电流值和规定的留振时间后，将振冲器提升 30～50 cm。

（6）重复以上步骤，自上而下逐段制作桩体直至孔口，记录各段深度的填料量、最终电流值和留振时间，并均应符合设计规定。

（7）关闭振冲器和水泵。

（三）质量控制

要保证振冲桩的质量，必须符合密实电流、填料量和留振时间三方面的规定。

1. 控制加料振密过程中的密实电流

在成桩时，注意不能把振冲器刚接触填料的一瞬间的电流值作为密实电流。瞬时电流值有时可高达 100 A 以上，但只要把振冲器停住不下降，电流值立即变小。可见，瞬时电流并不能真正反映填料的密实程度。只有使振冲器在固定深度上振动一定时间（即留振时间）而电流稳定在某一数值，这一稳定电流才能代表填料的密实程度。要求稳定电流值超过规定的密实电流值，该段桩体才算制作完毕。

2. 控制填料量

施工中加填料不宜过猛，原则上要勤加料，但每批不宜加得太多。值得注意的是，在制作最深处桩体时，为达到规定密实电流，所需的填料远比制作其他部分桩体多。有时这段桩体的填料量可占整根桩总填料量的 1/4～1/3。其原因一是开始阶段加的料有相当一部分在孔口向孔底下落的过程中被黏留在某些深度的孔壁上，只有少量能落到孔底；二是如果控制不当，压力水有可能造成超深，从而使孔底填料量剧增；三是孔底遇到了事先不知的局部软弱土层，这也能使填料数量超过正常用量。

（四）施工注意事项

（1）施工现场应事先开设泥水排放系统，或组织好运浆车辆将泥浆运至预先安排好的存放地点，应尽可能设置沉淀池重复使用上部清水。

振冲施工有泥水从孔内返出。砂石类土返泥水量较小，黏土层返泥水量大，这些泥水不能漫流在基坑内，也不能直接排入地下排污管和河道中，以免引起对环境的有害影响，为此在场地上必须事先开设排泥水沟系和做好沉淀池。施工时用泥浆泵将返出的泥水集中抽入池内，在城市中施工，当泥水量不大时可用水车运走。

（2）桩体施工完毕后应将顶部预留的松散桩体挖除，如无预留应将松散桩头压实，随后敷设并压实垫层。

为了保证桩顶部的密实，振冲前开挖基坑时应在桩顶高程以上预留一定厚度的土层。一般 30 kW 振冲器应留土层 0.7～1.0 m,75 kW 振冲器应留土层 1.0～1.5 m。当基槽不深时，可振冲后开挖。

（3）不加填料振冲加密宜采用大功率振冲器，为了避免造孔中塌砂将振冲器包住，下沉速度宜快，造孔速度宜为 8～10 m/min,到达深度后将射水量减至最小，留振至密实电流达到规定时，上提 0.5 m,逐段振密至孔口，一般每米振密时间约 1 min。

在有些砂层中施工，常要连续快速地提升振冲器，电流始终保持加密电流值。如广东新沙港水中吹填的中砂，振前标贯击数 $N=3～7$ 击，设计要求振冲后 $N\geqslant15$ 击，采用正三角形布孔，桩距 2.54 m,加密电流 100 A,经振冲后达到 $N>20$ 击。14 m 厚的砂层完成一孔约需 20 min。

（4）振密孔施工顺序宜沿直线逐点逐行进行。施工顺序："由里向外打"，"由近到远、由轻到重"，"间隔跳打"。

五、质量检验

（1）检查振冲施工各项施工记录，如有遗漏或不符合规定要求的桩或振冲点，应补做或采取有效的补救措施。

（2）振冲施工结束后，除砂土地基外，应间隔一定时间后方可进行质量检验。对粉质黏土地基间隔时间可取 21～28 d,对粉土地基可取 14～21 d。

（3）振冲桩的施工质量检验可采用单桩载荷试验，检验数量为桩数的 0.5%,且不少于 3 根。对碎石桩体检验可用重型动力触探进行随机检验。这种方法设备简单，操作方便，可以连续检测桩体密实情况，但目前尚未建立贯入击数与碎石桩力学性能指标之间的对应关系，有待在工程中广泛应用，积累实测资料，使该法日趋完善。

对桩间土的检验可在处理深度内用标准贯入、静力触探等方法进行检验。

（4）振冲处理后的地基竣工验收时，承载力检验应采用复合地基载荷试验。

（5）复合地基载荷试验检验数量不应少于总桩数的 0.5%,且每个单体工程不应少于 3 个检验点。

（6）对不加填料振冲加密处理的砂土地基，竣工验收承载力检验应采用标准贯入、动力触探、载荷试验或其他合适的试验方法。检验点应选择在有代表性或地基土质较差的地段，并位于振冲点围成的单元形心处及振冲点中心处。检验数量可为振冲点数量的 1%,且总数不应少于 5 个。

第四节　砂石桩法

砂石桩法是指采用振动、冲击或水冲等方式在软弱地基中成孔后，再将砂或碎石挤压进已成的孔中,形成大直径的砂石所构成的密实桩体,包括碎石桩、砂桩和砂石桩,总称为砂石桩。砂石桩与土共同组成基础下的复合土层作为持力层,从而提高地基承载力和减小变形。

一、适用范围

砂石桩适用于松散砂土、粉土、黏性土、素填土及杂填土地基,主要靠桩的挤密和施工中的振动作用使桩周围土的密度增大,从而使地基的承载力提高、压缩性降低。国内外的实际工程经验证明:砂石桩法处理砂土及填土地基效果显著,并已得到广泛应用。

砂石桩法早期主要用于挤密砂土地基,随着研究和实践的深化,特别是高效能专用机具出现后,应用范围不断扩大。为提高其在黏性土中的处理效果,砂石桩填料由砂扩展到砂、砾及碎石。

砂石桩法用于处理软土地基,国内外也有较多的工程实例,但应注意由于软黏土含水量高、透水性差,砂石桩很难发挥挤密效用。其主要作用是部分置换并与软黏土构成复合地基,同时加速软土的排水固结,从而增大地基土的强度,提高软土地基的承载力。在软黏土中应用砂石桩法有成功的经验,也有失败的教训,因而不少人对砂石桩处理软黏土持有异议,认为黏土透水性差,特别是灵敏度高的土在成桩过程中,土中产生的孔隙水压力不能迅速消散,同时天然结构受到扰动将导致其抗剪强度降低,如置换率不够高,是很难获得可靠的处理效果的。此外,砂石桩处理饱和黏土地基,如不经过预压,处理后地基仍将可能发生较大的沉降,对沉降要求严格的建筑结构难以满足允许的沉降要求。因此,对于饱和软黏土变形控制要求不严的工程可采用砂石桩置换处理。

二、作用机制

砂石桩加固地基的主要作用如下。

(一)挤密、振密作用

砂石桩主要靠桩的挤密和施工中的振动作用使桩周围土的密度增大,从而使地基的承载能力提高、压缩性降低。当被加固土为液化地基时,由于土的空隙比减小、密实度提高,可有效消除土的液化。

(二)置换作用

当砂石桩法用于处理软土地基时,由于软黏土含水量高、透水性差,砂石桩很难发挥挤密效用,其主要作用是部分置换并与软黏土构成复合地基,增大地基抗剪强度,提高软土地基的承载力和地基抗滑动破坏能力。

(三)加速固结作用

砂石桩可加速软土的排水固结,从而增大地基土的强度,提高软土地基的承载力。

三、设计

砂石桩设计的主要内容有桩径、桩位布置、桩距、桩长、处理范围、材料、填料用量、复合地基承载力、稳定及变形验算等。对于砂土地基,砂土的最大、最小孔隙比以及原地层的天然密度是设计的基本依据。

采用砂石桩处理地基应补充设计、施工所需的有关技术资料。对于黏性土地基,应有地基土的不排水抗剪强度指标;对于砂土和粉土地基,应有地基土的天然孔隙比、相对密实度或标准贯入击数、砂石料特性、施工机具等资料。

(一)布桩形式

砂石桩孔位宜采用等边三角形或正方形布置。对于砂土地基,因靠砂石桩的挤密提高桩周土的密度,所以采用等边三角形更有利,它使地基挤密较为均匀。对于软黏土地基,主要靠置换作用,因而选用任何一种均可。

(二)桩径

砂石桩直径可采用300~800 mm,可根据地基土质情况和成桩设备等因素确定。对于饱和黏性土地基,宜选用较大的直径。

砂石桩直径的大小取决于施工设备桩管的大小和地基土的条件。小直径桩管挤密质量较均匀,但施工效率低;大直径桩管需要较大的机械能力、工效高,采用过大的桩径,一根桩要承担的挤密面积大,通过一个孔要填入的砂料多,不易使桩周土挤密均匀。对于软黏土,宜选用大直径桩管,以减小对原地基土的扰动程度,同时置换率较大,可提高处理效果。沉管法施工时,设计成桩直径与套管直径比不宜大于1.5,主要考虑振动挤压时如扩径较大,会对地基土产生较大扰动,不利于保证成桩质量。另外,成桩时间长、效率低也会给施工带来困难。

(三)桩距

砂石桩的间距应通过现场试验确定。对于粉土和砂土地基,不宜大于砂石桩直径的4.5倍;对于黏性土地基,不宜大于砂石桩直径的3倍。

砂石桩处理松砂地基的效果受地层、土质、施工机械、施工方法、填砂石的性质和数量、砂石桩排列和间距等多种因素的综合影响,较为复杂。国内外虽已有不少实践,并曾进行了一些试验研究,积累了一些资料和经验,但是有关设计参数如桩距、灌砂石量及施工质量的控制等须通过施工前的现场试验才能确定。

桩距不能过小,也不宜过大,根据经验,桩距一般可控制在3~4.5倍桩径。合理的桩径取决于具体的机械能力和地层土质条件。当合理的桩距和桩的排列布置确定后,一根桩所承担的处理范围即可确定。土层密度的增加靠其孔隙的减小,把原土层的密度提高到要求的密度,孔隙要减小的数量可通过计算得出。这样可以设想只要灌入的砂石料能把需要减小的孔隙都充填起来,那么土层的密度也就能够达到预期的数值。据此,如果假定地层挤密是均匀的,同时挤密前后土的固体颗粒体积不变,则可推导出桩距计算公式。

对于粉土和砂土地基,公式推导是假设地面标高施工后和施工前没有变化。实际上,很多工程都采用振动沉管法施工,施工时对地基有振密和挤密双重作用,而且地面下沉,施工后地面平均下沉量可达100~300 mm。因此,当采用振动沉管法施工砂石桩时,桩距可适当增大,修正系数建议取1.1~1.2。

地基挤密要求达到的密实度是从满足建筑结构地基的承载力、变形或防止液化的需要而定的,原地基土的密实度可通过钻探取样试验,也可通过标准贯入、静力触探等原位测试结果与有关指标的相关关系确定。各有关的相关关系可通过试验求得,也可参考当地或其他可靠的资料。

桩间距与要求的复合地基承载力及桩和原地基土的承载力有关。当按要求的承载力算出的置换率过高、桩距过小不易施工时,则应考虑增大桩径和桩距。在满足上述要求的条件下,一般桩距应适当大些,可避免施工过大地扰动原地基土,影响处理效果。

初步设计时,砂石桩的间距也可根据被处理土挤密后要求达到的孔隙比来确定。假设在松散砂土中,砂石桩能起到完全理想的效果,设处理前土的空隙比为 e_0,挤密后的孔隙比为 e_1,又设一根砂石桩所承担的地基处理面积为 A,砂石桩直径为 d,则一根桩孔的体积为 $d^2/4$,单位体积被处理土的空隙改变量为 $(e_0 - e_1)/(1 + e_0)$。根据桩的平面布置不同,按下列公式估算砂石桩的间距 s。

1. 松散粉土和砂土地基的砂石桩间距

采用等边三角形布置的砂石桩间距:

$$s = 0.95\xi d\left[(1 + e_0)/(e_0 - e_1)\right]^{0.5} \tag{4-11}$$

采用正方形布置的砂石桩间距:

$$s = 0.89\xi d\left[(1 + e_0)/(e_0 - e_1)\right]^{0.5} \tag{4-12}$$

$$e_1 = e_{max} - D_{r1}(e_{max} - e_{min}) \tag{4-13}$$

式中　s——砂石桩间距,m;

　　　d——砂石桩直径,m;

　　　ξ——修正系数,当考虑振动下沉密实作用时,可取 $1.0 \sim 1.2$,不考虑振动下沉密实作用时,可取 1.0;

　　　e_0——地基处理前砂土的孔隙比,可按原状土样试验确定,也可根据动力或静力触探等对比试验确定;

　　　e_1——地基挤密后要求达到的孔隙比;

　　　e_{max}、e_{min}——砂土的最大、最小孔隙比,可按现行国家标准《土工试验方法标准》(GB/T 50123—1999)的有关规定确定;

　　　D_{r1}——地基挤密后要求砂土达到的相对密实度,可取 $0.70 \sim 0.85$。

2. 黏性土地基的砂石桩间距

采用等边三角形布置的砂石桩间距:

$$s = 1.08A_e^{0.5} \tag{4-14}$$

采用正方形布置的砂石桩间距:

$$s = A_e^{0.5} \tag{4-15}$$

$$A_e = A_p/m \tag{4-16}$$

式中　A_e——1 根砂石桩承担的处理面积,m^2;

　　　A_p——砂石桩的截面面积,m^2;

　　　m——面积置换率。

(四)桩长

砂石桩的桩长可根据工程要求和工程地质条件通过计算确定。关于砂石桩的长度,通常应根据地基的稳定和变形验算确定,为保证稳定,桩长应达到滑动弧面之下,当软土层厚度不大时,桩长宜超过整个松软土层。标准贯入和静力触探沿深度的变化曲线也是确定桩长的重要资料。

(1)当松软土层厚度不大时,砂石桩桩长宜穿过松软土层。

(2)当松软土层厚度较大时,对按稳定性控制的工程,砂石桩桩长应不小于最危险滑动面以下 2 m 的深度;对按变形控制的工程,砂石桩桩长应满足处理后地基变形量不超过建筑物的地基变形允许值并满足软弱下卧层承载力的要求。

(3)对可液化的地基,砂石桩桩长应按现行国家标准《建筑抗震设计规范》(GB 50011—2010)的有关规定采用。对可液化的砂层,为保证处理效果,一般桩长应穿透液化层。

(4)桩长不宜小于 4 m。

砂石桩单桩荷载试验表明,砂石桩桩体在受荷过程中,在桩顶 4 倍桩径范围内将发生侧向膨胀,因此设计深度应大于主要受荷深度,即不宜小于 4.0 m。

一般建筑物的沉降存在一个沉降槽,若差异沉降过大,则会使建筑物受到损坏。为了减少其差异沉降,可分区采用不同桩长进行加固,用于调整差异沉降。

(五)处理范围

砂石桩处理范围应大于基底范围,处理宽度宜在基础外缘扩大 1 ~ 3 排桩。对可液化地基,在基础外缘扩大宽度不应小于可液化土层厚度的 1/2,并不应小于 5 m。

砂石桩处理地基要超出基础一定宽度,这是基于基础的压力向基础外扩散。另外,考虑到外围的 2 ~ 3 排桩挤密效果较差,提出加宽 1 ~ 3 排桩,原地基越松则应加宽越多。重要的建筑及要求荷载较大的情况应加宽多些。

砂石桩法用于处理液化地基,原则上必须确保建筑物的安全使用。基础外应处理的宽度目前尚无统一的标准。美国的经验是应处理的宽度取等于处理的深度,但根据日本和我国有关单位的模型试验得到的结果应为处理深度的 2/3。另外,由于基础压力的影响,使地基土的有效压力增加,抗液化能力增大,故这一宽度可适当降低。同时,根据日本用挤密桩处理的地基经过地震考验的结果,也说明需处理的宽度比处理深度的 2/3 小,据此定出每边放宽不宜小于处理深度的 1/2,同时不宜小于 5 m。

(六)填料量

砂石桩桩孔内的填料量应通过现场试验确定,估算时可按设计桩孔体积乘以充盈系数 β 确定,β 可取 1.2 ~ 1.4。如施工中地面有下沉或隆起现象,则填料数量应根据现场具体情况予以增减。

考虑到挤密砂石桩沿深度不会完全均匀,同时实践证明砂石桩施工挤密程度较高时地面要隆起,另外施工中还会有所损失等,因而实际设计灌砂石量要比计算砂石量增加一些。根据地层及施工条件的不同,增加量为计算量的 20% ~ 40%。

(七)桩体材料

桩体材料可用碎石、卵石、角砾、圆砾、砾砂、粗砂、中砂或石屑等硬质材料,含泥量不得大于 5%,最大粒径不宜大于 50 mm。

关于砂石桩用料的要求,对于砂基,条件不严格,只要比原土层砂质好同时易于施工即可,一般应注意就地取材。按照各有关资料的要求,最好用级配较好的中砂、粗砂,当然也可用砾砂及碎石。对于饱和黏性土，因为要构成复合地基，特别是当原地基土较软弱、侧限不大时，为了有利于成桩，宜选用级配好、强度高的砾砂混合料或碎石。填料中最大颗粒尺寸的限制取决于桩管直径和桩尖的构造，以能顺利出料为宜。考虑到有利于排水，同时保证具有较高的强度，规定砂石桩用料中粒径小于 0.005 mm 的颗粒含量（即含泥量）不能超过 5%。

（八）垫层

砂石桩顶部宜敷设一层厚度为 300 ~ 500 mm 的砂石垫层。

（九）复合地基的承载力特征值

砂石桩复合地基的承载力特征值，应通过现场复合地基载荷试验确定，初步设计时，也可通过下列方法估算：

(1)对于采用砂石桩处理的复合地基，可按式(4-5)或式(4-6)估算。

(2)对于采用砂桩处理的砂土地基，可根据挤密后砂土的密实状态，按现行国家标准《建筑地基基础设计规范》(GB 50007—2002)的有关规定计算。

（十）地基变形计算

砂石桩处理地基的变形计算方法同上述振冲桩；对于砂桩处理的砂土地基，应按现行国家标准《建筑地基基础设计规范》(GB 50007—2002)的有关规定计算。

当砂石桩用于处理堆载地基时，应按现行国家标准《建筑地基基础设计规范》(GB 50007—2002)的有关规定进行抗滑稳定性验算。

四、施工

（一）施工机械

砂石桩施工可采用振动沉管、锤击沉管或冲击成孔等成桩法。采用垂直上下振动的机械施工的方法称为振动沉管成桩法，采用锤击式机械施工成桩的方法称为锤击沉管成桩法，锤击沉管成桩法的处理深度可达 10 m。当用于消除粉细砂及粉土液化时，宜用振动沉管成桩法。

砂石桩机通常包括机架、桩管及桩尖、提升装置、挤密装置、上料设备及检测装置等部分。为了使砂石有效地排出或使桩管容易打入，高能量的振动砂石桩机配有高压空气或水的喷射装置，同时配有自动记录桩管贯入深度、提升量、压入量、管内砂石位置及变化，以及电机电流变化等的检测装置。

施工中应选用能顺利出料和有效挤压桩孔内砂石料的桩尖结构。当采用活瓣桩靴时，对砂土和粉土地基宜选用尖锥形，对黏性土地基宜选用平底形，一次性桩尖可采用混凝土锥形桩尖。

（二）成桩试验

施工前应进行成桩工艺和成桩挤密试验。当成桩质量不能满足设计要求时，应在调整设计与施工有关参数后，重新进行试验或改变设计。

不同的施工机具及施工工艺用于处理不同的地层会有不同的处理效果。常遇到设计与实际情况不符或者处理质量不能达到设计要求的情况，因此施工前在现场进行的成桩试验具有重要的意义。

通过现场成桩试验检验设计要求和确定施工工艺及施工控制要求,包括填砂石量、提升高度、挤压时间等。为了满足试验及检测要求,试验桩的数量应不少于7~9个。正三角形布置至少要7个(即中间1个,周围6个),正方形布置至少要9个(3排3列,每排每列各3个)。

(三)振动法施工成桩步骤

振动沉管成桩法施工应根据沉管和挤密情况,控制填砂石量、提升高度和速度、挤压次数和时间、电机的工作电流等。

振动法施工成桩步骤如下:

(1)移动桩机及导向架,把桩管及桩尖对准桩位。

(2)启动振动锤,把桩管下到预定的深度。

(3)向桩管内投入规定数量的砂石料(根据施工试验的经验,为了提高施工效率,装砂石也可在桩管下到便于装料的位置时进行)。

(4)把桩管提升一定的高度(下砂石顺利时提升高度不超1~2 cm),提升时桩尖自动打开,桩管内的砂石料流入孔内。

(5)降落桩管,利用振动及桩尖的挤压作用使砂石密实。

(6)重复(4)、(5)两个步骤,桩管上下运动,砂石料不断补充,砂石桩不断增高。

(7)桩管提至地面,砂石桩完成。

施工中,电机工作电流的变化反映挤密程度及效率,电流达到一定不变值,继续挤压将不会产生挤密效能。施工中不可能及时进行效果检测,因此按成桩过程的各项参数对施工进行控制是重要的环节,必须予以重视。

(四)锤击法施工步骤

锤击沉管成桩法施工可采用单管法或双管法,但单管法难以发挥挤密作用,故一般宜用双管法。锤击法挤密应根据锤击的能量,控制分段的填砂石量和成桩的长度。

双管法的施工根据具体条件选定施工设备,也可临时组配。其施工成桩步骤如下:

(1)将内外管安放在预定的桩位上,将用作桩塞的砂石投入外管底部。

(2)以内管做锤冲击砂石塞,靠摩擦力将外管打入预定深度。

(3)固定外管,将砂石塞压入土中。

(4)提内管并向外管内投入砂石料。

(5)边提外管边用内管将管内砂石冲出挤压土层。

(6)重复(4)、(5)两个步骤。

(7)待外管拔出地面,砂石桩完成。

此法的优点是砂石的压入量可随意调节,施工灵活,特别适合小规模工程。

(五)施工顺序

砂石桩的施工顺序:砂土地基宜从外围或两侧向中间进行,黏性土地基宜从中间向外围或隔排施工;在既有建(构)筑物邻近施工时,应背离建(构)筑物方向进行。

(六)施工注意事项

(1)砂石桩施工完毕,当设计或施工投砂石量不足时,地面会下沉;当投料过多时,地面会隆起,同时表层0.5~1.0 m常呈松软状态。如遇到地面隆起过高也说明填砂石量不适当。实际观测资料证明,砂石在达到密实状态后进一步承受挤压又会变松,从而降低处理效果。遇到这种情况应注意适当减少填砂石量。

（2）施工时桩位水平偏差不应大于套管外径的30%,套管垂直度偏差不应大于1%。

（3）砂石桩施工后,应将基底标高下的松散层挖除或夯压密实,随后敷设并压实砂石垫层。

砂石桩顶部施工时,由于上覆压力较小,因而对桩体的约束力较小,桩顶形成一个松散层,加载前应加以处理才能减少沉降量,有效地发挥复合地基作用。

五、质量检验

（1）应在施工期间及施工结束后,检查砂石桩的施工记录。对于沉管法,尚应检查套管往复挤压振动次数与时间、套管升降幅度和速度、每次填砂石料量等项的施工记录。

砂石桩施工的沉管时间、各深度段的填砂石量、提升及挤压时间等是施工控制的重要措施,这些资料本身就可以作为评估施工质量的重要依据,再结合抽检便可以较好地作出质量评价。

（2）施工后应间隔一定时间方可进行质量检验。对于饱和黏性土地基应待孔隙水压力消散后进行,间隔时间不宜少于 28 d;对于粉土、砂土和杂填土地基,间隔时间不宜少于7 d。

由于在制桩过程中原状土的结构受到不同程度的扰动,强度会有所降低,饱和土地基在桩周围一定范围内,土的孔隙水压力上升。待休置一段时间后,孔隙水压力会消散,强度会逐渐恢复,恢复期的长短根据土的性质而定。

（3）砂石桩的施工质量检验可采用单桩载荷试验检测,对桩体可采用动力触探试验检测,对桩间土可采用标准贯入、静力触探、动力触探或其他原位测试等方法进行检测。桩间土质量的检测位置应在等边三角形或正方形的中心。检测数量不应少于桩孔总数的2%。

（4）砂石桩地基竣工验收时,承载力检验应采用复合地基载荷试验。

（5）复合地基载荷试验数量不应少于总桩数的 0.5%,且每个单体建筑不应少于3点。

第五节　高压喷射注浆法

高压喷射注浆法始创于日本,它是在化学注浆法的基础上,采用高压水射流切割技术发展起来的,利用高压喷射浆液与土体混合固化处理地基的一种方法。高压喷射注浆是利用钻机钻孔,把带有喷嘴的注浆管插至土层的预定位置后,以高压设备使浆液成为 20 MPa 以上的高压射流,从喷嘴中喷射出来冲击破坏土体。部分细小的土料随着浆液冒出水面,其余土粒在喷射流的冲击力、离心力和重力等作用下,与浆液搅拌混合,并按一定的浆土比例有规律地重新排列。浆液凝固后,便在土中形成一个固结体与桩间土一起构成复合地基,从而提高地基承载力,减少地基的变形,达到地基加固的目的。

一、适用范围

高压喷射注浆法适用于处理淤泥、淤泥质土、流塑土、软塑土或可塑黏性土、粉土、黄土、砂土、素填土和碎石土等地基。当土中含有较多的大粒径块石、大量植物根茎或有过多的有机质时，以及地下水流速过大和已涌水的工程，应根据现场试验结果确定其适用程度。

实践表明，本法对淤泥、淤泥质土、流塑或软塑黏性土、粉土、砂土、黄土、素填土和碎石土等地基都有良好的处理效果。但对于硬黏性土，含有较多的块石或大量植物根茎的地基，因喷射流可能受到阻挡或削弱，冲击破碎力急剧下降，切削范围小或影响处理效果。而对于含有过多有机质的土层，则其处理效果取决于固结体的化学稳定性。鉴于上述几种土的组成复杂、差异悬殊，高压喷射注浆处理的效果差别较大，不能一概而论，故应根据现场试验结果确定其适用程度。对于湿陷性黄土地基，因当前试验资料和施工实例较少，亦应预先进行现场试验。

高压喷射注浆法有强化地基和防渗漏的作用，可卓有成效地用于既有建筑和新建工程的地基处理、地下工程及堤坝的截水、基坑封底、被动区加固、基坑侧壁防止漏水或减小基坑位移等。此外，可采用定喷法形成壁状加固体，以改善边坡的稳定性。

高压喷射注浆处理深度较大，我国建筑地基高压喷射注浆处理深度目前已达30 m以上。

二、作用机制

高压喷射注浆法作用机制包括对天然地基土的加固硬化和形成复合地基，以加固地基土、提高地基土强度、减少沉降量。

由于高压喷射注浆使用的压力大，因而喷射流的能量大、速度快。当它连续、集中地作用在土体上时，压应力和冲蚀等多种因素便在很小的区域内产生效应，对从粒径很小的细粒土到含有颗粒直径较大的卵石、碎石土，均有巨大的冲击和搅动作用，使注入的浆液和土拌和凝固为新的固结体。

通过专用的施工机械，在土体中形成一定直径的桩体，与桩间土形成复合地基承担基础传来的荷载，可提高地基承载力和改善地基变形特性。该法形成的桩体强度一般高于水泥土搅拌桩，但仍属于低黏结强度的半刚性桩。

三、特点

(一)适用范围较广

由于固结体的质量明显提高，它既可用于工程新建之前，又可用于竣工后的托换工程，可以不损坏建筑物的上部结构，且能使已有建筑物在施工时使用功能正常。

(二)施工简便

(1)施工时只需在土层中钻一个孔径为50 mm或300 mm的小孔，便可在土中喷射成直径为0.4～4.0 m的固结体，因而施工时能贴近已有建筑物。

(2)成型灵活，既可在钻孔的全长形成柱形固结体，也可仅做其中一段。

（三）可控制固结体形状

在施工中可调整旋喷速度和提升速度、增减喷射压力或更换喷嘴孔径改变流量，使固结体形成工程设计所需要的形状。

（四）可垂直、倾斜和水平喷射

通常是在地面上进行垂直喷射注浆，但在隧道、矿山井巷工程、地下铁道等建设中，亦可采用倾斜和水平喷射注浆。

四、分类形式

高压喷射注浆在地基中形成的加固体形状与喷射移动方式有关。如图 4-2 所示，如喷嘴以一定转速旋转、提升，则形成圆柱状的桩体，此方式称为旋喷；如喷嘴只提升不旋转，则形成壁式加固体，此方式称为定喷；如喷嘴以一定角度往复旋转喷射，则形成扇形加固体，此方式称为摆喷。

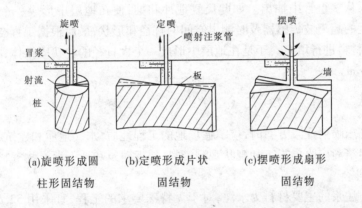

图 4-2　旋喷、定喷与摆喷

我国于 1975 年首先在铁道部门进行单管法的试验和应用，冶金部建筑研究总院于1977 年在宝钢工程中首次应用三重管法喷射注浆获得成功，1986 年该院又成功开发高压喷射注浆的新工艺——干喷法，并取得了国家专利。至今，我国已有上百项工程应用了高压喷射注浆法。

根据工程需要和机具设备条件，高压喷射注浆法可划分为以下四种。

（一）单管法

单管法是利用钻机把安装在注浆管（单管）底部侧面的特殊喷嘴置入土层预定深度后，用高压泥浆泵等装置以 20 MPa 左右的压力，把浆液从喷嘴中喷射出去冲击破坏土体，使浆液与从土体上崩落下来的土搅拌混合，经过一定时间凝固，便在土中形成一定形状的固结体。

（二）双重管法

双重管法使用双通道的二重注浆管。当二重注浆管钻进土层的预定深度后，通过在管底部侧面的一个同轴双重喷嘴，同时喷射出高压浆液和空气两种介质的喷射流冲击破坏土体。即以高压泥浆泵等高压发生装置喷射出 20 MPa 左右压力的浆液从内喷嘴中高速喷出，并用 0.7 MPa 左右的压力把压缩空气从外喷嘴中喷出。在高压浆液和它外圈环绕气流的共同作用下,破坏土体的能量显著增大,最后在土中形成较大的固结体。

(三)三重管法

三重管法使用分别输送水、气、浆三种介质的三重注浆管。在以高压泵等高压发生装置产生 20~30 MPa 的高压水喷射流的周围,环绕一股 0.5~0.7 MPa 的圆筒状气流,进行高压水喷射流和气流同轴喷射冲切土体,形成较大的空隙,再另由泥浆泵注入压力为 0.5~3 MPa 的浆液填充,喷嘴作旋转和提升运动,最后便在土中凝固为较大的固结体。

高压喷射注浆法加固体的直径大小与土的类别、密实度及喷射方法有关,当采用旋喷形成圆柱状的桩体时,单管法形成桩体的直径一般为 0.3~0.8 m,三重管法形成桩体的直径一般为 1.0~2.0 m,双重管法形成桩体的直径介于两者之间。

(四)多重管法

这种方法首先需要在地面钻一个导孔,然后置入多重管,用逐渐向下运动的旋转超高压力(约 40 MPa)水射流,切削破坏四周的土体,经高压水冲击下来的土和石成为泥浆后,立即用真空泵从多重管中抽出。如此反复地冲和抽,便在地层中形成一个较大的空间。装在喷嘴附近的超声波传感器及时测出空间的直径和形状,最后根据工程要求选用浆液、砂浆、砾石等材料进行填充。于是在地层中形成一个大直径的柱状固结体,在砂性土中最大直径可达 4 m。

五、设计

在制定高压喷射注浆方案时,应掌握场地的工程地质、水文地质和建筑结构设计资料等。对既有建筑尚应收集竣工和现状观测资料、邻近建筑和地下埋设物资料等。

(一)材料

高压喷射注浆的主要材料为水泥,对于无特殊要求的工程,宜采用 32.5 级及以上的普通硅酸盐水泥。根据需要可加入适量的早强、速凝、悬浮或防冻等外加剂及掺合料。所用外加剂和掺合料的数量应通过试验确定。

水泥浆液的水灰比应按工程要求确定,水泥浆液的水灰比越小,高压喷射注浆处理地基的强度越高。但在生产中因注浆设备的原因,水灰比太小时,喷射有困难,故通常取 0.8~1.5,生产实践中常用 1.0。

由于生产、运输和保存等,有些水泥厂的水泥成分不够稳定,质量波动较大,可导致高压喷射水泥浆液凝固时间过长,固结强度降低。因此,事先应对各批水泥进行检验,鉴定合格后才能使用。对拌制水泥浆的用水,只要符合混凝土拌和标准即可使用。水泥在使用前需做质量鉴定,搅拌水泥浆所用的水,应符合《混凝土用水标准》(JGJ 63—2006)中的规定。

(二)桩径

旋喷桩的直径应通过现场试验确定。当无现场试验资料时,亦可参照相似土质条件的工程经验。

旋喷桩直径的确定是一个复杂的问题,尤其是深部的直径,无法用准确的方法确定。因此,除浅层可以用开挖的方法确定外,其余只能用半经验的方法加以判断、确定。

根据国内外的施工经验,其设计直径可参考表 4-7 选用。定喷及摆喷的有效长度为旋喷桩直径的 1.0~1.5 倍。

表 4-7　旋喷桩的设计直径

土质	标准贯入击数	单管法	双重管法	三重管法
黏性土	$0 < N < 5$	0.5~0.8	0.8~1.2	1.2~1.8
	$6 < N < 10$	0.4~0.7	0.7~1.1	1.0~1.6
砂土	$0 < N < 10$	0.6~1.0	1.0~1.4	1.5~2.0
	$11 < N < 20$	0.5~0.9	0.9~1.3	1.2~1.8
	$21 < N < 30$	0.4~0.8	0.8~1.2	0.9~1.5

注:N 为标准贯入击数。

(三)承载力

旋喷桩复合地基承载力标准值应通过现场复合地基载荷试验确定,也可进行估算或结合当地情况及与土质相似工程的经验确定。旋喷桩复合地基承载力通过现场载荷试验方法确定误差较小。由于通过公式计算在确定折减系数 β 和单桩承载力方面均可能有较大的变化幅度,因此只能用作估算。对于承载力较低时 β 取低值,是出于减小变形的考虑。

竖向承载的旋喷桩复合地基承载力特征值应通过现场单桩或多桩复合地基载荷试验确定。初步设计时也可按下列公式估算。

(1)复合地基承载力特征值:

$$f_{spk} = mR_a/A_p + \beta(1 - m)f_{sk} \tag{4-17}$$
$$m = d^2/d_e^2$$

式中　R_a——桩竖向承载力特征值,kN;

　　　β——桩间土承载力折减系数,可根据试验或类似土质条件工程经验确定,当无试验资料或经验时,可取 0~0.5,承载力较低时取低值;

　　　其他符号意义同前。

(2)单桩竖向承载力特征值:

$$R_a = u_p \sum_{i=1}^{n} q_{si}l_i + q_p A_p \tag{4-18}$$

式中　u_p——桩的周长,m;

　　　n——桩长范围内所划分的土层数;

　　　q_{si}——桩周第 i 层土桩的侧阻力特征值,kPa;

　　　l_i——桩周第 i 层土的厚度,m;

　　　q_p——桩端地基土未经修正的承载力特征值,kPa;

　　　其他符号意义同前。

为使由桩身材料强度确定的单桩承载力大于或等于由桩周土和桩端土的抗力所提供的单桩承载力,应同时满足下列要求:

$$R_a = \eta f_{cu} A_p \tag{4-19}$$

式中 f_{cu}——与旋喷桩桩身水泥土配比相同的室内加固土试块(边长为 70.7 mm 的立方体)在标准养护条件下28 d龄期的立方体抗压强度平均值,kPa;

η——桩身强度折减系数,可取 0.33。

在设计时,可根据需要达到的承载力,按照式(4-6)求得面积置换率 m。当旋喷桩处理范围以下存在软弱下卧层时,应按现行国家标准《建筑地基基础设计规范》(GB 50007—2002)的有关规定进行下卧层承载力验算。

(四)沉降

竖向承载旋喷桩复合地基的变形包括桩长范围内复合土层的平均压缩变形和桩端以下未处理土层的压缩变形,其中复合土层的压缩模量可根据地区经验确定。桩端以下未处理土层的压缩变形值可按国家标准《建筑地基基础设计规范》(GB 50007—2002)的有关规定确定。

(五)构造要求

(1)竖向承载时独立基础下的旋喷桩数不应少于 4 根。

(2)竖向承载旋喷桩复合地基宜在基础与桩顶之间设置褥垫层。褥垫层厚度可取 200~300 mm,其材料可选用中砂、粗砂、级配砂石等,最大粒径不宜超过 30 mm。

(3)高压喷射注浆法用于深基坑等工程形成连续体时,相邻桩搭接不宜小于 300 mm,并应符合设计要求。当旋喷桩需要相邻桩相互搭接形成整体时,应考虑施工中垂直度误差等。尤其在截水工程中尚需要采取可靠方案或措施保证相邻桩的搭接,防止截水失败。

六、施工

高压喷射注浆法方案确定后,应进行现场试验、试验性施工或根据工程经验确定施工参数及工艺。施工前,应对照设计图纸核实设计孔位处有无妨碍施工和影响安全的障碍物。如遇有水管、电缆线、煤气管、人防工程、旧建筑基础和其他地下埋设物等障碍物影响施工,则应与有关单位协商清除、搬移障碍物或更改设计孔位。

(一)施工工序

如图 4-3 所示,以旋喷桩为例,高压喷射注浆法的施工工序如下。

1. 钻机就位与钻孔

钻机与高压注浆泵的距离不宜过远,钻孔的位置与设计位置的偏差不得大于 50 mm。实际孔位、孔深和每个钻孔内的地下障碍物、洞穴、涌水、漏水及与工程地质报告不符等情况均应详细记录。钻孔的目的是将注浆管置入预定深度。如能用振动或直接把注浆管置入土层预定深度,则钻孔和置入注浆管的两道工序合并为一道工序。

2. 置入注浆管,开始横向喷射

当喷射注浆管贯入土中,喷嘴达到设计标高时,即可喷射注浆。

高压喷射注浆单管法及双重管法的高压水泥浆液流和三重管法高压水射流的压力宜大于 20 MPa。三重管法使用的低压水泥浆液流压力宜大于 1 MPa,气流压力宜取 0.7 MPa,低压水泥浆的灌注压力通常为 1.0~2.0 MPa,提升速度可取 0.05~0.25 m/min,旋转速度可取 10~20 r/min。

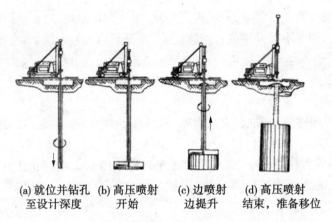

(a) 就位并钻孔 (b) 高压喷射 (c) 边喷射 (d) 高压喷射
至设计深度 开始 边提升 结束，准备移位

图 4-3　高压喷射注浆法施工工序

3. 旋转、提升

在喷射注浆参数达到规定值后，随即分别按旋喷（定喷或摆喷）的工艺要求提升注浆管，由下而上喷射注浆。注浆管分段提升的搭接长度不得小于 100 mm。

4. 拔管及冲洗

完成一根旋喷桩施工后，应迅速拔出喷射注浆管进行冲洗。为防止浆液凝固收缩影响桩顶高程，必要时可在原孔位采取冒浆回灌或第二次注浆等措施。

（二）施工注意事项

（1）高压泵通过高压橡胶软管输送高压浆液至钻机上的注浆管，进行喷射注浆。若钻机和高压水泵的距离过远，势必要增加高压橡胶软管的长度，使高压喷射流的沿程损失增大，造成实际喷射压力降低的后果。因此，钻机与高压水泵的距离不宜大于 50 m。在大面积场地施工时，为了减少沿程损失，应搬动高压泵保持与钻机的距离。

（2）实际施工孔位与设计孔位偏差过大时会影响加固效果，故规定孔位偏差值应小于 50 mm，并且必须保持钻孔的垂直度。土层的结构和土质种类对加固质量关系更为密切，只有通过钻孔过程详细记录地质情况并了解地下情况后，施工时才能因地制宜地及时调整工艺和变更喷射参数，达到处理效果良好的目的。

（3）各种形式的高压喷射注浆，均自下而上进行。当注浆管不能一次提升完成而需分数次卸管时，卸管后喷射的搭接长度不得小于 100 mm，以保证固结体的整体性。

（4）在不改变喷射参数的条件下，对同一标高的土层作重复喷射时，能加大有效加固长度和提高固结体强度。这是一种局部获得较大旋喷直径或定喷、摆喷范围的简易有效方法。复喷的方法根据工程要求确定。在实际工作中，旋喷桩通常在底部和顶部进行复喷，以增大承载力和确保处理质量。对需要扩大加固范围或提高强度的工程，可采取复喷措施，即先喷一遍清水再喷一遍或两遍水泥浆。

（5）在高压喷射注浆过程中出现压力骤然下降、上升或大量冒浆等异常情况时，应查明产生的原因并及时采取措施。

流量不变而压力突然下降时，应检查各部位的泄漏情况，必要时拔出注浆管，检查密封性能。

出现不冒浆或断续冒浆时,若系土质松软,则视为正常现象,可适当进行复喷;若系附近有孔洞、通道,则应不提升注浆管继续注浆,直至冒浆,或拔出注浆管,待浆液凝固后重新注浆。

压力稍有下降时,可能是注浆管被击穿或有孔洞,使喷射能力降低,此时应拔出注浆管进行检查。

当压力陡增超过最高限值、流量为零、停机后压力仍不变动时,则可能是喷嘴堵塞,此时应拔管疏通喷嘴。

(6)当高压喷射注浆完毕,或在喷射注浆过程中因故中断,短时间(小于或等于浆液初凝时间)内不能继续喷浆时,均应立即拔出注浆管清洗备用,以防浆液凝固后拔不出管。

(7)为防止因浆液凝固收缩,产生加固地基与建筑基础不密贴或脱空现象,可采取超高喷射(旋喷处理地基的顶面超过建筑基础底面,其超高量大于收缩高度)、回灌冒浆或第二次注浆等措施。

(8)当处理既有建筑地基时,应采取速凝浆液或大间距隔孔旋喷和冒浆回灌等措施,以防旋喷过程中地基产生附加变形和地基与基础间出现脱空现象,影响被加固建筑及邻近建筑。

(9)在城市施工中,泥浆管理直接影响文明施工,必须在开工前做好规划,做到有计划地堆放或及时将废浆排出现场,保持场地文明。一处高压旋喷注浆法施工现场情况见图4-4。

图4-4 高压旋喷注浆法施工现场情况

(10)应对建筑物进行沉降观测。在专门的记录表格上做好自检,如实记录施工的各项参数和详细描述喷射注浆时的各种现象,以便判断加固效果,并为质量检验提供资料。

七、质量检验

(1)高压喷射注浆施工质量检验可根据工程要求和当地经验,采用开挖检查、钻孔取芯、标准贯入、静力触探、载荷试验或围井注水试验等方法进行,并结合工程测试、观测资料及实际效果综合评价加固效果。

应在严格控制施工参数的基础上,根据具体情况选定质量检验方法。开挖检查法虽简单易行,但难以对整个固结体的质量作全面检查,通常在浅层进行。钻孔取芯法是检验单孔固结体质量的常用方法,选用时需以不破坏固结体和有代表性为前提,可以在28 d后取芯或在未凝以前软取芯(软弱黏性土地基)。标准贯入法和静力触探法在有经验的情况下也可以应用。载荷试验是建筑地基处理后检验地基承载力的良好方法。围井注水试验通常在工程有防渗漏要求时采用。建筑物的沉降观测及基坑开挖过程测试和观察是全面检查建筑地基处理质量的不可缺少的重要方法。

(2)检验点应布置在下列部位:有代表性的桩位;施工中出现异常情况的部位;地基情况复杂,可能对高压喷射注浆质量产生影响的部位。

(3)检验点的数量为施工注浆孔数的1%,并不应少于3个检验点。不合格者应进行补喷,质量检验应在高压喷射注浆结束28 d后进行。

(4)竖向承载的旋喷桩复合地基竣工验收时,承载力检验应采用复合地基载荷试验和单桩载荷试验。载荷试验必须在桩身强度满足试验的条件下,并宜在成桩28 d后进行。检验数量为施工桩总数的0.5%~1%,且每项单体工程不得少于3个检验点。

高压喷射注浆处理地基的强度离散性大,在软弱黏性土中,强度增长速度较慢。检验时间应在喷射注浆后28 d进行,以防固结体强度不高时因检验而受到破坏,影响检验的可靠性。

第六节 水泥土搅拌法

水泥土搅拌法是利用水泥等材料作为固化剂通过特制的搅拌机械,就地将软土和固化剂(浆液或粉末)强制搅拌。首先发生水泥分解,水化反应生成水化物,然后水化物胶结与颗粒发生粒子交换,通过粒化作用和硬凝反应,使软土硬结成具有整体性、水稳性和一定强度的水泥加固土,从而提高地基土强度和增大变形模量,达到加固软土地基的效果。

水泥土搅拌法处理软弱黏性土地基是一种行之有效的办法,可最大限度地利用地基原状土,处理后的复合地基承载力明显提高、适应性强,与类似地基处理方法相比,可节约投资。

一、适用范围

水泥土搅拌法分为水泥浆搅拌法(简称湿法)和粉体喷搅法(简称干法),适用于处理正常固结的淤泥与淤泥质土、粉土、饱和黄土、素填土、黏性土以及无流动地下水的饱和松散砂土等地基。水泥浆搅拌法(湿法)最早在美国研制成功,称为 Mixed-in-Place Pile 法(简称 MIP 法),国内 1977 年由冶金部建筑研究总院和交通部水运规划设计院进行了室内试验和机械研制工作。于 1978 年底制造出国内第一台 SJB-1 型双搅拌轴中心管输浆的搅拌机械,并由江阴市江阴振冲器厂成批生产(目前 SJB-2 型的加固深度可达 18 m)。1980 年初,在上海宝钢三座卷管设备基础的软土地基加固工程中首次获得成功。1980 年初,天津市机械施工公司与交通部一航局科研所利用日本进口螺旋钻孔机械进行改装,制成单搅拌轴和叶片输浆型搅拌机。1981年,在天津造纸厂蒸煮锅改造扩建工程中获得成功。

粉体喷搅法(干法)(Dry Jet Mixing Method,简称 DJM 法)最早由瑞典人 Kjeld Paus 于1967年提出了使用石灰搅拌桩加固15 m深度范围内软土地基的设想,并于1971年由瑞典 Linden-Alimat 公司在现场制成第一根用石灰粉和软土搅拌成的桩,1974年获得粉喷技术专利,生产出的专用机械的桩径为500 mm,加固深度为15 m。我国由铁道部第四勘测设计院于1983年用 DPP100 型汽车钻改装成国内第一台粉体喷射搅拌机,并使用石灰作为固化剂,应用于铁路涵洞加固。1986年开始使用水泥作为固化剂,应用于房屋建筑的软土地基加固。1987年,铁道部第四勘测设计院和上海探矿机械厂制成 GPP-5 型步履式粉喷机,其成桩直径为500 mm,加固深度为12.5 m。当前国内粉喷机的成桩直径一般在500~700 mm范围内,深度一般可达15 m。

当地基土的天然含水量小于30%、大于70%或地下水的 pH 值小于4时不宜采用粉体喷搅法。

水泥土搅拌法适用于处理泥炭土、有机质土、塑性指数 I_p 大于25的黏土、地下水具有腐蚀性时及无工程经验的地区,应用前必须通过现场试验确定其适用性。

二、作用机制

水泥土搅拌法的作用机制是基于水泥加固土的物理-化学反应过程。在水泥加固土中,由于水泥的掺量很小,仅占被加固土重的5%~20%,水泥的水解和水化反应完全是在具有一定活性的介质——土的围绕下进行的,硬凝速度缓慢且作用复杂。它与混凝土的硬化机制不同。混凝土的硬化主要是水泥在粗填充料(即比表面积不大、活性很弱的介质)中进行水解和水化作用,所以凝结速度较快。而在水泥加固土中,由于水泥的掺量很小,土质条件对于加固土质量的影响主要有两个方面:一是土体的物理力学性质对水泥土搅拌均匀性的影响,二是土体的物理化学性质对水泥土强度增加的影响。

目前初步认为,水泥加固软土主要产生下列反应。

(一)水泥的水解和水化反应

水泥遇水后,颗粒表面的矿物很快与水发生水解和水化反应,生成氢氧化钙、含水硅酸钙、含水铝酸钙与含水铁酸钙等化合物。其中,前两种化合物迅速溶于水中,使水泥颗粒新表面重新暴露出来,再与水作用,这样周围水溶液就逐渐达到饱和。当溶液达到饱和后,水分子虽继续深入颗粒内部,但新生成物已不能再溶解,只能以细分散状态的胶体析出,悬浮于溶液,形成凝胶体。

(二)离子交换和团粒化作用

土体中含量最多的二氧化硅遇水后形成硅酸胶体微粒,其表面带有 Na^+ 和 K^+,它们能和水泥水化生成的氢氧化钙中的 Ca^{2+} 进行当量离子交换,这种离子交换的结果使大量的土颗粒形成较大的土团粒。

水泥水化后生成的凝胶粒子的比表面积是原水泥的比表面积的约1 000倍,因而产生很大的表面能,具有强烈的吸附活性,能使较大的土团粒进一步结合起来,形成水泥蜂窝结构,并封闭各土团之间的空间,形成坚硬的联体。

(三)硬凝反应

随着水泥水化反应的深入,溶液中析出大量的 Ca^{2+},当 Ca^{2+} 的数量超过上述离子交换的需要量后,则在碱性的环境中使组成土矿物的二氧化硅及三氧化铝的一部分或大部分与 Ca^{2+} 进行化学反应,随着反应的深入,生成不溶于水的稳定结晶矿物,这种重新结合的化合物,在水中和空气中逐渐硬化,增大了土的强度,且由于水分子不易侵入,因而具有足够的稳定性。

三、水泥土搅拌法的优越性

水泥土搅拌法加固软土技术具有其独特的优点:

(1)最大限度地利用了原土。

(2)搅拌时无振动、无噪声和无污染,可在密集建筑群中进行施工,对周围原有建筑物及地下沟管影响很小。

(3)根据上部结构的需要,可灵活地采用柱状、壁状、格栅状和块状等加固形式。

(4)与钢筋混凝土桩基相比,可节约钢材并降低造价。

水泥土搅拌法以其独特的优越性,目前已在工业与民用建筑领域广泛地运用。

四、设计

地基处理的设计和施工应贯彻执行国家的技术经济政策,坚持安全适用、技术先进、经济合理、确保质量、保护环境等原则。

(一)收集资料

确定处理方案前应收集拟处理区域内详尽的岩土工程资料。尤其是填土层的厚度和组成,软土层的分布范围、分层情况,地下水位及 pH 值,土的含水量、塑性指数和有机质含量等。

对拟采用水泥土搅拌法的工程,除常规的工程地质勘察要求外,尚应注意查明以下情况:

(1)填土层的组成。特别是大块物质(石块和树根等)的尺寸和含量。含大块石的填土层对水泥土搅拌法施工速度有很大的影响,所以必须清除大块石等再予以施工。

(2)土的含水量。当水泥土配比相同时,其强度随土样天然含水量的降低而增大。试验表明,当土的含水量在 50% ~85% 范围内变化时,含水量每降低 10%,水泥土强度可提高 30%。

(3)有机质含量。有机质含量较高会阻碍水泥水化反应,影响水泥土的强度增长,故对有机质含量较高的明、暗浜填土及吹填土应予以慎重考虑。许多设计单位往往采用在浜域内加大桩长的设计方案,但效果不理想。应从提高置换率和增加水泥掺入量的角度来保证浜域内的水泥土达到一定的桩身强度。工程实践表明,采用在浜域内提高置换率(长、短桩结合)往往能得到理想的加固效果。对生活垃圾的填土不应采用水泥土搅拌法加固。

采用干法加固砂土进行颗粒级配分析时,应特别注意土的黏粒含量及对加固料有害的土中离子种类及数量,如 SO_4^{2-}、Cl^- 等。

设计前应进行拟处理土的室内配比试验。针对现场拟处理的最弱层软土的性质,选择合适的固化剂、外掺剂及其掺量,为设计提供各种龄期、各种配比的强度参数。

对于竖向承载的水泥土,强度宜取 90 d 龄期试块的立方体抗压强度平均值;对于承受水平荷载的水泥土,强度宜取 28 d 龄期试块的立方体抗压强度平均值。

水泥土的强度随龄期的增长而增大,在龄期超过 28 d 后,强度仍有明显增长,为了降低造价,对承重搅拌桩试块国内外都取 90 d 龄期为标准龄期。对起支挡作用承受水平荷载的搅拌桩,为了缩短养护期,水泥土强度标准取 28 d 龄期为标准龄期。从抗压强度试验得知,在其他条件相同时,不同龄期的水泥土抗压强度间关系大致呈线性关系。在龄期超过 3 个月后,水泥土强度增长缓慢。180 d 的水泥土强度为 90 d 的 1.25 倍,而 180 d 后水泥土强度增长仍未终止。

当拟加固的软弱地基为成层土时,应选择最弱的一层土进行室内配比试验。

(二)设计思路

对于一般建筑物,都是在满足强度要求的条件下以沉降进行控制的,应采用以下沉降控制设计思路:

(1)根据地层结构进行地基变形计算,由建筑物对变形的要求确定加固深度,即选择设计桩长。

(2)根据土质条件、固化剂掺量、室内配比试验资料和现场工程经验选择桩身强度和水泥掺入量及有关施工参数。

(3)根据桩身强度的大小及桩的断面尺寸,由地基处理规范中的估算式计算单桩承载力。

(4)根据单桩承载力和上部结构要求达到的复合地基承载力,由地基处理规范中的公式计算桩土面积置换率。

(5)根据桩土面积置换率和基础形式进行布桩,桩可只在基础平面范围内布置。

(三)设计步骤

水泥土桩的强度和刚度是介于柔性桩(砂桩、碎石桩等)和刚性桩(钢管桩、混凝土桩)之间的一种半刚性桩。它所形成的桩体在无侧限情况下可保持直立,在轴向力作用下又有一定的压缩性,但其承载性能又与刚性桩相似,因此在设计时可仅在上部结构基础范围内布桩,不必像柔性桩一样需在基础外设置护桩。

在明确了水泥土搅拌桩的设计思路之后,相应的设计步骤简要阐述如下。

1. 布置形式

水泥土搅拌桩的布置形式对加固效果影响很大,一般根据工程地质特点和上部结构要求采用柱状、壁状、格栅状、块状及长短桩相结合等不同加固形式(见图4-5)。

1)柱状

柱状布置是每隔一定距离打设一根水泥土桩,形成柱状加固形式,它可以充分发挥桩身强度与桩周侧阻力。

2)壁状

壁状布置是将相邻桩体部分重叠搭接成为壁状加固形式,适用于深基坑开挖时的边

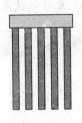 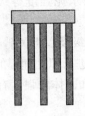 

(a)柱状 (b)长短桩相结合

图4-5 搅拌桩的布置形式

坡加固及建筑物长高比大、刚度小、对不均匀沉降比较敏感的多层房屋条形基础下的地基加固。

3）格栅状

格栅状布置是纵横两个方向的相邻桩体搭接而形成的加固形式，适用于对上部结构单位面积荷载大和对不均匀沉降要求控制严格的建（构）筑物的地基加固。

4）长短桩相结合

当地质条件复杂，同一建筑物坐落在两类不同性质的地基土上时，可用3 m左右的短桩将相邻长桩连成壁状或格栅状，藉以调整和减小不均匀沉降量。

水泥土桩加固设计中往往以群桩形式出现，群桩中各桩与单桩的工作状态迥然不同。试验结果表明，双桩承载力小于两根单桩承载力之和；双桩沉降量大于单桩沉降量。可见，当桩距较小时，由于应力重叠产生群桩效应，因此当水泥土桩的置换率较大（$m > 20\%$），且非单行排列，而桩端下又存在较软弱的土层时，尚应将桩与桩间土视为一个假想的实体基础，用以验算软弱下卧层的地基承载力。

2. 固化剂

根据室内试验，一般认为用水泥做加固料，对含有高岭石、多水高岭石、蒙脱石等黏土矿物的软土加固效果较好；而对含有伊利石、氯化物和水铝石英等矿物的黏性土及有机质含量高、pH值较低的黏性土加固效果较差。

在黏粒含量不足的情况下，可以添加粉煤灰。而当黏土的塑性指数I_p大于25时，容易在搅拌头叶片上形成泥团，无法完成水泥土的拌和。当地基土的天然含水量小于30%时，由于不能保证水泥充分水化，故不宜采用干法。

采用水泥作为固化剂材料，在其他条件相同时，在同一土层中水泥掺入比不同时，水泥土强度将不同。对于块状加固的大体积处理，对水泥土的强度要求不高，因此为了节约水泥、降低成本，可选用7%~12%的水泥掺量。水泥掺入比大于10%时，水泥土强度可达0.3~2 MPa。水泥土的抗压强度随其相应的水泥掺入比的增加而增大，但因场地土质与施工条件的差异，掺入比的提高与水泥土强度增加的百分比是不完全一致的。

根据室内模型试验和水泥土桩的加固机制分析，其桩身轴向应力自上而下逐渐减小，其最大轴力位于桩顶3倍桩径范围内。因此，在水泥土单桩设计中，为节省固化剂材料和提高施工效率，设计时可采用变掺量的施工工艺，以获得良好的技术经济效果。

水泥强度等级直接影响水泥土的强度，水泥强度等级提高10级，水泥土强度f_{cu}增大

20%～30%。如要求达到相同强度,水泥强度等级提高 10 级可降低水泥掺入比 2%～3%。

固化剂宜选用强度等级为 32.5 级及以上的普通硅酸盐水泥。水泥掺量宜为被加固湿土质量的 12%～20%。施工前应进行拟处理土的室内配比试验。

固化剂与土的搅拌均匀程度对加固体的强度有较大的影响,实践证明,采用复搅工艺对提高桩体强度有较好的效果。

外掺剂对水泥土强度有着不同的影响。木质素磺酸钙对水泥土强度的增长影响不大,主要起减水作用;三乙醇胺、氯化钙、碳酸钠、水玻璃和石膏等材料对水泥土强度有增强作用,其效果对不同土质和不同水泥掺入比又有所不同;当掺入与水泥等量的粉煤灰后,水泥土强度可提高 10%左右。因此,在加固软土时掺入粉煤灰不仅可消耗工业废料,符合环境保护要求,还可使水泥土强度有所提高。

3. 搅拌桩的置换率和长度

水泥土搅拌桩的设计,主要是确定搅拌桩的置换率和长度。竖向承载搅拌桩的长度应根据上部结构对承载力和变形的要求确定,并穿透软弱土层到达承载力相对较高的土。为提高抗滑稳定性而设置的搅拌桩,其桩长应超过危险滑弧以下 2 m。

湿法的加固深度不宜大于 20 m,干法不宜大于 15 m。水泥土搅拌桩的桩径不应小于 500 mm。

对软土地区,地基处理的任务主要是解决地基的变形问题,即地基是在满足强度的基础上以变形进行控制的,因此水泥土搅拌桩的桩长应通过变形计算来确定。对于变形来说,增加桩长对减少沉降是有利的。实践证明,若水泥土搅拌桩能穿透软弱土层到达强度相对较高的持力层,则沉降量是很小的。

对于水泥土桩,其桩身强度是有一定限制的,也就是说,水泥土桩从承载力角度,存在一个有效桩长,单桩承载力在一定程度上并不随桩长的增加而增大。但当软弱土层较厚时,从减少地基的变形量方面考虑,桩应设计较长,原则上,桩长应穿透软弱土层到达下卧强度较高的土层,尽量在深厚软土层中避免采用"悬浮"桩型。

从承载力角度来讲,提高置换率比增加桩长的效果好。水泥土桩是介于刚性桩与柔性桩间的具有一定压缩性的半刚性桩,桩身强度越高,其特性越接近刚性桩;反之则接近柔性桩。桩越长,则对桩身强度要求越高,但过高的桩身强度对复合地基承载力的提高及桩间土承载力的发挥是不利的。为了充分发挥桩间土的承载力和复合地基的潜力,应使土对桩的支承力与桩身强度所确定的单桩承载力接近。通常使后者略大于前者较为安全和经济。

初步设计时,根据复合地基承载力特征值和单桩竖向承载力特征值的估算公式,可初步确定桩径、桩距和桩长。

（1）复合地基承载力特征值:

$$f_{spk} = mR_a/A_p + \beta(1 - m)f_{sk}$$
$$m = d^2/d_e^2$$

式中符号意义同前。

当桩端土未经修正的承载力特征值大于桩周土的承载力特征值的平均值时,折减系

数 β 可取 0.1~0.4,差值大时取低值;当桩端土未经修正的承载力特征值小于或等于桩周土的承载力特征值的平均值时,折减系数 β 可取 0.5~0.9,差值大时或设置褥垫层时取高值。

桩间土承载力折减系数 β 是反映桩土共同作用的一个参数。如 $\beta = 1$,则表示桩与土共同承受荷载,由此得出与柔性桩复合地基相同的计算公式;如 $\beta = 0$,则表示桩间土不承受荷载,由此得出与一般刚性桩基相似的计算公式。

对比水泥土和天然土的应力—应变关系曲线及复合地基和天然地基的 $P \sim S$ 曲线可见,在发生与水泥土极限应力值相对应的应变值时,或在发生与复合地基承载力设计值相对应的沉降值时,天然地基所提供的应力或承载力小于其极限应力或承载力值。考虑水泥土桩复合地基的变形协调,引入折减系数 β,它的取值与桩间土和桩端土的性质、搅拌桩的桩身强度和承载力、养护龄期等因素有关。桩间土较好、桩端土较弱、桩身强度较低、养护龄期较短,则 β 取高值;反之,则 β 取低值。

确定 β 值还应根据建筑物对沉降的要求:当建筑物对沉降要求控制较高时,即使桩端土是软土,β 值也应取小值,这样较为安全;当建筑物对沉降要求控制较低时,即使桩端土为硬土,β 值也可取大值,这样较为经济。

(2)单桩竖向承载力特征值:

$$R_a = u_p \sum_{i=1}^{n} q_{si} l_i + \alpha q_p A_p \qquad (4-20)$$

式中 α——桩端天然地基的承载力折减系数,可取 0.4~0.6,承载力高时取低值;
其他符号意义同前。

为使由桩身材料强度确定的单桩承载力大于或等于由桩周土和桩端土的抗力所提供的单桩承载力,应同时满足下列要求:

$$R_a = \eta f_{cu} A_p$$

式中 f_{cu}——与搅拌桩桩身水泥土配比相同的室内加固土试块(边长为 70.7 mm 的立方体,也可采用边长为 50 mm 的立方体)在标准养护条件下 90 d 龄期的立方体抗压强度平均值,kPa;

η——桩身强度折减系数,干法可取 0.20~0.30,湿法可取 0.25~0.33。

当搅拌桩处理范围以下存在软弱下卧层时,可按现行国家标准《建筑地基基础设计规范》(GB 50007—2002)的有关规定进行下卧层强度验算。

4.褥垫层的设置

在复合地基设计中,基础与桩和桩间土之间设置一定厚度散体粒状材料组成的褥垫层,是复合地基的一个核心技术。基础下是否设置褥垫层,对复合地基受力影响很大。若不设置褥垫层,复合地基承载特性与桩基础相似,桩间土承载能力难以发挥,不能成为复合地基。基础下设置褥垫层,桩间土承载力的发挥就不单纯依赖于桩的沉降,即使桩端落在坚硬的土层上,也能保证荷载通过褥垫层作用到桩间土上,使桩土共同承担荷载。

水泥土搅拌桩复合地基应在基础和桩之间设置褥垫层,可以保证基础始终通过褥垫层把一部分荷载传到桩间土上,调整桩和土荷载的分担作用。特别是当桩身强度较大时,在基础下设置褥垫层可以减小桩土应力比,充分发挥桩间土的作用,减少基础底面的应力集中。

褥垫层厚度取为 200~300 mm,其材料可选用中砂、粗砂、级配砂石等,最大粒径不宜大于 20 mm。

5.地基变形验算

水泥土搅拌桩复合地基的变形包括复合土层的压缩变形和桩端以下未处理土层的压缩变形。

竖向承载搅拌桩复合土层的压缩变形可按下式计算:

$$S_1 = \frac{(P_z + P_{z1})l}{2E_{sp}} \tag{4-21}$$

$$E_{sp} = mE_p + (1 - m)E_s \tag{4-22}$$

式中　S_1——复合土层的压缩变形量,mm;

　　　P_z——搅拌桩复合土层顶面的附加压力值,kPa;

　　　P_{z1}——搅拌桩复合土层底面的附加压力值,kPa;

　　　E_{sp}——搅拌桩复合土层的压缩模量,kPa;

　　　E_p——搅拌桩的压缩模量,可取 $(100 \sim 120)f_{cu}$,kPa,对桩较短或桩身强度较低者可取低值,反之可取高值;

　　　E_s——桩间土的压缩模量,kPa;

其他符号意义同前。

式(4-21)和式(4-22)是半理论半经验的搅拌桩水泥土体的压缩量计算公式。根据大量水泥土单桩复合地基载荷试验资料,得到在工作荷载下水泥土桩复合地基的复合模量,一般为 15~25 MPa,其大小受面积置换率、桩间土质和桩身质量等因素的影响。根据理论分析和实测结果,复合地基的复合模量总是大于由桩的模量与桩间土的模量的面积加权之和。大量的水泥土桩设计计算及实测结果表明,群桩体的压缩变形量仅为 10~50 mm。

桩端以下未处理土层的压缩变形值可按现行国家标准《建筑地基基础设计规范》(GB 50007—2002)的有关规定进行计算。

6.水泥土常用参数经验值

对有关水泥土室内试验所获得的众多物理力学指标进行分析,可见水泥土的物理力学性质与固化剂的品种、强度、性状,水泥土的养护龄期,外掺剂的品种、掺量均有关。因此,为了判断某种土类用水泥加固的效果,必须首先进行室内配比试验。作为先期的阶段,或者在地基处理方案比较阶段,以下经验数据可供参考。

(1)任何土类均可采用水泥作为固化剂(主剂)进行加固,只是加固效果不同。砂性土的加固效果要好于黏性土,而含有砂粒的粉土固化后,其强度又大于粉质黏土和淤泥质粉质黏土,并且随着水泥掺量的增加、养护龄期的增长,水泥土的强度也会提高。

(2)与天然土相比,在常用的水泥掺量范围内,水泥土的重度增加不大,含水量降低不多,且抗掺性能大大改善。

(3)对于天然软土,当掺加普通硅酸盐水泥的强度为 32.5 MPa、掺量为 10%~15% 时,90 d 标准龄期水泥土无侧限抗压强度可达到 0.80~2.0 MPa。更长龄期强度试验表明,水泥土的强度还有一定的增加,尚未发现强度降低现象。

(4)可由短龄期(龄期超过 15 d)的水泥土强度推求标准龄期(90 d)时的水泥土无侧限抗压强度。

(5)水泥土的抗拉强度为抗压强度的 1/15～1/10。水泥土的变形模量数值为抗压强度的 120～150 倍,压缩模量变化在 60～100 MPa 范围内,水泥土破坏时的轴向应变很小,一般为 0.8%～1.5%,且呈脆性破坏。

(6)从现场实体水泥土桩身取样的试块强度为室内水泥土试块强度的 1/5～1/3。

五、施工

(一)施工准备

(1)水泥土搅拌法施工现场事先应予以平整,必须清除地上和地下的障碍物。

国产水泥土搅拌机的搅拌头大都采用双层(或多层)十字杆形或叶片螺旋形。这类搅拌头切削和搅拌加固软土十分合适,但对块径大于 100 mm 的石块、树根和生活垃圾等大块物的切割能力较差,即使将搅拌头作了加强处理后已能穿过块石层,但施工效率较低,机械磨损严重。因此,施工时应予以挖除后再填素土为宜,增加的工程量不大,但施工效率却可大大提高。

(2)施工前应根据设计进行工艺性试桩,数量不得少于 2 根。以提供满足设计固化剂掺入量的各种操作参数,验证搅拌均匀程度及成桩直径,并了解下钻及提升的阻力情况,采取相应的措施。

工艺性试桩的目的是提供满足设计固化剂掺入量的各种操作参数,验证搅拌均匀程度及成桩直径,了解下钻及提升的阻力情况,并采取相应的措施。

(3)施工机械。

目前,国内使用的深层搅拌桩机械较多,样式大同小异,用于湿法浆喷施工的机械分别有单轴(SJB - 3)、双轴(SJB - 1)和三轴(SJB - 4)的深层搅拌桩机,加固深度可达 20 m。单轴的深层搅拌桩机单桩截面面积为 0.22 m^2,双轴的深层搅拌桩机单桩截面面积为 0.71 m^2,三轴的深层搅拌桩机单桩截面面积为 1.20 m^2(可用于设计中间插筋的重力式挡土墙施工);SJB 系列的设备常用钻头设计是多片桨叶搅拌形式。深层搅拌桩施工时除使用深层搅拌桩机外,还需要配置灰浆拌制机、集料斗、灰浆泵等配套设备。

用于干法施工的机械分别有 CPP - 5、CPP - 7、FP - 15、FP - 18、FP - 25 等机型。加固极限深度是 18 m,单桩截面面积为 0.22 m^2,喷灰钻头呈螺旋形状;送灰器容量为 1.2 t,配置 1.6 m^3/s 空压机,最远送灰距离为 50 m。干法施工的机械也可用于湿法施工,施工时撤除干法施工的配套设备,钻头须改成双十字叶片式钻头,另配置灰浆拌制机、灰浆泵等配套设备。

搅拌头翼片的枚数、宽度,与搅拌轴的垂直夹角、搅拌头的回转数、提升速度应相互匹配,以确保加固深度范围内土体的任何一点均能经过 20 次以上的搅拌。深层搅拌机施工时,搅拌次数越多,则拌和越均匀,水泥土强度也越高,但施工效率则降低。试验证明,加固范围内土体任一点的水泥土每遍经过 20 次的拌和,其强度即可达到较高值。

（二）施工步骤

水泥土搅拌法的施工步骤由于湿法和干法的施工设备不同而略有差异，其主要步骤如下：

（1）搅拌机械就位、调平。

（2）预搅下沉至设计加固深度。

（3）边喷浆（粉）、边搅拌提升，直至预定的停浆面。

（4）重复搅拌下沉至设计加固深度。

（5）根据设计要求，喷浆（粉）或仅搅拌提升直至预定的停浆（灰）面。

（6）关闭搅拌机械。

（三）湿法

（1）施工前应确定灰浆泵输浆量、灰浆经输浆管到达搅拌机喷浆口的时间和起吊设备提升速度等施工参数，并根据设计要求通过工艺性成桩试验确定施工工艺。

每一个水泥土搅拌桩的施工现场，由于土质有差异、水泥的品种和强度等级不同，搅拌加固质量有较大的差别，所以在正式搅拌桩施工前，均应按施工组织设计确定的搅拌施工工艺制作数根试桩，最后确定水泥浆的水灰比、泵送时间、搅拌机提升速度和复搅深度等参数。

（2）所使用的水泥都应过筛，机制备好的浆液不得离析，泵送必须连续。拌制水泥浆液的罐数、水泥和外掺剂用量及泵送浆液的时间等应有专人记录；喷浆量及搅拌深度必须采用经国家计量部门认证的监测仪器进行自动记录。

由于搅拌机械通常采用定量泵输送水泥浆，转速大多又是恒定的，因此灌入地基中的水泥量完全取决于搅拌机的提升速度和复搅次数，施工过程中不能随意变更，并应保证水泥浆能定量不间断供应。采用自动记录是为了最大程度地降低人为干扰施工质量，目前市售的记录仪必须有国家计量部门的认证。严禁采用由施工单位自制的记录仪。

由于固化剂从灰浆泵到达搅拌机械的出浆口需通过较长的输浆管，必须考虑水泥浆到达桩端的泵送时间。一般可通过试打桩确定其输送时间。

（3）搅拌机喷浆提升的速度和次数必须符合施工工艺的要求，并应有专人记录。

搅拌桩施工检查是检查搅拌桩施工质量和判明事故原因的基本依据，因此对每一延米的施工情况均应如实、及时记录，不得事后回忆补记。

施工中要随时检查自动计量装置的制桩记录，对每根桩的水泥用量、成桩过程（下沉、喷浆提升和复搅等时间）进行详细检查，质检员应根据制桩记录，对照标准施工工艺，对每根桩进行质量评定。

（4）当水泥浆液到达出浆口后，为了确保搅拌桩底与土体充分搅拌均匀，达到较高的强度，应喷浆搅拌 30 s，在水泥浆与桩端土充分搅拌后，再开始提升搅拌头。

（5）搅拌机预搅下沉时不宜冲水，当遇到硬土层下沉太慢时，方可适量冲水，但应考虑冲水对桩身强度的影响。

深层搅拌机预搅下沉时，当遇到较坚硬的表土层而使下沉速度过慢时，可适当加水下沉。试验表明，当土层的含水量增加时，水泥土的强度会降低。但考虑到搅拌设计中一般是按下部最软的土层来确定水泥掺量的，因此只要表层的硬土经加水搅拌后的强度不低于下部软土加固后的强度,也是能满足设计要求的。

(6)施工时如因故停浆,应将搅拌头下沉至停浆点以下 0.5 m 处,待恢复供浆时再喷浆搅拌提升。中途停止输浆 3 h 以上将使水泥浆在整个输浆管路中凝固,因此必须排清全部水泥浆,清洗管路。

(7)壁状加固时,相邻桩的施工时间间隔不宜超过 24 h。当间隔时间太长,与相邻桩无法搭接时,应采取局部补桩或注浆等补强措施。

(四)干法

(1)喷粉施工前应仔细检查搅拌机械、供粉泵、送气(粉)管路、接头和阀门的密封性、可靠性。送气(粉)管路的长度不宜大于 60 m。

每个场地开工前的成桩工艺试验必不可少,由于制桩喷灰量与土性、孔深、气流量等多种因素有关,故应根据设计要求逐步调试,藉以确定施工有关参数(如土层的可钻性、提升速度、叶轮泵转速等),以便正式施工时能顺利进行。施工经验表明,送气(粉)管路长度超过 60 m 后,送粉阻力明显增大,送粉量也不易达到恒定。

(2)喷粉施工机械必须配置经国家计量部门确认的具有能瞬时检测并记录出粉量的粉体计量装置及搅拌深度自动记录仪。由于干法喷粉搅拌是用可任意压缩的压缩空气输送水泥粉体的,因此送粉量不易严格控制,所以要认真操作粉体自动计量装置,严格控制固化剂的喷入量,满足设计要求。

(3)搅拌头每旋转一周,其提升高度不得超过 16 m。合格的粉喷桩机一般已考虑提升速度与搅拌头转速的匹配,钻头均约每搅拌一圈提升 15 mm,从而保证成桩搅拌的均匀性。但每次搅拌时,桩体将出现极薄软弱结构面,这对承受水平剪力是不利的。一般可通过复搅的方法来提高桩体的均匀性,消除软弱结构面,提高桩体抗剪强度。

(4)搅拌头的直径应定期复核检查,其磨耗量不得大于 10 mm。定时检查成桩直径及搅拌的均匀程度。当粉喷桩桩长大于 10 m 时,其底部喷粉阻力较大,应适当减慢钻机提升速度,以确保固化剂的设计喷入量。

(5)当搅拌头到达设计桩底以上 1.5 m 时,应立即开启喷粉机提前进行喷粉作业。当搅拌头提升至地面下 500 mm 时,喷粉机应停止喷粉。固化剂从料罐到喷灰口有一定的时间延迟,严禁在没有喷粉的情况下进行钻机提升作业。

(6)成桩过程中因故停止喷粉,应将搅拌头下沉至停灰面以下 1 m 处,待恢复喷粉时再喷粉搅拌提升。

(7)需在地基土天然含水量小于 30% 土层中喷粉成桩时应采用地面注水搅拌工艺。如不及时在地面浇水,将使地下水位以上区段的水泥土水化不完全,造成桩身强度降低。

(五)施工注意事项

(1)施工中应保持搅拌桩机底盘的水平和导向架的竖直,搅拌桩的垂直偏差不得超过 1%;桩位的偏差不得大于 50 mm;成桩直径和桩长不得小于设计值。

(2)要根据加固强度和均匀性预搅,软土应完全预搅切碎,以利于水泥浆均匀搅拌。

①压浆阶段不允许发生断浆现象,输浆管不能发生堵塞。

②严格按设计确定数据,控制喷浆、搅拌和提升速度。

③控制重复搅拌时的下沉速度和提升速度,以保证加固范围每一深度内得到充分搅

拌。

④竖向承载搅拌桩施工时,停浆(灰)面应高于桩顶设计标高300~500 mm。

根据实际施工经验,搅拌法在施工到顶端0.3~0.5 m范围时,因上覆土压力较小,搅拌质量较差,因此其场地整平标高应比设计确定的桩顶标高再高出0.3~0.5 m,桩制作时仍施工到地面。待开挖基坑时,再将上部0.3~0.5 m的桩身质量较差的桩段挖去。现场实践表明,当搅拌桩作为承重桩进行基坑开挖时,桩身水泥土已有一定的强度,若用机械开挖基坑,往往容易碰撞损坏桩顶,因此基底标高以上0.3 m宜采用人工开挖,以保护桩头质量。

(六)主要安全技术措施

(1)深层搅拌机冷却循环水在整个施工过程中不能中断,应经常检查进水温度和回水温度,回水温度不应过高。

(2)深层搅拌机的入土切削和提升搅拌,负载太大及电机工作电流超过额定值时,应减慢提升速度或补给清水,一旦发生卡钻或停钻现象,应切断电源,将搅拌机强制提起之后,才能重新启动电机。

(3)深层搅拌机电网电压低于380 V时应暂停施工,以保护电机。

(4)灰浆泵及输浆管路。

①泵送水泥浆前管路应保持湿润,以利于输浆。

②水泥浆内不得有硬结块,以免吸入泵内损坏缸体。每日完工后,需彻底清洗一次。喷浆搅拌施工过程中,如果发生故障停机超过半小时宜拆卸管路,排除灰浆,妥为清洗。

③灰浆泵应定期拆开清洗,注意保持齿轮减速器内润滑油清洁。

(5)深层搅拌机械及起重设备,在地面土质松软环境下施工时,场地要铺填石块、碎石,平整压实,根据土层情况,铺垫枕木、钢板或特制路轨箱。

六、质量检验

制桩质量的优劣直接关系到地基处理的效果,其中的关键是注浆量、水泥浆与软土搅拌的均匀程度。

(1)水泥土搅拌桩的质量控制应贯穿施工的全过程,并应坚持全程的施工监理。检查重点是水泥用量、桩长、搅拌头转数和提升速度、复搅次数和复搅深度、停浆处理方法等。

(2)水泥土搅拌桩的施工质量检验。

成桩7 d后,采用浅部开挖桩头(深度宜超过停浆(灰)面下0.5 m),目测检查搅拌的均匀性,量测成桩直径。检查量为总桩数的5%。各施工机组应对成桩质量随时检查,及时发现问题并及时处理。开挖检查仅仅是浅部桩头部位,目测其成桩大致情况,例如成桩直径、搅拌均匀程度等。

成桩后3 d内,可用轻型动力触探(N_{10})检查每米桩身的均匀性。检验数量为施工总桩数的1%,且不少于3根。由于每次落锤能量较小,连续触探一般不大于4 m;但是如果采用从桩顶开始至桩底,每米桩身先钻孔700 mm,然后触探300 mm,并记录锤击数的操作方法,则触探深度可加大。触探杆宜用铝合金制造,可不考虑杆长的修正。

（3）复合地基竣工验收时，承载力检验应采用复合地基载荷试验和单桩载荷试验。载荷试验必须在桩身强度满足试验荷载条件时，并宜在成桩28 d后进行。检验数量为桩总数的0.5%～1%，且每项单体工程不应少于3个检验点。

经触探和载荷试验检验后对桩身质量有怀疑时，应在成桩28 d后，用双管单动取样器钻取芯样做抗压强度检验，检验数量为施工总桩数的0.5%，且不少于3根。

（4）对相邻桩搭接要求严格的工程，应在成桩15 d后，选取数根桩进行开挖，检查搭接情况。

用作止水的壁状水泥桩体，在必要时可开挖桩顶3～4 m深度，检查其外观搭接状态。另外，也可沿壁状加固体轴线斜向钻孔，使钻杆通过2～4根桩身，即可检查深部相邻桩的搭接状态。

（5）基槽开挖后，应检验桩位、桩数与桩顶质量，如不符合设计要求，应采取有效补强措施。

水泥土搅拌桩施工时，由于各种因素的影响，有可能不符合设计要求。只有基槽开挖后测放了建筑物轴线或基础轮廓线后，才能对偏位桩的数量、部位和程度进行分析及确定补救措施。因此，水泥土搅拌法的施工验收工作宜在开挖基槽后进行。

对于水泥土搅拌桩的检测，目前应该使用自动计量装置进行施工全过程监控的前提下，采用单桩载荷试验和复合地基载荷试验进行检验。

第七节　水泥粉煤灰碎石桩（CFG 桩）法

水泥粉煤灰碎石桩（简称 CFG 桩）的骨干材料为碎石粗骨料，石屑为中等粒径骨料，以改善桩体级配，增强桩体强度；粉煤灰是细骨料，具有低强度等级水泥的作用，可使桩体具有明显的后期强度。这种地基处理方法吸取了振冲碎石桩和水泥搅拌桩的优点：其一，施工工艺简单，与振冲碎石桩相比，无场地污染，振动影响也小；其二，所用材料仅需少量水泥，便于就地取材，节约材料；其三，可充分利用工业废料，利于环保；其四，施工可不受地下水位的影响。

CFG 桩掺入料粉煤灰是燃烧发电厂排出的一种工业废料，它是磨至一定细度的粉煤灰在煤粉炉中燃烧（1 100 ～ 1 500 ℃）后，由收尘器收集的细灰，简称干灰。用湿法排灰所得的粉煤灰称为湿灰，由于其部分活性先行水化，所以其活性较干灰低。粉煤灰的活性是影响混合料强度的主要指标，活性越高，混合料需水量越少，强度越高；活性越低，混合料需水量越多，强度越低。不同的发电厂收集的粉煤灰，由于原煤种类、燃烧条件、煤粉细度、收灰方式的不同，其活性有很大差异，所以对混合料的强度有很大影响。粉煤灰的活性取决于各种粒度 Al_2O_3 和 SiO_2 的含量，CaO 对粉煤灰的活性也很有利。粉煤灰的粒度组成是影响粉煤灰质量的主要指标，一般粉煤灰越细，球形颗粒越多，水化及接触界面增加，容易发挥粉煤灰的活性。

CFG 桩的骨料为碎石，掺入石屑以填充碎石的空隙，使级配良好，接触表面积增大，提高桩体抗剪强度。

一、适用范围

CFG 桩复合地基处理技术适用于处理黏性土、粉土、砂土和已自重固结的素填土等地基。它是由水泥、粉煤灰、碎石、石屑或砂加水拌和形成的高黏结强度桩,桩、桩间土和褥垫层一起构成复合地基。

CFG 桩复合地基具有承载力提高幅度大、地基变形小等特点,并具有较大的适用范围。就基础形式而言,既适用于条形基础、独立基础,也适用于箱形基础、筏板基础;既有工业厂房,也有民用建筑。就土性而言,适用于处理黏土、粉土、砂土和正常固结的素填土等地基。对淤泥质土,应通过现场试验确定其适用性。

CFG 桩不仅用于承载力较低的土,对承载力较高(如承载力 $f_{ak} = 200$ kPa),但变形不能满足要求的地基,也可采用以减少地基变形。

目前,根据已积累的工程实例,用 CFG 桩处理承载力较低的地基多用于多层住宅和工业厂房。比如南京浦镇车辆厂厂南生活区 24 幢 6 层住宅楼,原地基土为承载力特征值为 60 kPa 的淤泥质土,经处理后复合地基承载力特征值达 240 kPa,基础形式为条形基础,建筑物最终沉降多在 4 cm 左右。

对于一般黏性土、粉土或砂土,桩端具有好的持力层,经水泥粉煤灰碎石桩处理后可作为高层或超高层建筑地基。如北京华亭嘉园 35 层住宅楼,天然地基承载力特征值 $f_{ak} = 200$ kPa,采用 CFG 桩处理后建筑物沉降 3~4 cm。对于可液化地基,可采用碎石桩和 CFG 桩多桩型复合地基,一般先施工碎石桩,然后在碎石桩中间打沉管水泥粉煤灰碎石桩,既可消除地基土的液化,又可获取很高的复合地基承载力。

二、作用机制

(一)桩体作用

由于桩体材料高于软土地层,在荷载作用下,CFG 桩的压缩性明显比桩间土小,因此基础传给复合地基附加应力,随着地层变形逐渐集中到桩体上,出现应力集中现象。大部分荷载由桩体承受,桩间土应力明显减小,复合地基承载力较天然地基有所提高,随着桩体刚度增加,桩体作用发挥更加明显。

(二)垫层作用

CFG 桩复合地基的褥垫层,是由厚度一般为 100~300 mm 的粒状材料组成的散体垫层。CFG 桩和桩间土一起,通过褥垫层形成 CFG 桩复合地基。褥垫层为桩向上刺入提供了条件,并通过垫层材料的流动补给,使桩间土与基础始终保持接触。在桩土共同作用下,地基土的强度得到一定发挥,相应地减少了对桩的承载力要求。

(三)加速排水固结

CFG 桩在饱和粉土和砂土中施工时,由于成桩和振动作用,会使土体产生超孔隙水压力。刚施工完的 CFG 桩为一个良好的排水通道,孔隙水沿桩体向上排出,直到 CFG 桩体硬结。有资料表明,这一系列排水作用对减少孔压引起地面隆起(黏性土层)和沉陷(砂性土层)、增加桩间土的密实度和提高复合地基承载力极为有利。

(四)振动挤密

CFG 桩采用振动沉管法施工时,振动和挤密作用使桩间土得到挤密,特别在砂土层这一作用更加明显。砂土在高频振动下,产生液化并重新排列致密,而且在桩体粗骨料(碎石)填入后挤入土中,使砂土的相对密实度增加,孔隙率降低,干密度和内摩擦角增大,改善了土的物理力学性能,抗液化能力也有所提高。

CFG 桩复合地基既可用于挤密效果好的土质,又可用于挤密效果差的土质。当 CFG 桩用于挤密效果好的土体时,承载力的提高既有挤密作用又有置换作用;当 CFG 桩用于挤密效果差的土体时,承载力的提高只与置换作用有关。与其他复合地基的桩型相比,CFG 桩材料较轻,置换作用特别明显。就基础形式而言,CFG 桩复合地基既适用于条形基础、独立基础,又适用于筏板基础、箱形基础。

三、工程应用现状

CFG 桩复合地基是我国建设部"七五"科研计划,于 1988 年立项进行试验研究,并应用于工程实践,1992 年通过建设部组织的专家鉴定,一致认为该成果具有国际领先水平。同时,为了进一步推广这项新技术,国家投资对施工设备和施工工艺进行了专门研究,并列入"九五"国家重点攻关项目,于 1999 年通过了国家验收。1997 年被列为国家级工法,并制定了中国建筑科学研究院企业标准,现已列入国家行业标准《建筑地基处理技术规范》(JGJ 79—2002)。CFG 桩复合地基处理技术在国际上具有领先水平,推广意义重大。

目前,该技术已在全国 23 个省(市)广泛推广,据不完全统计,已在 2 000 多项工程中应用。与桩基相比,由于 CFG 桩体材料可以充分利用工业废料粉煤灰、不配筋及充分发挥桩间土的承载能力,工程造价一般为桩基的 1/3～1/2,效益非常显著。

2005 年 6 月,石立辉将 CFG 桩复合地基应用于西南水闸重建工程。通过现场原位试验,证明 CFG 桩复合地基使地基的承载力得到了大幅度的提高,地基变形得以有效降低和控制,而且稳定快、施工简单易行、工程质量易保证,工程造价约为一般桩基的 1/2,经济效益和社会效益非常显著。

2005 年,廖文彬探讨了 CFG 桩复合地基在严重液化地基处理中的应用,认为在液化土层下存在良好持力层的地基,对液化层采用 CFG 桩复合地基处理,既可以消除液化,又能有效提高地基承载力,满足高层建筑地基承载力的设计要求,与传统的桩基相比,施工速度快,经济性好,可以节省工程投资至少一半以上。

2006 年 5 月,王大明等将 CFG 桩复合地基应用于高速公路桥头深厚软基的处理,介绍了 CFG 桩的施工方法,分析了 CFG 桩的成桩质量,同时进行了 CFG 桩复合地基承载力试验。结果表明,CFG 桩桩身连续,强度高,复合地基承载力满足设计要求,施工质量良好,保证了 CFG 桩复合地基的加固效果。

2006 年 6 月,刘鹏通过 CFG 长桩加夯实水泥土短桩的多桩型复合地基在湿陷性黄土地区的应用实例,介绍了 CFG 桩复合地基应用于湿陷性黄土地基时的设计方法和施工工艺等。工程采用 CFG 桩加夯实水泥土桩的多桩型复合地基处理方案,夯实水泥土短桩与 CFG 长桩间隔布置,达到既消除上部土层湿陷性,又提高地基承载力的目的。

2006 年 8 月,徐毅等结合 CFG 桩复合地基加固高速公路软基工程,进行了现场应用的试验研究,结果表明,CFG 桩复合地基处理高速公路软基的设计参数是否合理,应视其实际发挥的承载能力及承载时变形的性状而定。通过对 CFG 桩复合地基、土应力和表面沉降的现场观测,研究了路堤荷载下 CFG 桩复合地基桩顶、桩间土的应力和沉降变化规律,根据实测数据分析了褥垫层厚度、桩间距及桩体强度等设计参数的合理性。结果表明,路堤荷载下,CFG 桩、土最终可达到变形协调,桩土应力比与桩土沉降差有着密切的关系,疏桩形式时桩间土承担着大部分荷载。

CFG 桩复合地基在多层、高层建筑(见图 4-6),高速公路高填方地基处理工程中均得到了成功的应用。经过 CFG 桩的竖向加固,不仅提高了地基承载力,而且有效提高了地基压缩模量。在复杂工程地质条件下,CFG 桩不仅可处理黄土的湿陷性,而且解决了饱和砂性土的液化问题,但其在水利工程中的应用实例相对较少。

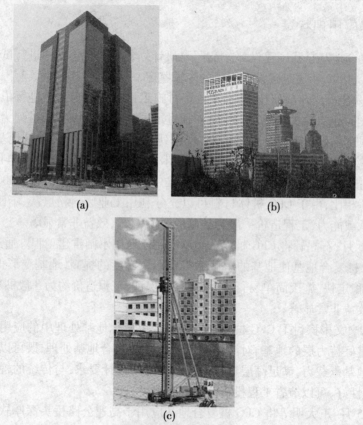

图 4-6　CFG 桩复合地基在多层、高层建筑中的应用

由于 CFG 桩复合地基处理技术具有施工速度快、工期短、质量容易控制、工程造价经济的特点,目前已经成为华北地区建筑、公路等行业普遍应用的地基处理技术之一,但在水利工程中应用尚属少见。

四、设计

进行 CFG 桩复合地基设计前,首先要取得施工场区岩土工程勘察报告和建筑结构设计资料,明确建(构)筑物对地基的要求以及场地的工程地质条件、水文地质条件、环境条件等,在此基础上,可按图4-7所示流程进行设计。

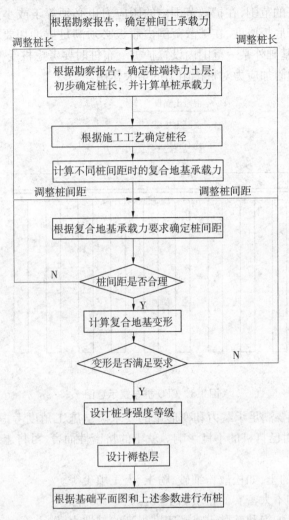

图4-7　CFG桩复合地基设计流程

(一)布置形式

CFG桩可只在基础范围内布置,桩径宜取350~600 mm。桩距应根据设计要求的复合地基承载力、土性、施工工艺等确定,宜取3~5倍桩径。CFG桩应选择承载力相对较高的土层作为桩端持力层,具有较强的置换作用,其他条件相同,桩越长,桩的荷载分担比(桩承担的荷载占总荷载的百分比)越高。设计时须将桩端落在相对好的土层上,这样可以很好地发挥桩的端阻力,也可避免场地岩性变化大可能造成建筑物沉降的不均匀。

布桩需要考虑的因素较多,一般可按等间距布桩(见图4-8)。对墙下条形基础,在轴心荷载作用下,可采用单排、双排或多排布桩,且桩位宜沿轴线对称。在偏心荷载作用下,可采用沿轴线非对称布桩。对于独立基础、箱形基础、筏板基础,基础边缘到桩的中心距一般为一个桩径或基础边缘到桩边缘的最小距离不宜小于150 mm。对于条形基础,基础边缘到桩边缘的最小距离不宜小于 75 mm。对于柱(墙)下筏板基础,布桩时除考虑整体荷载传到基底的压应力不大于复合地基的承载力外,还必须考虑每根柱(每道墙)传到基础的荷载扩散到基底的范围,在扩散范围内的压应力也必须等于或小于复合地基的承载力。扩散范围取决于底板厚度,在扩散范围内底板必须满足抗冲切要求。对于可液化地基或有必要时,可在基础外某一范围内设置护桩。布桩时要考虑桩受力的合理性,尽量利用桩间土应力产生的附加应力对桩侧阻力的增大作用。

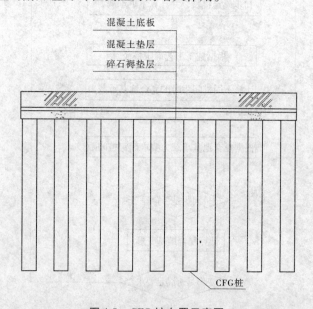

图 4-8　CFG 桩布置示意图

　　设计的桩距首先要满足承载力和变形量的要求。从施工角度考虑,尽量选用较大的桩距,以防止新打桩对已打桩的不良影响。就土的挤密性而言,可将土划分为以下几种类型:

(1)挤密效果好的土,如松散粉细砂、粉土、人工填土等。

(2)可挤密土,如不太密实的粉质黏土。

(3)不可挤密土,如饱和软黏土或密实度很高的黏性土、砂土等。

(二)褥垫层的设置

　　桩顶和基础之间应设置褥垫层,褥垫层厚度宜取 150～300 mm,材料宜用中砂、粗砂、级配砂石或碎石等,最大粒径不宜大于 30 mm。由于卵石咬合力差,施工时扰动大,褥垫层厚度不容易保证均匀,故不宜采用卵石。

　　褥垫层在复合地基中具有以下作用:

(1)保证桩、土共同承担荷载,它是 CFG 桩形成复合地基的重要条件。

(2)通过改变褥垫层厚度,调整桩垂直荷载的分担,通常褥垫层越薄,桩承担的荷载占总荷载的百分比越高,反之亦然。

(3)减少基础底面的应力集中。

(4)调整桩、土水平荷载的分担,褥垫层越厚,土分担的水平荷载占总荷载的百分比越大,桩分担的水平荷载占总荷载的百分比越小。

（三）基本设计参数的确定

1. 桩长

CFG 桩复合地基要求桩端持力层应选择工程性质较好的土层,桩长 L 取决于建筑物对地基承载力和变形的要求、土质条件和设备能力等因素,确定桩长后按下式计算单桩竖向承载力特征值:

$$R_a = u_p \sum_{i=1}^{n} q_{si} l_i + q_p A_p$$

式中 q_{si}、q_p——桩周第 i 层土的侧阻力、桩端端阻力特征值,kPa;

其他符号意义同前。

2. 桩径

CFG 桩桩径的确定一般根据当地常用的施工设备来选取,一般设计桩径为 $350 \sim 600$ mm。

3. 桩间距

桩间距的大小取决于设计要求的地基承载力和变形、土质条件及施工设备等因素,一般设计要求的地基承载力较大时桩间距取小值,但必须考虑施工时相邻桩之间的影响,CFG 桩原则上只布置在基础范围以内。在已知天然地基承载力特征值、单桩竖向承载力特征值和复合地基承载力特征值的条件下,可按下式求得置换率 m:

$$m = \frac{f_{spk} - \beta f_k}{\dfrac{R_a}{A_p} - \beta f_k} \tag{4-23}$$

当采用正方形布桩时,桩间距 s 为

$$s = \sqrt{\frac{A_p}{m}} \tag{4-24}$$

在桩长、桩径和桩间距初步确定后,也就是在满足了复合地基承载力要求后,需验算这三个参数是否能满足复合地基变形的要求。如果估算的沉降值不能满足变形要求,则需调整桩长或桩间距,直至满足变形要求。

4. 桩体强度

桩体试块抗压强度应满足下式要求:

$$f_{cu} \geqslant 3R_a / A_p \tag{4-25}$$

式中 f_{cu}——桩体混合料试块(边长为 150 mm 立方体)标准养护 28 d 抗压强度平均值;

其他符号意义同前。

（四）复合地基承载力

复合地基承载力不是天然地基承载力和单桩竖向承载力的简单叠加,需要对以下一些因素给予考虑:

（1）施工时对桩间土是否产生扰动和挤密,桩间土承载力有无降低或提高。

（2）桩对桩间土有约束作用,使土的变形减少。

（3）复合地基中桩的 $Q \sim S$ 曲线呈加工硬化型,比自由单桩的承载力要高。

（4）桩和桩间土承载力的发挥都与变形有关,变形小时桩和桩间土承载力的发挥都不充分。

（5）复合地基桩间土的发挥与褥垫层的厚度有关。

CFG 桩复合地基承载力特征值应通过现场复合地基载荷试验确定,初步设计时也可按下式估算。

①复合地基承载力特征值:

$$f_{spk} = mR_a / A_p + \beta(1 - m)f_{sk}$$
$$m = d^2 / d_e^{\ 2}$$

式中　β——桩间土承载力折减系数,宜按地区经验取值,当无经验时可取 $0.75 \sim 0.95$,天然地基承载力较高时取大值;

其他符号意义同前。

②单桩竖向承载力特征值。

当采用单桩载荷试验时,应将单桩竖向极限承载力除以系数 2。

当无单桩载荷试验资料时,可按式(4-18)估算。

对 CFG 桩处理后的地基承载力特征值常需进行修正,即考虑基础埋深修正系数后,CFG 桩复合地基承载力特征值为

$$f_a = f_{spk} + \gamma_0(d - 1.5) \tag{4-26}$$

式中　γ_0——基础底面以上土的加权平均重度,地下水位以下取有效重度;

d——基础埋置深度,m,一般自室外地面标高算起。

（五）地基变形验算

1. 计算方法

在《水闸设计规范》(SL 265—2001)中关于土质地基沉降变形计算,给出的是采用土的 $e \sim p$ 压缩曲线的计算方法。

$$S_\infty = m \sum_{i=1}^{n} \frac{e_{1i} - e_{2i}}{1 + e_{1i}} h_i \tag{4-27}$$

式中　S_∞——土质地基最终沉降量,m;

n——土质地基压缩层计算深度范围内的土层数;

e_{1i}——基础底面以下第 i 层土在平均自重应力作用下,由压缩曲线查得的相应孔隙比;

e_{2i}——基础底面以下第 i 层土在平均自重应力作用下和平均附加应力作用下,由压缩曲线查得的相应孔隙比;

h_i——基础底面以下第 i 层土的厚度,m;

m——地基沉降量修正系数。

具体计算时,须查由土工试验提供的压缩曲线。严格来说,上述计算方法只有在地基土层无侧向膨胀的条件下才是合理的,而这只有在承受无限连续均布荷载作用下才有可能。实际上,地基土层受到某种分布形式的荷载作用后,总是要产生或多或少的侧向变形,因此采用这种方法计算的地基土层的最终沉降量一般小于实际沉降量,需考虑修正系数。对于复合地基的变形计算,《水闸设计规范》(SL 265—2001)中也没有作明确规定。

分析复合地基的变形,可分为三个部分:加固区的变形量 S_1、下卧层的变形量 S_2 和褥

垫层的压缩变形。

在工程中，应用较多且计算结果与实际符合较好的变形计算方法是复合模量法。计算时复合土层分层与天然地基相同，复合土层模量等于该天然地基模量的 ζ 倍（见图4-9），加固区下卧层土体内的应力分布采用各向同性均质的直线变形体理论。

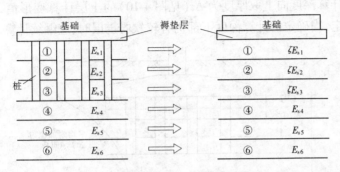

图4-9　各土层复合模量示意图

复合地基最终变形量可按下式计算：

$$S_{\mathrm{c}} = \psi \left[\sum_{i=1}^{n_1} \frac{P_0}{\zeta E_{\mathrm{s}i}} (z_i \overline{a}_i - z_{i-1} \overline{a}_{i-1}) + \sum_{i=n_1+1}^{n_2} \frac{P_0}{E_{\mathrm{s}i}} (z_i \overline{a}_i - z_{i-1} \overline{a}_{i-1}) \right] \tag{4-28}$$

式中　n_1——加固区范围内土层分层数；

　　　n_2——沉降计算深度范围内土层总的分层数；

　　　P_0——对应于荷载效应准永久组合时，基础底面处的附加应力，kPa；

　　　$E_{\mathrm{s}i}$——基础底面下第 i 层土的压缩模量，MPa；

　　　z_i、z_{i-1}——基础底面至第 i 层、第 $i-1$ 层土底面的距离，m；

　　　$\overline{a}_i$、$\overline{a}_{i-1}$——基础底面计算点至第 i 层、第 $i-1$ 层土底面范围内平均附加应力系数；

　　　ζ——加固区土的模量提高系数，$\zeta = \dfrac{f_{\mathrm{sp}}}{f_{\mathrm{k}}}$；

　　　ψ——沉降计算修正系数，根据地区沉降观测资料及经验确定，也可采用表4-8的数值。

表4-8　沉降计算修正系数 ψ

$\overline{E}_{\mathrm{s}}$（MPa）	2.5	4.0	7.0	15.0	20.0
ψ	1.1	1.0	0.7	0.4	0.2

表4-8中 $\overline{E}_{\mathrm{s}}$ 为变形计算深度范围内压缩模量的当量值，应按下式计算：

$$\overline{E}_{\mathrm{s}} = \frac{\sum A_i}{\sum \dfrac{A_i}{E_{\mathrm{s}i}}} \tag{4-29}$$

式中　A_i——第 i 层土附加应力沿土层厚度积分值；

　　　$E_{\mathrm{s}i}$——基础底面下第 i 层土的压缩模量值，MPa，桩长范围内的复合土层按复合土层的压缩模量取值。

复合地基变形计算深度必须大于复合土层的厚度,并应符合下式的要求:

$$\Delta S_i \leqslant 0.025 \sum_{i=1}^{n_2} \Delta S_i' \qquad (4\text{-}30)$$

式中　ΔS_i——计算深度范围内,第 i 层土的计算变形值;

　　　$\Delta S_i'$——计算深度向上取厚度为 Δz(见图 4-10)的土层计算变形值,Δz 按表 4-9 确定,当确定的计算深度下部仍有较软弱土层时,应继续计算。

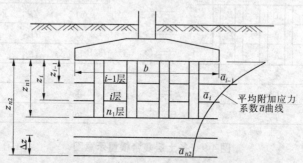

图 4-10　复合地基沉降计算分层示意图

表 4-9　Δz 值

$b(\mathrm{m})$	$\leqslant 2$	$2 < b < 4$	$4 < b \leqslant 8$	$8 < b$
$\Delta z(\mathrm{m})$	0.3	0.6	0.8	1.0

虽然在复合地基最终变形量公式中,复合土层模量等于该天然地基模量的 ζ 倍,许多土的压缩模量之比并不与承载力特征值之比相对应,尽管公式中采用了沉降计算的经验系数 ψ,但并不能完全反映以上因素。再者,采用复合地基最终变形量公式并未考虑桩端土的强度,也未考虑软土在加固区的上部或下部所导致的不同结果。考虑到土性的差别以及软土在加固区的位置不同,对上述公式作如下修正:

$$S_c = \psi \Big[\sum_{i=1}^{n_1} \frac{P_0}{K_i \zeta E_{si}} (z_i \bar{a}_i - z_{i-1} \bar{a}_{i-1}) + \sum_{i=n_1+1}^{n_2} \frac{P_0}{E_{si}} (z_i \bar{a}_i - z_{i-1} \bar{a}_{i-1}) \Big] \qquad (4\text{-}31)$$

式中　K_i——第 i 层土复合模量修正系数,$K_i = 0.8 \sim 1.2$,与第 i 层土土性及第 i 层软土在加固区沿深度方向所处的位置有关,当第 i 层土为软土、桩端土,强度不太高,且第 i 层软土处于加固区上部时,取低值,反之取高值。

2. 计算深度

土质地基压缩层计算深度可按计算层面处土的附加应力与自重应力的比值为 0.10 ~ 0.20(软土地基取小值,坚实地基取大值)的条件确定,这是多年来经过水闸工程的实践提出来的。对于软土地基,考虑到地基土的压缩沉降量大,地基压缩层计算深度若按计算层面处土的附加应力与自重应力的比值为 0.20 的条件确定是不够的,因为其下土层仍然可能有较大的压缩沉降量,往往是不可忽略的。

按照现行国家标准《建筑地基基础设计规范》(GB 50007—2002)的规定,地基压缩层计算深度是以计算深度范围内各土层计算沉降值的大小为控制标准的,即规定地基压缩层计算深度应符合在计算深度范围内第 i 层的计算沉降值不大于该计算深度范围内的各土层累计计算沉降值的 2.5% 的要求。考虑到水闸与建筑工程有所不同,其基础(底板)多为筏板式,面积较大,附加应力传递较深广,对于地基压缩层计算深度的确定,应以控制地基应力分布比例较为适宜。因为水闸地基多数为多层和非均质的土质地基,特别是对于软土层与相对硬土层相间分布的地基,按计算沉降值的大小控制是不易掌握的,同时在计算中也不如按地基应力的分布比例控制简便,而且后者已经过多年来的实际应用认为是能够满足工程要求的。因此,对于地基压缩层计算深度的确定,可按照《水闸设计规范》(SL 265—2001)中采用以地基应力的分布比例作为控制标准。

3. 最大沉降量与沉降差

大量实测资料说明,在不危及水闸结构安全和影响正常使用的条件下,一般认为最大沉降量达 10 ~ 15 cm 是允许的。但沉降量过大,往往会引起较大的沉降差,对水闸结构安全和正常使用总是不利的。因此,必须做好变形缝(包括沉降缝和伸缩缝)的止水措施。至于允许最大沉降差的数值,与水闸结构形式、施工条件等有很大的关系,一般认为最大沉降差达 3 ~ 5 cm 是允许的。按照《水闸设计规范》(SL 265—2001)中规定,天然土质地基上的水闸地基最大沉降量不宜超过 15 cm,最大沉降差不宜超过 5 cm。

对于软土地基上的水闸,当计算地基最大沉降量或相邻部位的最大沉降差超过《水闸设计规范》(SL 265—2001)规定的允许值,不能满足设计要求时,可采取减小地基最大沉降量或相邻部位最大沉降差的工程措施,包括对上部结构、基础、地基及工程施工方面所采取的措施。

由于上部结构、基础与地基三者是相互联系、共同作用的,为了更有效地减小水闸的最大沉降量和沉降差,设计时应将上部结构、基础与地基三者作为整体考虑,采取综合性措施,同时对工程施工也应提出要求。

4. 地基土的回弹变形

由于引黄涵闸工程建设一般要进行深基坑开挖和降水,所以在地基变形计算时还需要考虑地基土的回弹变形量和水位变化因素。地基土的回弹变形量可参照国家标准《建筑地基基础设计规范》(GB 50007—2002)中的公式计算:

$$S_c = \psi_c \left[\sum_{i=1}^{n_1} \frac{P_c}{E_{ci}} (z_i \bar{a}_i - z_{i-1} \bar{a}_{i-1}) \right] \tag{4-32}$$

式中　S_c——地基的回弹变形量;

　　　P_c——基础底面以上土的自重压力,kPa,地下水位以下应扣除浮力;

　　　E_{ci}——土的回弹模量,MPa;

　　　ψ_c——沉降计算经验系数,取 1.0;

　　　其他符号意义同前。

五、施工

CFG 桩的施工应根据设计要求和现场地基土的性质、地下水埋深、场地周边环境等多种因素选择施工工艺。

目前,三种常用的施工工艺为长螺旋钻孔灌注成桩,长螺旋钻孔、管内泵压混合料成桩,振动沉管灌注成桩。

长螺旋钻孔灌注成桩适用于地下水位以上的黏性土、粉土、素填土、中等密实以上的砂土,属于非挤土成桩工艺,该工艺具有穿透能力强、无振动、低噪声、无泥浆污染等特点,但要求桩长范围内无地下水,以保证成孔时不塌孔。

长螺旋钻孔、管内泵压混合料成桩工艺,是国内近几年来使用比较广泛的一种新工艺,属于非挤土成桩工艺,具有穿透能力强、低噪声、无振动、无泥浆污染、施工效率高及质量容易控制等特点。

若地基土是松散的饱和粉细砂、粉土,以消除液化和提高地基承载力为目的,此时应选择振动沉管打桩机施工。振动沉管灌注成桩属挤土成桩工艺,对桩间土具有挤密效应。但振动沉管灌注成桩工艺难以穿透厚的硬土层、砂层和卵石层等。在饱和黏性土中成桩,会造成地表隆起,挤断已打桩,且振动和噪声污染严重。

这里主要说明长螺旋钻孔、管内泵压混合料成桩工艺。

(一)施工准备

1. 主要设备机具

长螺旋钻孔、管内泵压混合料成桩工艺主要设备工具有长螺旋钻机(见图4-11)、混凝土输送泵、搅拌机、坍落度测筒、试块模具等。

(a)　　　　　　　　　(b)　　　　　　　　　(c)

图4-11　长螺旋钻机

2. 原材料

(1)水泥:采用32.5级普通硅酸盐水泥,并有出厂合格证及试验报告。

(2)砂:采用中砂,含泥量不大于3%。

(3)碎石:粒径5~20 mm,含泥量不大于2%。

(4)粉煤灰。

进场材料应按照规定位置堆放并做好防护措施,防止受冻、受潮。

3. 试验配合比

CFG桩施工前应按设计要求,先由实验室出具混合料配合比,施工时严格按照配合比进行。

4. 试验桩

为确定CFG桩施工工艺、检验机械性能及质量,在施工前应先做不少于2根试验桩,并沿竖向钻取芯样,检查桩身混凝土密实度、强度和桩身垂直度。

(二)工艺流程

CFG 桩施工可按照以下流程操作:钻机就位→成孔→钻杆内灌注混合料→提升钻杆→灌注孔底混合料→边泵送混合料边提升钻杆→成桩→钻机移位。

1. 钻机就位

钻机就位后,应使钻杆垂直对准桩位中心,确保 CFG 桩垂直度容许偏差不大于1%。现场控制采用在钻架上挂垂球的方法测该孔的垂直度,也可采用钻机自带垂直度调整器控制钻杆垂直度。每根桩施工前现场工程技术人员应进行桩位对中及垂直度检查,满足要求后,方可开钻。

2. 成孔

钻孔开始时,关闭钻头阀门,向下移动钻杆至钻头触地时,启动马达钻进,先慢后快,同时检查钻孔的偏差并及时纠正。在成孔过程中发现钻杆摇晃或难钻时,应放慢进尺,防止桩孔偏斜、位移和钻具损坏。根据钻机塔身上的进尺标记,成孔到达设计标高时,停止钻进。

3. 混合料搅拌

混合料搅拌必须进行集中拌和,按照配合比进行配料,每盘料搅拌时间按照普通混凝土的搅拌时间进行控制。一般控制在90～120 s,具体搅拌时间根据试验确定,由电脑控制和记录。混合料出厂时坍落度可控制在180～200 mm。

4. 灌注及拔管

钻孔至设计标高后,停止钻进,提拔钻杆20～30 cm 后开始泵送混合料灌注,每根桩的投料量应不小于设计灌注量。钻杆芯管充满混合料后开始拔管,并保证连续拔管。施工桩顶高程宜高出设计高程30～50 cm,灌注成桩完成后,桩顶盖土封顶进行养护。

成桩施工,应准确掌握提拔钻杆时间,钻孔进入土层预定标高后,开始泵送混合料,管内空气从排气阀排出,待钻杆内管及输送软、硬管内混合料连续时提钻。若提钻时间较晚,在泵送压力下钻头处的水泥浆液被挤出,容易造成管路堵塞。应杜绝在泵送混合料前提拔钻杆,以免造成桩端处存在虚土或桩端混合料离析、端阻力减小。提拔钻杆中应连续泵料,特别是在饱和砂土、饱和粉土层中不得停泵待料,避免造成混合料离析、桩身缩径和断桩。目前施工多采用2台0.5 m³ 的强制式搅拌机,可满足施工要求。

在灌注混合料时,对于混合料的灌入量控制采用记录泵压次数的办法,对于同一种型号的输送泵每次输送量基本上是一个固定值,根据泵压次数来计量混合料的投料量。

5. 移机

灌注时采用静止提拔钻杆(不能边行走边提拔钻杆),提管速度控制在2～3 m/min,灌注达到控制标高后进行下一根桩的施工。

满堂布桩时,不宜从四周转向内推进施工,宜从中心向外推进施工,或从一边向另一边推进施工。注意打桩顺序,尽量避免新打桩的振动对已结硬的桩体产生影响。

施工中,成孔、搅拌、压灌、提钻各道工序应密切配合,提钻速度应与混合料泵送量相匹配,严格掌握混合料的输入量应大于提钻产生的空孔体积,使混合料面经常保持在钻头以上,以免在桩体中形成孔洞。

为做到水下成桩,要求钻杆钻至设计标高后不提钻,先向空心钻杆内灌注混合料,再提钻进行桩底混合料灌注。然后,边灌注边提钻,保持连续灌注,均匀提升。严禁先提钻后灌注混凝土,产生往水中灌注混凝土的现象。

（三）施工质量要求

（1）根据桩位平面布置图及控制点和轴线施放桩位,实施放线的桩位经监理验收确认后方可施工。

（2）钻机就位应准确,钻机机架及钻杆应与地面保持垂直,垂直度误差≤1%。

（3）混合料灌注过程中应保持混合料面始终高于钻头面,钻头低于混合料面 15~25 cm。

（4）误差控制。桩位偏差不应大于 0.4 倍桩径,桩径偏差 ±20 mm,桩长偏差 ±0.1 m。

（5）混合料搅拌要均匀,搅拌时间不得少于 2 min。

桩体配比中采用的粉煤灰可选用电厂收集的粗灰;当采用长螺旋钻孔、管内泵压混合料灌注成桩时,为增加混合料的和易性和可泵性,宜选用细度不大于 45%（0.045 mm 方孔筛筛余百分比）的Ⅲ级及以上等级的粉煤灰。

长螺旋钻孔、管内泵压混合料成桩施工时,每立方米混合料粉煤灰掺量宜为 70~90 kg,坍落度应控制在 160~200 mm,这主要是考虑保证施工中混合料的顺利输送。坍落度太大,易产生泌水、离析,泵压作用下,骨料与砂浆分离,导致堵管;坍落度太小,混合料流动性差,也容易造成堵管。振动沉管灌注成桩若混合料坍落度过大,桩顶浮浆过多,桩体强度会降低。

（6）成桩过程中,每台机械一天应做一组（3块）混凝土试块,标准养护,测定其立方体抗压强度。

（7）桩头处理。CFG 桩施工桩顶标高宜高出设计桩顶标高不少于 0.5 m,留有保护桩长。保护桩长的设置是基于以下几个因素:

①成桩时桩顶不可能正好与设计标高完全一致,一般要高出桩顶设计标高一段长度。

②桩顶一般由于混合料自重压力较小或浮浆的影响,靠近桩顶一段桩体强度较差。

③已打桩尚未结硬时,施打新桩可能导致已打桩受振动挤压,混合料上涌使桩径缩小。增大混合料表面的高度即增加了自重压力,可提高抵抗周围土积压的能力。

施工完毕后 3 d 可清除余土,运到现场指定堆放区,并凿除桩头。首先用水准仪将设计桩头标高定位在桩身上,然后由工人用两根钢钎在截断位置从相对方向同时剔凿,将多余的桩截掉。

清土和截桩时,不得造成桩顶标高以下桩身断裂和扰动桩间土。

（8）冬季施工时,混合料入孔温度不得低于 5 ℃,对桩头和桩间土应采取保温措施。

根据材料加热难易程度,一般优先加热拌和水,其次是砂和石。混合料温度不宜过高,以免造成混合料假凝无法正常泵送施工。泵头管线也应采取保温措施。施工完清除保护土层和桩头后,应立即对桩间土和桩头采用草帘等保温材料进行覆盖,防止桩间土冻胀而造成桩体拉断。

（四）施工质量保证措施

建立由项目经理负责控制、技术质量组全体人员检查的管理系统,以确保各项质量保证措施落实到各工序中。在施工过程中设质检员进行自检互检,发现不符合质量标准的问题及时纠正。

施工质量保证措施主要包括以下几个方面:

(1)严把材料进场关,保证使用符合规范要求的水泥、砂、石、外加剂等材料,做好材料试验,并认真填写有关记录。

(2)桩体强度必须符合设计要求,现场施工时每工作日制作一组试块,并做好试块制作记录和现场养护。

(3)现场堆放的材料必须有专人保管,并有一定的保护措施,防止受冻、受潮,影响桩体质量。

(4)成桩浇筑过程中要确保桩体混凝土的密实性和桩截面尺寸,钻头提升应保持匀速,提升速度不得大于浇筑速度,防止发生缩径、断桩。

(5)浇筑过程中随时监控混合料质量,保证其和易性及坍落度。

(6)收集、整理各种施工原始记录,质量检查记录,现场签证记录等资料,并做好施工日志。

(7)预防断桩:①混合料坍落度应严格按规范要求控制;②灌注混合料前应检查搅拌机,保证搅拌时能正常运转。

六、质量检验

(1)施工质量检验主要应检查施工记录、混合料坍落度、桩数、桩位偏差、褥垫层厚度、夯填度和桩体试块抗压强度等。

(2)水泥粉煤灰碎石桩地基竣工验收时,承载力检验应采用复合地基载荷试验。

复合地基载荷试验是确定复合地基承载力、评定加固效果的重要依据。进行复合地基载荷试验时,必须保证桩体强度满足试验要求。进行单桩载荷试验时为防止试验中桩头被压碎,宜对桩头进行加固。在确定试验日期时,还应考虑施工过程中对桩间土的扰动,桩间土承载力和桩的侧阻端阻的恢复都需要一定时间,一般在冬季检测时桩和桩间土强度增长较慢。

CFG桩强度满足试验荷载条件时,可由专业检测单位进行复合地基载荷试验,试验合格后可进行褥垫层敷设。

(3)水泥粉煤灰碎石桩地基检验应在桩身强度满足试验荷载条件时,并宜在施工结束28 d后进行。试验数量宜为总桩数的0.5% ~1%,且每个单体工程的试验数量不应少于3个检验点。

(4)应抽取不少于总桩数10%的桩进行低应变动力试验,检测桩身完整性。

第八节　灌注桩

灌注桩起源于100多年前,因为工业的发展以及人口的增长,高层建筑不断增加,但是因为许多城市的地基条件比较差,不能直接承受由高层建筑传来的压力,地表以下存在着厚度很大的软土或中等强度的黏土层,建造高层建筑如仍沿用当时通用的摩擦桩,必然产生很大的沉降。于是工程师们借鉴掘井技术发明了在人工挖孔中浇筑钢筋混凝土而成桩。在随后的50年,于20世纪40年代初,大功率钻孔机具首先在美国研制成功,时至今日,随着科学技术的日新月异,钻孔灌注桩在高层、超高层的建筑物和重型构筑物中被广泛应用。当然,在我国,钻孔灌注桩设计及施工水平也得到了长足的发展。

一、灌注桩的分类

灌注桩是指在工程现场通过机械钻孔、钢管挤土或人力挖掘等手段在地基土中形成桩孔,并在其内放置钢筋笼,灌注混凝土而成的桩。依照成孔方法不同,灌注桩又可分为沉管灌注桩、钻孔灌注桩和挖孔灌注桩等几类。

钻孔灌注桩通常为一种非挤土桩,也有部分挤土桩。

(一)按桩径划分

1. 小桩

小桩由于桩径小,施工机械、施工场地、施工方法较为简单,多用于基础加固和复合桩基础中。

2. 中桩

中桩的成桩方法和施工工艺繁多,工业与民用建筑物中大量使用,是目前使用最多的一类桩。

3. 大桩

大桩桩径大,单桩承载力高。近20年发展较快,多用于重型建筑物、构筑物、港口码头、公路铁路桥涵等工程。

(二)按成桩工艺划分

按成桩工艺划分,灌注桩分为干作业法钻孔灌注桩、泥浆护壁法钻孔灌注桩、套管护壁法钻孔灌注桩。

二、钻孔灌注桩的特点

(1)施工时基本无噪声、无振动,无地面隆起或无侧移,因此对环境和周边建筑物危害小。

(2)扩底钻孔灌注桩能更好地发挥桩端承载力。

(3)可设计成一柱一桩,无须桩顶承台,简化了基础结构形式。

(4)钻孔灌注桩通常布桩间距大,群桩效应小。

(5)可以穿越各种土层,更可以嵌入基岩,这是其他桩型很难做到的。

(6)施工设备简单轻便,能在较低的净空条件下设桩。

(7)钻孔灌注桩在施工中,影响成桩质量的因素较多,桩侧阻力和桩端阻力的发挥会随着工艺而变化,且又在较大程度上受施工操作影响。

三、设计

(一)一般规定

(1)桩基础应按下列两类极限状态设计。

承载能力极限状态:桩基达到最大承载能力、整体失稳或发生不宜于继续承载的变形。

正常使用极限状态:桩基达到建筑物正常使用所规定的变形限值或达到耐久性要求的某项限值。

(2)根据建筑规模、功能特征、对差异变形的适应性、场地地基和建筑物体型的复杂性以及由于桩基问题可能造成建筑破坏或影响正常使用的程度,应将桩基设计分为甲级、乙级、丙级三个设计等级。

(3)桩基设计时,所采用的作用效应组合与相应的抗力应符合下列规定:

①确定桩数和布桩时,应采用传至承台底面的荷载效应标准组合;相应的抗力应采用基桩或复合基桩承载力特征值。

②计算荷载作用下的桩基沉降和水平位移时,应采用荷载效应准永久组合;计算水平地震作用、风载作用下的桩基水平位移时,应采用水平地震作用、风载效应标准组合。

③验算坡地、岸边建筑桩基的整体稳定性时,应采用荷载效应标准组合;抗震设防区,应采用地震作用效应和荷载效应的标准组合。

④在计算桩基结构承载力、确定尺寸和配筋时,应采用传至承台顶面的荷载效应基本组合。当进行承台和桩身裂缝控制验算时,应分别采用荷载效应标准组合和荷载效应准永久组合。

⑤桩基结构设计安全等级、结构设计使用年限和结构重要性系数 γ_0 应按现行有关建筑结构规范的规定采用,除临时性建筑外,重要性系数 γ_0 不应小于 1.0。

(二)桩的布置

桩的布置一般对称于桩基中心线,呈行列式或梅花式。排列基桩时,宜使桩群承载力合力点与长期荷载重心重合,并使各桩受力均匀,且考虑打桩顺序。

桩的最小中心距按照《建筑桩基技术规范》(JGJ 94—2008)中规定非挤土灌注桩不小于 $3.0d$(d 为桩的截面边长或直径)。桩端持力层一般应选择较硬土层,桩端全断面进入持力层的深度,对于黏性土、粉土不宜小于 $2d$,砂土不宜小于 $1.5d$,碎石类土不宜小于 $1d$。

(三)桩基计算

1. 桩顶作用效应计算

单向偏心竖向力作用下的计算公式:

$$N_{ik} = \frac{F_k + G_k}{n} \pm \frac{M_{xk}y_i}{\sum y_j^2} \tag{4-33}$$

式中　F_k——荷载效应标准组合下,作用于承台顶面的竖向力;

　　　G_k——桩基承台和承台上土自重标准值;

　　　N_{ik}——荷载效应标准组合偏心竖向力作用下,第 i 基桩的竖向力;

　　　M_{xk}——荷载效应标准组合下,作用于承台底面,绕通过桩群形心的 x 主轴的力矩;

　　　y_i、y_j——第 i、j 基桩至 x 轴的距离;

　　　n——桩基中的桩数。

桩基作用效应示意图见图 4-12。

2. 单桩竖向承载力特征值计算

参照《建筑桩基技术规范》(JGJ 94—2008),根据土的物理指标与承载力参数之间的经验关系确定单桩竖向承载力标准值,见下式:

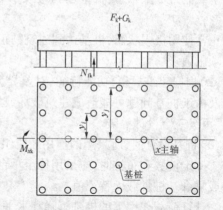

图 4-12 桩基作用效应示意图

$$Q_{uk} = u \sum_{i=1}^{n} q_{sik} l_i + q_{pk} A_p \qquad (4\text{-}34)$$

式中　Q_{uk}——单桩竖向承载力标准值,kPa;
　　　u——桩身周长,m;
　　　q_{sik}——桩周第 i 层土桩的侧阻力标准值,kPa;
　　　l_i——桩穿越第 i 层土的厚度,m;
　　　q_{pk}——极限端阻力标准值,kPa;
　　　A_p——桩端面积,m^2。

$$R_a = \frac{1}{K} Q_{uk} \qquad (4\text{-}35)$$

式中　R_a——单桩竖向承载力特征值;
　　　K——安全系数,取 $K=2$。

3. 桩基竖向承载力验算

荷载效应标准组合下,桩基竖向承载力计算应符合下列要求。

(1)轴心竖向力作用下的计算公式:

$$N_k \leqslant R \qquad (4\text{-}36)$$

(2)偏心竖向力作用下,除满足上式外,尚应满足下式要求:

$$N_{kmax} \leqslant 1.2R \qquad (4\text{-}37)$$

式中　N_k——荷载效应标准组合轴心竖向力作用下,基桩平均竖向力;
　　　N_{kmax}——荷载效应标准组合偏心竖向力作用下,桩顶最大竖向力;
　　　R——基桩竖向承载力特征值。

(四)配筋计算

钢筋混凝土桩截面尺寸应根据受力要求按强度和抗裂计算结果确定,并满足打桩设备的能力。

混凝土强度等级不宜小于 C25,预应力桩不宜小于 C40。

目前,《混凝土结构设计规范》(GB 50010—2010)中是采用以概率论为基础的极限状态设计法,以可靠指标度量结构构件的可靠度,采用分项系数的设计表达式进行设计。

整个结构或结构的一部分超过某一特定状态就不能满足设计规定的某一功能要求,此特定状态称为该功能的极限状态。极限状态分为以下两类。

1. 承载能力极限状态

结构或结构构件达到最大承载力、出现疲劳破坏或不宜于继续承载的变形。

根据建筑结构破坏后果的严重程度,划分为三个安全等级(见表 4-10)。设计时应根据具体情况,选用相应的安全等级。

表 4-10　建筑结构的安全等级

安全等级	破坏后果	建筑物类型
一级	很严重	重要的建筑物
二级	严重	一般的建筑物
三级	不严重	次要的建筑物

对于承载能力极限状态,结构构件应按荷载效应的基本组合或偶然组合,采用下列极限状态设计表达式:

$$\gamma_0 S \leqslant R \tag{4-38}$$
$$R = R(f_c, f_s, a_k \cdots) \tag{4-39}$$

式中　γ_0——重要性系数,对安全等级为一级的结构构件,不应小于 1.1,对安全等级为二级的结构构件,不应小于 1.0,对安全等级为三级的结构构件,不应小于 0.9,对地震设计状况应取 1.0;

S——承载能力极限状态的荷载效应组合的设计值;

R——结构构件的承载力设计值;

$R(*)$——结构构件的承载力函数;

$f_c f_s$——混凝土、钢筋的强度设计值;

a_k——几何参数的标准值。

2. 正常使用极限状态

结构或结构构件达到正常使用或耐久性能的某项规定限值。

对于正常使用极限状态,结构构件应分别按荷载效应的标准组合、准永久组合或考虑长期作用影响,采用下列极限状态设计表达式:

$$S \leqslant C \tag{4-40}$$

式中　S——正常使用极限状态的荷载效应组合值;

C——结构构件达到正常使用要求所规定的变形、裂缝宽度和应力等的限值。

结构构件正截面的裂缝控制等级分为三级。裂缝控制等级的划分应符合下列规定:

一级——严格要求不出现裂缝的构件,按荷载效应标准组合计算时,构件受拉边缘混凝土不应产生拉应力。

二级——一般要求不出现裂缝的构件,按荷载效应标准组合计算时,构件受拉边缘混凝土拉应力不应大于混凝土轴心抗拉强度标准值;按荷载效应准永久组合计算时,构件受拉边缘混凝土不宜产生拉应力。

三级——允许出现裂缝的构件,按荷载效应标准组合并考虑长期作用影响计算时,构件的最大裂缝宽度不应超过规定的限值。

圆形截面计算简图见图 4-13,计算公式如下:

$$0 \leqslant \alpha \alpha_1 f_c A \left(1 - \frac{\sin 2\pi\alpha}{2\pi\alpha}\right) + (\alpha - \alpha_t) f_y A_s \tag{4-41}$$

· 109 ·

$$M \leqslant \frac{2}{3}\alpha_1 f_c A r \frac{\sin^3 \pi\alpha}{\pi} + f_y A_s r_s \frac{\sin\pi\alpha + \sin\pi\alpha_t}{\pi}$$

$$(4\text{-}42)$$

$$\alpha_t = 1.25 - 2\alpha \qquad (4\text{-}43)$$

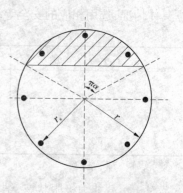

式中 M——弯矩设计值;

α_1——系数,当混凝土强度等级不大于 C50 时, 取 1.0;

f_c——混凝土轴心抗压强度设计值;

f_y——普通钢筋的抗拉强度设计值;

A——圆形截面面积;

A_s——全部纵向钢筋的截面面积;

图 4-13 圆形截面计算简图

r——圆形截面的半径;

r_s——纵向钢筋重心所在圆周的半径;

α——对应于受压区混凝土截面面积的圆心角(rad)与 2π 的比值;

α_t——纵向受拉钢筋截面积与全部纵向钢筋截面面积的比值,当 $\alpha > 0.625$ 时, 取 $\alpha_t = 0$。

(五)灌注桩构造

1. 配筋率

当桩身直径为 300 ~ 2 000 mm 时,正截面配筋率可取 0.65% ~ 0.2%(小直径桩取高值);对于受荷载特别大的桩、抗拔桩和嵌岩端承桩,应根据计算确定配筋率,并不应小于上述规定值。

2. 配筋长度

(1)端承型桩和位于坡地岸边的基桩应沿桩身等截面或变截面通长配筋。

(2)桩径大于 600 mm 的摩擦型桩配筋长度不应小于 2/3 桩长;当受水平荷载时,配筋长度尚不宜小于 $4.0/\alpha$(α 为桩的水平变形系数)。

(3)对于受水平荷载的桩,主筋不应少于 8 Φ 12;对于抗压桩和抗拔桩,主筋不应少于 6 Φ 10;纵向主筋应沿桩身周边均匀布置,其净距不应小于 60 mm。

(4)箍筋应采用螺旋式,直径不应小于 6 mm,间距宜为 200 ~ 300 mm;受水平荷载较大桩基、承受水平地震作用的桩基及考虑主筋作用计算桩身受压承载力时,桩顶以下 $5d$ 范围内的箍筋应加密,间距不应大于 100 mm;当桩身位于液化土层范围内时箍筋应加密;当考虑箍筋受力作用时,箍筋配置应符合现行国家标准《混凝土结构设计规范》(GB 50010—2010)的有关规定;当钢筋笼长度超过 4 m 时,应每隔 2 m 设一道直径不小于 12 mm 的焊接加劲箍筋。

3. 保护层厚度

桩身混凝土及混凝土保护层厚度应符合下列要求:

(1)桩身混凝土强度等级不得小于 C25。

(2)灌注桩主筋的混凝土保护层厚度不应小于 35 mm,水下灌注桩的主筋混凝土保护层厚度不得小于 50 mm。

四、施工

(一)施工方法

钻孔灌注桩的施工,因其所选护壁形成的不同,通常有泥浆护壁施工法和全套管施工法。

1.泥浆护壁施工法

冲击钻孔、冲抓钻孔和回转钻削成孔等均可采用泥浆护壁施工法。该施工法的程序为:平整场地→泥浆制备→埋设护筒→敷设工作平台→安装钻机并定位→钻进成孔→清孔并检查成孔质量→下放钢筋笼→灌注水下混凝土→拔出护筒→检查质量。

1)施工准备

施工准备包括选择钻机、钻具,场地布置等。

钻机是钻孔灌注桩施工的主要设备(见图4-14),可根据地质情况和各种钻机的应用条件来选择。

图4-14 钻机设备

2)钻机的安装与定位

安装钻机的基础如果不稳定,施工中易产生钻机倾斜、桩倾斜和桩偏心等不良现象,因此要求安装地基稳固。对地层较软和有坡度的地基,可用推土机推平,再垫上钢板或枕木加固。

为防止桩位不准,施工中最关键的是定好中心位置和正确地安装钻机。对有钻塔的钻机,先利用钻机的动力与附近的地笼配合,将钻杆移动大致定位,再用千斤顶将机架顶起,准确定位,使起重滑轮、钻头或固定钻杆的卡孔与护筒中心在一垂线上,以保证钻机的垂直度。钻机位置的偏差不应大于2 cm。对准桩位后,用枕木垫平钻机横梁,并在塔顶对称于钻机轴线上拉上缆风绳。

3)埋设护筒

钻孔成败的关键是防止孔壁坍塌。当钻孔较深时,地下水位以下的孔壁土在静水压力下会向孔内坍塌,甚至发生流砂现象。护筒除起到防止坍孔作用外,同时有隔离地表水、保护孔口地面、固定桩孔位置和钻头导向的作用等。

制作护筒的材料有木、钢、钢筋混凝土三种。护筒要求坚固耐用,不漏水,其内径应比钻孔直径大(旋转钻约大20 cm,潜水钻、冲击钻或冲抓钻约大40 cm),每节长度为2~3

m。一般用钢护筒。

4) 泥浆制备

钻孔泥浆由水、黏土(膨润土)和添加剂组成,具有浮悬钻渣、冷却钻头、润滑钻具、增大静水压力,并在孔壁形成泥皮,隔断孔内外渗流,防止坍孔的作用。调制的钻孔泥浆及经过循环净化的泥浆,应根据钻孔方法和地层情况来确定泥浆稠度。泥浆稠度应视地层变化或操作要求机动掌握,泥浆太稀,排渣能力小,护壁效果差;泥浆太稠,会削弱钻头冲击功能,降低钻进速度。

5) 钻孔

钻孔是一道关键工序,在施工中必须严格按照操作要求进行,才能保证成孔质量,首先要注意开孔质量,为此必须对好中线及垂直度,并压好护筒。在施工中要注意不断添加泥浆和抽渣(冲击式用),还要随时检查成孔是否有偏斜现象。采用冲击式或冲抓式钻机施工时,附近土层因受到震动而影响邻孔的稳固,所以钻好的孔应及时清孔,下放钢筋笼和灌注水下混凝土。钻孔的顺序也应事先规划好,既要保证下一个桩孔的施工不影响上一个桩孔,又要使钻机的移动距离不要过远和相互干扰。

6) 清孔

钻孔的深度、直径、位置和孔形直接关系到成桩质量与桩身曲直。为此,除钻孔过程中密切观测监督外,在钻孔达到设计要求的深度后,应对孔深、孔位、孔形、孔径等进行检查。当终孔检查完全符合设计要求时,应立即进行孔底清理,避免隔时过长以致泥浆沉淀,引起钻孔坍塌。对于摩擦桩,当孔壁容易坍塌时,要求在灌注水下混凝土前沉渣厚度不大于 30 cm;当孔壁不易坍塌时,不大于 20 cm。对于柱桩,要求在射水或射风前,沉渣厚度不大于 5 cm。清孔方法视使用的钻机不同而灵活应用。通常可采用正循环旋转钻机、反循环旋转钻机、真空吸泥机及抽渣筒等清孔。其中,用吸泥机清孔,所需设备不多,操作方便,清孔也较彻底,但在不稳定土层中应慎重使用。其原理就是用压缩机产生的高压空气吹入吸泥机管道内将泥渣吹出。

7) 灌注水下混凝土

清完孔之后,就可将预制的钢筋笼垂直吊放到孔内,定位后加以固定,然后用导管灌注混凝土,灌注时混凝土不要中断,否则易出现断桩现象。

2. 全套管施工法

全套管施工法的施工顺序一般为:平整场地→敷设工作平台→安装钻机→压套管→钻进成孔→安放钢筋笼→放导管→浇筑混凝土→拉拔套管→检查成桩质量。

全套管施工法的主要施工步骤除不需泥浆及清孔外,其他的与泥浆护壁法都类同。压入套管的垂直度取决于挖掘开始阶段的 5~6 m 深时的垂直度。因此,应该使用水准仪及铅锤校核其垂直度。

(二)施工质量控制

1. 成孔质量控制

成孔是混凝土灌注桩施工中的一个重要部分,其质量如控制得不好,则可能会塌孔、缩径、桩孔偏斜及桩端达不到设计持力层要求等,还将直接影响桩身质量和造成桩承载力下降。因此,在成孔的施工技术和施工质量控制方面应着重做好以下几项工作:

（1）采取隔孔施工程序。钻孔混凝土灌注桩和打入桩不同，打入桩是将周围土体挤开，桩身具有很高的强度，土体对桩产生被动土压力。钻孔混凝土灌注桩则是先成孔，然后在孔内成桩，周围土移向桩身，土体对桩产生动压力。尤其是在成桩初始，桩身混凝土的强度很低，且混凝土灌注桩的成孔是依靠泥浆来平衡的，故采取较适应的桩距对防止塌孔和缩径是一项稳妥的技术措施。

（2）确保桩身成孔垂直精度。确保桩身成孔垂直精度是灌注桩顺利施工的一个重要条件，否则钢筋笼和导管将无法沉放。为了保证成孔垂直精度满足设计要求，应采取扩大桩机支承面积使桩机稳固、经常校核钻架及钻杆的垂直度等措施，并于成孔后下放钢筋前做井径、井斜超声波测试。

（3）确保桩位、桩顶标高和成孔深度。在护筒定位后及时复核护筒的位置，严格控制护筒中心与桩位中心线偏差不大于 50 mm，并认真检查回填土是否密实，以防钻孔过程中发生漏浆的现象。在施工过程中自然地坪的标高会发生一些变化，为准确地控制钻孔深度，在桩架就位后及时复核底梁的水平和桩具的总长度并做好记录，以便在成孔后根据钻杆在钻机上的留出长度来校验成孔达到深度。

为有效地防止塌孔、缩径及桩孔偏斜等现象，除在复核钻具长度时注意检查钻杆是否弯曲外，还根据不同土层情况对比地质资料，随时调整钻进速度，并描绘出钻进成孔时间曲线。当钻进粉砂层时进尺速度明显下降，在软黏土中钻进为 0.2 m/min 左右，在细粉砂层中钻进为 0.015 m/min 左右，两者进尺速度相差很大。钻头直径的大小将直接影响孔径的大小，在施工过程中要经常复核钻头直径，如发现其磨损超过 10 mm，就要及时调换钻头。

（4）钢筋笼制作质量和吊放。钢筋笼制作前首先要检查钢材的质保资料，检查合格后再按设计和施工规范要求验收钢筋的直径、长度、规格、数量和制作质量。在验收中还要特别注意钢筋笼吊环长度能否使钢筋准确地吊放在设计标高上，这是由于钢筋笼吊放后是暂时固定在钻架底梁上的，因此吊环长度是根据底梁标高的变化而改变的，所以应根据底梁标高逐根复核吊环长度，以确保钢筋的埋入标高满足设计要求。在钢筋笼吊放过程中，应逐节验收钢筋笼的连接焊缝质量，对质量不符合规范要求的焊缝、焊口则要进行补焊。

（5）灌注水下混凝土前泥浆的制备和第二次清孔。清孔的主要目的是清除孔底沉渣，而孔底沉渣则是影响灌注桩承载能力的主要因素之一。清孔则是利用泥浆在流动时所具有的动能冲击桩孔底部的沉渣，使沉渣中的岩粒、砂粒等处于悬浮状态，再利用泥浆胶体的黏结力使悬浮着的沉渣随着泥浆的循环流动被带出桩孔，最终将桩孔内的沉渣清干净，这就是泥浆的排渣和清孔作用。从泥浆在混凝土钻孔桩施工中的护壁和清孔作用可以看出，泥浆的制备和清孔是确保钻孔桩工程质量的关键环节。因此，对于施工规范中泥浆的控制指标：黏度测定 17～20 min、含砂率不大于 6%、胶体率不小于 90% 等在钻孔灌注桩施工过程中必须严格控制，不能就地取材，而需要专门采取泥浆制备，选用高塑性黏土或膨润土，拌制泥浆必须根据施工机械、工艺及穿越土层进行配合比设计。

灌注桩成孔至设计标高，应充分利用钻杆在原位进行第一次清孔，直到孔口返浆比重持续小于 1.10～1.20，测得孔底沉渣厚度小于 50 mm，即抓紧吊放钢筋笼和沉放混凝土导管。沉放导管时检查导管的连接是否牢固和密实，以防止漏气漏浆而影响灌注。由于孔内原土泥浆在吊放钢筋笼和沉放导管这段时间内使处于悬浮状态的沉渣再次沉到桩孔底部，最终不能被混凝土冲击反起而成为永久性沉渣，从而影响桩基工程的质量。因此，必须在混凝土灌注前利用导管进行第二次清孔。当孔口返浆比重及沉渣厚度均符合规范要求时，应立即进行水下混凝土的灌注工作。

2. 成桩质量控制

（1）为确保成桩质量，要严格检查验收进场原材料的质保书（水泥出厂合格证、化验报告、砂石化验报告），如发现实样与质保书不符，应立即取样进行复查，不合格的材料（如水泥、砂、石、水质）严禁用于混凝土灌注桩。

（2）钻孔灌注水下混凝土的施工主要是采用导管灌注，混凝土的离析现象还会存在，但良好的配合比可减轻离析程度，因此现场的配合比要随水泥品种，砂、石料规格及含水量的变化进行调整，为使每根桩的配合比都能正确无误，在混凝土搅拌前都要复核配合比并校验计量的准确性，严格计量和测试管理，并及时填入原始记录和制作试件。

（3）为防止发生断桩、夹泥、堵管等现象，在混凝土灌注时应加强对混凝土搅拌时间和混凝土坍落度的控制。因为混凝土搅拌时间不足会直接影响混凝土的强度，混凝土坍落度采用 $18 \sim 20$ cm，并随时了解混凝土面的标高和导管的埋入深度。导管在混凝土面的埋置深度一般宜保持在 $2 \sim 4$ m，不宜大于 5 m 和小于 1 m，严禁把导管底端提出混凝土面。当灌注至距桩顶标高 $8 \sim 10$ m 时，应及时将坍落度调小至 $12 \sim 16$ cm，以提高桩身上部混凝土的抗压强度。在施工过程中，要控制好灌注工艺和操作，抽动导管使混凝土面上升的力度要适中，保证有程序地拔管和连续灌注，升降的幅度不能过大，如大幅度抽拔导管则容易造成混凝土体冲刷孔壁，导致孔壁下坠或坍落，桩身夹泥，这种现象尤其在砂层厚的地方比较容易发生。

（4）钻孔灌注桩的整个施工过程属隐蔽工程项目，质量检查比较困难，如桩的各种动测方法基本上都是在一定的假设计算模型的基础上进行参数测定和检验的，并要依靠专业人员的经验来分析和判读实测结果。同一个桩基工程，各检测单位用同一种方法进行检测，由于技术人员实践经验的差异，其结论偏差很大的情况也时有发生。

五、质量检验

（一）一般规定

（1）桩基工程应进行桩位、桩长、桩径、桩身质量和单桩承载力的检验。

（2）桩基工程的检验按时间顺序可分为三个阶段：施工前检验、施工检验和施工后检验。

（3）对砂、石子、水泥、钢材等桩体原材料质量的检验项目和方法应符合国家现行有关标准的规定。

（二）施工前检验

（1）施工前应严格对桩位进行检验。

（2）灌注桩施工前应进行下列检验：

①混凝土拌制应对原材料质量与计量，混凝土配合比、坍落度、强度等级等进行检查；

②钢筋笼制作应对钢筋规格、焊条规格和品种、焊口规格、焊缝长度、焊缝外观和质

量、主筋和箍筋的制作偏差等进行检查,钢筋笼制作允许偏差应符合规范要求。

（三）施工检验

（1）灌注桩施工过程中应进行下列检验：

①灌注混凝土前,应按照有关施工质量要求,对已成孔的中心位置、孔深、孔径、垂直度、孔底沉渣厚度进行检验；

②应对钢筋笼安放的实际位置等进行检查,并填写相应质量检测、检查记录；

③干作业条件下成孔后应对大直径桩桩端持力层进行检验。

（2）对于挤土灌注桩,施工过程均应对桩顶和地面土体的竖向与水平位移进行系统观测；若发现异常,应采取复打、复压、引孔、设置排水设施及调整沉桩速率等措施。

（四）施工后检验

（1）根据不同桩型应按规定检查成桩桩位偏差。

（2）工程桩应进行承载力和桩身质量检验。

（3）有下列情况之一的桩基工程,应采用静载荷试验对工程桩单桩竖向承载力进行检测,检测数量应根据桩基设计等级、本工程施工前取得试验数据的可靠性因素,按现行行业标准《建筑基桩检测技术规范》（JGJ 106—2003）确定：

①工程施工前已进行单桩静载荷试验,但施工过程变更了工艺参数或施工质量出现异常时；

②施工前工程未按《建筑基桩检测技术规范》（JGJ 106—2003）规定进行单桩静载荷试验的工程；

③地质条件复杂,桩的施工质量可靠性低；

④采用新桩型或新工艺。

（4）设计等级为甲、乙级的建筑桩基静载荷试验检测的辅助检测,可采用高应变动测法对工程桩单桩竖向承载力进行检测。

（5）桩身质量除对预留混凝土试件进行强度等级检验外,尚应进行现场检测。检测方法可采用可靠的动测法,对于大直径桩还可采用钻芯法、声波透射法；检测数量可根据现行行业标准《建筑基桩检测技术规范》（JGJ 106—2003）确定。

（6）对专用抗拔桩和对水平承载力有特殊要求的桩基工程,应进行单桩抗拔静载荷试验和水平静载荷试验检测。

（五）基桩及承台工程验收资料

（1）当桩顶设计标高与施工场地标高相近时,基桩的验收应待基桩施工完毕后进行；当桩顶设计标高低于施工场地标高时,应待开挖到设计标高后进行验收。

（2）基桩验收应包括下列资料：

①岩土工程勘察报告、桩基施工图、图纸会审纪要、设计变更单及材料代用通知单等；

②经审定的施工组织设计、施工方案及执行中的变更单；

③桩位测量放线图,包括工程桩位线复核签证单；

④原材料的质量合格和质量鉴定书；

⑤半成品如预制桩、钢桩等产品的合格证；

⑥施工记录及隐蔽工程验收文件；

⑦成桩质量检查报告；

⑧单桩承载力检测报告；

⑨基坑挖至设计标高的基桩竣工平面图及桩顶标高图；

⑩其他必须提供的文件和记录。

（3）承台工程验收时应包括下列资料：

①承台钢筋、混凝土的施工与检查记录；

②桩头与承台的锚筋、边桩离承台边缘距离、承台钢筋保护层记录；

③桩头与承台防水构造及施工质量；

④承台厚度、长度和宽度的量测记录及外观情况描述等。

第九节　预应力混凝土管桩

一、行业发展及现状

预制混凝土管桩包括预应力混凝土管桩（代号 PC 管桩）、预应力高强混凝土管桩（代号 PHC 管桩）及先张法薄壁预应力混凝土管桩（代号 PTC 管桩）。1984 年,广东省构件公司、广东省基础公司和广东省建筑科学研究所合作,成功研制了新型接桩形式的 PC 管桩,将以往法兰接口桩接头连接改为焊接连接。1987 年,交通部第三航务工程局从日本全套引进预应力高强混凝土管桩生产线,主要规格为 $D = 600 \sim 1\,000$ mm（D 为外径）。1987～1994 年,国家建材局苏州混凝土水泥制品研究院和广东省番禺市桥丰水泥制品有限公司在有关科研院所的合作下,通过对引进管桩生产线的消化吸收,自主开发了国产化的 PHC 管桩生产线。20 世纪 80 年代后期,宁波浙东水泥制品有限公司与有关研究院（所）合作,针对我国沿海地区淤泥软土层较多的特点,通过对 PC 管桩的改造,开发了 PTC 管桩,主要规格 $D = 300 \sim 600$ mm。经过 20 多年来的快速发展,据不完全统计,目前国内共有管桩生产企业约 300 家,管桩的规格 $D = 300 \sim 1\,200$ mm。

预应力混凝土管桩已被广泛应用到高层建筑、民用住宅、公用工程、大跨度桥梁、高速公路、港口、码头等工程中。

二、适用范围

管桩的制作质量要求已有国家标准《先张法预应力混凝土管桩》（GB 13476—2009）。管桩按混凝土强度等级分为预应力混凝土管桩和预应力高强混凝土管桩,前者的混凝土强度等级一般为 C60 或 C70,后者的混凝土强度等级为 C80,一般要经过高压蒸养才能生产出来,从成型到使用的最短时间需三四天。管桩按抗裂变矩和极限变矩的大小又可分为 A 型、AB 型、B 型,有效预压应力值为 3.5～6.0 MPa,打桩时桩身混凝土就可能不会出现横向裂缝。所以,对于一般的建筑工程,采用 A 型或 AB 型桩。目前,常用的管桩规格见表 4-11。

管桩桩尖形式主要有三种:十字型、圆锥型和开口型。前两种属于封口型。穿越砂层时,开口型和圆锥型比十字型好。开口型桩尖一般用在入土深度为 40 m 以上且桩径大于等于550 mm的管桩工程中,成桩后桩身下部有1/3~1/2桩长的内腔被土体塞住,从土体闭塞效果来看,单桩承载力不会降低,但挤土作用可以减小。封口型桩尖成桩后,内腔可一目了然,对桩身质量及长度可用目测法检查,这是其他桩型所没有的。十字型桩尖加工容易,造价低,破岩能力强。桩尖规格不符合设计要求,也会造成工程质量事故。

表4-11　常用的管桩规格

外径(mm)	壁厚(mm)	混凝土强度等级	节长(m)	承载力标准值（kN）
300	70	C60~C80	5~11	600~900
400	90	C60~C80	5~12	900~1 700
500	100	C60~C80	5~12	1 800~2 350
550	100	C60~C80	5~12	1 800~2 800
600	105	C80	6~13	2 500~3 200

　　管桩桩端持力层可选择为强风化岩层、坚硬的黏土层或密实的砂层,某些地区,基岩埋藏较深,管桩桩尖一般坐落在中密至密实的砂层上,桩长为30~40 m,这是以桩侧摩阻力为主的端承摩擦桩。如果基岩埋藏较浅,为10~30 m,且基岩风化严重,强风化岩层厚达几米、十几米,这样的工程地质条件,最适合预应力混凝土管桩的应用。预应力混凝土管桩一般可以打入强风化岩层1~3 m,即可打入标准贯入击数 $N=50~60$ 的地层;管桩不可能打入中风化岩层和微风化岩层。

　　预应力混凝土管桩的应用,同其他任何桩型一样都有局限性。有些工程地质条件就不宜用预应力混凝土管桩,主要有下列四种:孤石和障碍物多的地层不宜应用;有坚硬夹层时不宜应用或慎用;石灰岩地区不宜应用;从松软突变到特别坚硬的地层不宜应用。其中,孤石和障碍物多的地层、有坚硬夹层且又不能做持力层的地区不宜应用管桩,道理显而易见,此处不再赘述。下面重点探讨其他两类不宜应用预应力混凝土管桩的工程地质条件。

（一）石灰岩（岩溶）地区

　　石灰岩不能做管桩的持力层,除非石灰岩上面存在可做管桩持力层的其他岩土层。大多数情况下,石灰岩上面的覆盖土层属于软土层,而石灰岩是水溶性岩石(包括其他溶岩),几乎没有强风化岩层,基岩表面就是新鲜岩面;在石灰岩地区,溶洞、溶沟、溶槽、石笋、漏斗等喀斯特现象相当普遍,在这种地质条件下应用管桩,常常会发生下列工程质量事故:

　　(1)管桩一旦穿过覆盖层就立即接触到岩面,如果桩尖不发生滑移,那么贯入度就立即变得很小,桩身反弹特别厉害,管桩很快出现破坏现象,或桩尖变形、或桩头打碎、或桩身断裂,破损率往往高达30%~50%。

　　(2)桩尖接触岩面后,很容易沿倾斜的岩面滑移。有时桩身突然倾斜,断桩后可很快被发现;有时却慢慢地倾斜,到一定的时间桩身被折断,但不易发现。如果覆盖层浅而软,桩身跑位相当明显,即使桩身不折断,成桩的倾斜率也大大超过规范要求。

　　(3)施工时桩长很难掌握,配桩相当困难。桩长参差不齐、相差悬殊是石灰岩地区的普遍现象。

（4）桩尖只落在基岩面上，周围土体嵌固力很小，桩身稳定性差，有些桩的桩尖只有一部分在岩面上而另一部分却悬空着，桩的承载力难以得到保证。

在岩溶地区打桩，时常可见到一种打桩的假象：在一根桩桩尖附近的桩身混凝土被打碎以后，破碎处以上的桩身混凝土随着上部锤击打桩而连续不断地破坏。从表面上看，锤击一下，桩向下贯入一点，实质上这些锤击能量都用于破坏底部桩身混凝土并将其碎块挤压到四周的土层中，打桩入土深度仅仅是个假象而已。1994 年广州市西郊某工程，设计采用 ϕ400 mm 管桩，用 D50 柴油锤施打，取 R_a = 1 200 kN，其中有一根桩足足打入 73 m，打桩时每锤击一次，管桩向下贯入一点，未发现异常，但此地钻孔资料表明 0 ~ 19 m 为软土，19.90 m 以下为微风化白云质灰岩，管桩不可能打入微风化岩。为了分析原因，设计者组织钻探队在离桩边约 40 cm 处进行补钻，发现当钻到地面以下 11 ~ 12 m 处，其是混凝土破碎造成的，在这个工地上，类似这样的"超长桩"占整桩数的 15% 以上，给基础工程质量的检测和补救工作带来许多困难与麻烦。

（二）从松软突变到特别坚硬的地层

大多数石灰岩地层也属于这种"上软下硬，软硬突变"的地层，但这里指的不是石灰岩，而是其他岩石，如花岗岩、砂岩、泥岩等。一般来说，这些岩石有强、中、微风化岩层之分，管桩以这些基岩的强风化层做桩端持力层是相当理想的，不过有些地区，基岩中缺少强风化岩层，且基岩上面的覆土层比较松软，在这样的地质条件下打管桩，有点类似于石灰岩地区，桩尖一接触硬岩层，贯入度就立即变小甚至为零。石灰岩地层溶洞、溶沟多，岩面地伏不平，而这类非溶岩面一般比较平坦，成桩的倾斜率没有石灰岩地区那么大，但打桩的破损率并不低。在这样的工程地质条件下打管桩，不管管桩质量多好，施工技术多高，桩的破损率仍然会很高，这是因为中间缺少一层"缓冲层"。这样的工程地质条件在广州、深圳等地都遇到过，打管桩的破损率高达 10% ~ 20%，因此有些工程半途改桩型，有些采取补强措施。实际上，基岩上部完全无强风化岩的情况比较少见，但有些强风化岩层很薄，只有几十厘米，这样的地质条件应用管桩也是弊多利少。有些工程整个场区的强风化岩层较厚，只有少数承台下强风化的岩层很薄，这少数承台中的桩，收锤贯入度放宽，单桩承载力设计值降低，适当增加一些桩，也是可以解决问题的。

以上探讨的是打入式管桩不宜使用的工程地质条件，如果是采用静压方法情况就不同了，有些不宜应用管桩的工程地质条件也可以应用，所以大吨位静力压桩法是大有发展前景的。

三、预应力混凝土管桩的优缺点

（一）优点

（1）单桩承载力高。预应力混凝土管桩桩身混凝土强度高，可打入密实的砂层和强风化岩层，由于挤压作用，桩端承载力可比原状土质提高 70% ~ 80%，桩侧摩阻力提高 20% ~ 40%。因此，预应力混凝土管桩承载力设计值要比同样直径的灌注桩和人工挖孔桩高。

预应力混凝土管桩和预应力混凝土管桩截面分别见图 4-15 和图 4-16。

图 4-15　预应力混凝土管桩

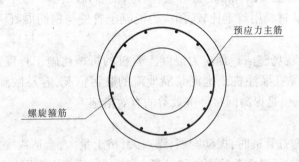

图 4-16　预应力混凝土管桩截面

（2）应用范围广。预应力混凝土管桩是由侧阻力和端阻力共同承受上部荷载的,可选择强风化岩层、全风化岩层、坚硬的黏土层或密实的砂层(或卵石层)等多种土质作为持力层,且对持力层起伏变化大的地质条件适应性强。因此,适应地域广,建筑类型多。

管桩规格多,一般的厂家可生产 φ300 ~ φ600 mm 的管桩,个别厂家可生产 φ800 mm 及 φ1 000 mm 的管桩。单桩承载力达到 600 ~ 4 500 kN。在同一建筑物基础中,可根据柱荷载的大小采用不同直径的管桩,充分发挥每根桩的承载能力,使桩长趋于一致,保持桩基沉降均匀。

因管桩桩节长短不一,通常设 4 ~ 16 m 一节,搭配灵活,接长方便,在施工现场可随时根据地质条件的变化调整接桩长度,节省用桩量。

目前,预应力混凝土管桩已被广泛应用到高层建筑、大跨度桥梁、高速公路、港口、码头等工程中。

（3）沉桩质量可靠。预应力混凝土管桩是工厂化、专业化、标准化生产,桩身质量可靠;运输吊装方便,接桩快捷;机械化施工程度高,操作简单,易控制;在承载力、抗弯性能、抗拔性能上均能得到保证。

管桩节长一般在 13 m 以内,桩身具有预压应力,起吊时用特制的吊钩勾住管桩的两端就可方便地吊起来。接桩采用电焊法,两个电焊工一起工作,φ500 mm 的管桩一个接头仅需约 20 min 即可完成。

（4）成桩长度不受施工机械的限制。管桩成桩搭配灵活,成桩长度可长可短,不像沉管灌注桩受施工机械的限制,也不像人工挖孔桩,成桩长度受地质条件的限制。

(5)施工速度快,工效高,工期短。管桩施工速度快,一台打桩机每台班至少可打7~8根桩,可完成20 000 kN以上承载力的桩基工程。管桩工期短,主要表现在以下3个方面:

①施工前期准备时间短,尤其是PHC桩,从生产到使用的最短时间只需三四天;

②施工速度快,对于一幢2万~3万 m² 建筑面积的高层建筑,1个月左右便可完成沉桩;

③检测时间短,2~3周便可测试检查完毕。

(6)桩身穿透力强。因为管桩桩身强度高,加上有一定的预应力,桩身可承受重型柴油锤成百上千次的锤击而不破裂,而且可穿透5~6 m的密集砂隔层。从目前应用情况看,如果设计合理,施工收锤标准定得恰当,施打管桩的破损率一般不会超过1%。

(7)造价低。从材料用量上比较,预应力混凝土管桩与钢筋混凝土预制方桩相当,比灌注桩经济高效。

(8)施工文明,现场整洁。预应力混凝土管桩的机械化施工程度高,现场整洁,施工环境好。不会发生钻孔灌注桩工地泥浆满地流的脏污情况,容易做到文明施工,安全生产。减少安全事故,也是提高间接经济效益的有效措施。

(二)缺点

(1)用柴油锤施打管桩时,振动剧烈,噪声大,挤土量大,会造成一定的环境污染和影响。采用静压法施工可解决振动剧烈和噪声大的问题,但挤土作用仍然存在。

(2)打桩时送桩深度受到限制,在深基坑开挖后截去余桩较多,但用静压法施工,送桩深度可加大,余桩较少。

(3)在石灰岩做持力层、"上软下硬、软硬突变"等地质条件下,不宜采用锤击法施工。

四、作用机制

静压法具有无噪声、无振动、无冲击力等优点;同时,压桩桩型一般选用预应力混凝土管桩,该桩做基础具有工艺简明、质量可靠、造价低、检测方便的特性。两者的结合大大推动了静压管桩的应用。

沉桩施工时,桩尖"刺入"土体中,原状土的初应力状态受到破坏,造成桩尖下土体的压缩变形,土体对桩尖产生相应阻力,随着桩贯入压力的增大,当桩尖处土体所受应力超过其抗剪强度时,土体发生急剧变形而达到极限破坏,土体产生塑性流动(黏性土)或挤密侧移和下拖(砂土),在地表处,黏性土体会向上隆起,砂性土则会被拖带下沉。在地面深处,由于上覆土层的压力,土体主要向桩周水平方向挤开,使贴近桩周处土体结构完全破坏。由于较大的辐射向压力的作用也使邻近桩周处土体受到较大扰动影响,此时桩身必然会受到土体的强大法向抗力所引起的桩周摩阻力和桩尖阻力的抵抗,当桩顶的静压力大于沉桩时的这些抵抗阻力时,桩将继续"刺入"下沉,反之则停止下沉。

压桩时,地基土体受到强烈扰动,桩周土体的实际抗剪强度与地基土体的静态抗剪强度有很大差异。当桩周土体较硬时,剪切面发生在桩与土的接触面上;当桩周土体较软时,剪切面一般发生在邻近于桩表面处的土体内,黏性土中随着桩的沉入,桩周土体的抗剪强度逐渐下降,直至降低到重塑强度。砂性土中,除松砂外,抗剪强度变化不大,各土层作用于桩上的桩侧摩阻力并不是一个常值,而是一个随着桩的继续下沉而显著减小的变值,桩下部摩阻力对沉桩阻力起显著作用,其值可占沉桩阻力的50%~80%,它与桩周处土体强度成正比,与桩的入土深度成反比。

一般将桩摩阻力从上到下分成三个区:上部柱穴区、中部滑移区、下部挤压区。施工中因接桩或其他因素影响而暂停压桩,间歇时间的长短虽对继续下沉的桩尖阻力无明显影响,但对桩侧摩阻力的增加影响较大,桩侧摩阻力的增大值与间歇时间长短成正比,并与地基土层特性有关,因此在静压法沉桩中,应合理设计接桩的结构和位置,避免将桩尖停留在硬土层中进行接桩施工。

在黏性土中,桩尖处土体在超静孔降水压力作用下,土体的抗压强度明显下降。砂性土中,密砂受松弛效应影响使土体抗压强度减小,在成层土地基中,硬土中的桩端阻力还将受到分界处黏土层的影响,上覆盖层为软土时,在临界深度以内桩端阻力将随压入硬土内深度的增加而增大。下卧为软土时,在临界深度以内桩端阻力将随压入硬土内深度的增加而减小。

五、设计

(一)单桩竖向承载力特征值

(1)参照《建筑桩基技术规范》(JGJ 94—2008),根据土的物理指标与承载力参数之间的经验关系确定单桩竖向承载力标准值,见下式:

$$Q_{uk} = u\sum_{1}^{n} q_{sik}l_i + q_{pk}(A_j + \lambda_p A_{pl}) \tag{4-44}$$

式中 Q_{uk}——单桩竖向承载力标准值,kPa;

  u——桩身周长,m;

  q_{sik}——桩周第 i 层桩的侧阻力标准值,kPa;

  l_i——桩穿越第 i 层土的厚度,m;

  q_{pk}——极限端阻力标准值,kPa;

  A_j——空心桩桩端净面积,m^2;

  A_{pl}——空心桩敞口面积,m^2;

  λ_p——桩端土塞效应系数。

当 $h_b/d < 5$ 时,$\lambda_p = 0.16h_b/d$,d 为空心桩外径,m;当 $h_b/d \geq 5$ 时,$\lambda_p = 0.8$。

$$R_a = \frac{1}{K}Q_{uk}$$

(2)参照广东省《预应力管桩基础技术规程》中估算公式如下:

$$R_a = r_s u_s q_{si}L_i + r_p q_p A_p \tag{4-45}$$

式中 R_a——单桩竖向承载力标准值,kN;

  r_s——桩周土摩擦力调整系数;

  u_s——桩身周长,m;

  q_{si}——桩周土摩擦力标准值,kN/m^2;

L_i——各土层划分的各段桩长,m;

r_p——桩端土承载力调整系数;

q_p——桩端土承载力标准值,kN/m^2;

A_p——桩身横截面面积,m^2。

(3)桩尖进入强风化岩层的管桩单桩竖向承载力标准值的经验公式如下:

$$R_a = 100NA_p + u_p \sum_{i=1}^{n} q_{si}L_i \qquad (4-46)$$

式中　R_a——单桩竖向承载力标准值;

N——桩端处强风化岩的标准贯入值;

A_p——桩尖(封口)投影面积;

u_p——管桩桩身外周长;

L_i——各土层划分的各段桩长;

q_{si}——桩周土的摩擦力标准值,强风化岩的 q_{si} 值取 150 kPa。

公式适用范围:①管桩桩尖必须进入 $N \geq 50$ 的强风化岩层,当 $N > 60$ 时,取 $N = 60$;②当计算出来的 R_a 大于桩身额定承载力 R_b 时,取 R_a 为额定承载力 R_b。

对于入土深度 40 m 以上的超长管桩,采用现行规范提供的设计参数,是可以求得较高的承载力的,但对于一些 10~20 m 的中短桩,尤其像这种地质条件,强风化岩层顶面埋深约 20 m,地面以下 16~17 m 都是淤泥软土,只有下部 2~3 m 才是硬塑土层,这种桩尖进入强风化岩层 1~3 m 的管桩,按现行规范提供的设计参数计算,承载力远远偏小,有时计算值要比实际应用值小一半左右。单桩承载力设计值定得很低,会造成很大浪费。事实上,管桩有其独特之处,管桩穿越土层的能力比预制方桩强得多,管桩桩尖进入风化岩层后,经过剧烈的挤压,桩尖附近的强风化岩层已不是原来的状态,岩体承载力几乎达到中风化岩体的原状水平,据对多只试压桩试验结果进行反算以及对管桩应力实测数据表明,管桩桩尖进入强风化岩层后 $q_p = 5\,000~6\,000$ kPa,$q_s = 130~180$ kPa,而现行规范没有列出强风化岩体的设计参数,一般参照坚硬的土层,取 $q_p = 2\,500~3\,000$ kPa,$q_s = 40~50$ kPa,这样的设计结果偏小。

(4)管桩桩身额定承载力。就是桩身最大允许轴向承压力,目前我国管桩生产厂家多数套用日本和英国采用的公式,即

$$R_b = 1/4(f_{ce} - \sigma_{pc})A \qquad (4-47)$$

式中　R_b——管桩桩身额定承载力;

f_{ce}——管桩桩身混凝土设计强度,如 C80,取 $f_{ce} = 80$ kPa;

σ_{pc}——桩身有效预应力;

A——桩身有效横截面面积。

还有采用美国 UBC 和 ACI 的计算公式,桩身结构强度按下式验算:

$$\sigma \leq (0.20~0.25)R - 0.27\sigma_{pc} \qquad (4-48)$$

式中　σ——桩身垂直压应力;

R——边长为 20 cm 的混凝土立方体试块的极限抗压强度;

σ_{pc}——桩身截面上混凝土有效预加应力。

(5)桩间距对管桩承载力的影响。规定桩的最小中心距是为了减少桩周应力重叠，也是为了减小打桩对邻桩的影响。规范规定挤土预桩排数超过三排(含三排)且桩数超过 9 根(含 9 根)的摩擦型桩基，桩的最小中心距为 $3.0d$(d 为桩径)。目前，大面积的管桩群，在高层建筑的塔楼基础中被广泛应用，有些一个大承台含有管桩 200 余根。如果此时桩最小间距仍为 $3.0d$，打桩引起的土体上涌现象很明显，有时甚至可以将施工场地地面抬高 1 m 左右，这样不仅影响桩的承载力，还会将薄弱的管桩接头拉脱。因此，大面积的管桩基础，最小桩间距宜为 $4.0d$，有条件时采用 $4.5d$，这样挤土影响可大大减小，对保证管桩的设计承载力很有益处。当然，过大的桩间距又会增加桩承台的造价。

(6)对静载试桩荷载最大值的理解。现行基础规范采用 R_a 和 R 两种不同承载力表达方式，R_a 是单桩竖向承载力标准值，R 是单桩竖向承载力设计值，对桩数为 3 根或 3 根以下的桩承台，取 $R = 1.1R_a$，4 根或 4 根以上的桩承台取 $R = 1.2R_a$。

检验单桩竖向承载力时是用 $2R_a$ 还是用 $2R$ 来进行静载荷试验，不少设计人员往往要求将 2 倍的单桩承载力设计值作为静载荷试验荷载值来评价桩的质量，这是一种误解。按规范要求，应以 $2R_a$ 作为最大荷载值来检验桩的承载力，因为 $2R_a$ 等于单桩竖向极限承载力。如果用 2 倍单桩承载力设计值，也即用 $2.4R_a$ 或 $2.2R_a$(大于极限承载力)为最大荷载来试压，对一些承载力富余量较多的管桩，是可以过关的；对一些承载力没什么富余量的管桩，按 $2R_a$ 来试压，是可以合格的，而按 $2.4R_a$ 来试压是不合格的，结论完全不一样。

(二)配筋计算

管桩截面为圆环形，见图 4-17。

管桩截面配筋计算采用下式：

$$0 \leqslant \alpha\alpha_1 f_c A + (\alpha - \alpha_t)f_y A_s \qquad (4-49)$$

$$M \leqslant \frac{2}{3}\alpha_1 f_c A(r_1 + r_2)\frac{\sin\pi\alpha}{\pi} + f_y A_s r_s \frac{\sin\pi\alpha + \sin\pi\alpha_t}{\pi} \qquad (4-50)$$

$$\alpha_t = 1 - 1.5\alpha \qquad (4-51)$$

式中　A——环形截面面积；

　　　A_s——全部纵向普通钢筋的截面面积；

　　　r_1、r_2——环形截面的内、外半径；

　　　r_s——纵向普通钢筋重心所在圆周的半径；

　　　α——受压区混凝土截面面积与全截面面积的

　　　　　比值；

　　　α_t——纵向受拉钢筋截面面积与全部纵向钢筋截面面积的比值，当 $\alpha > 2/3$ 时，取

　　　　　$\alpha_t = 0$；

　　　其他符号意义同前。

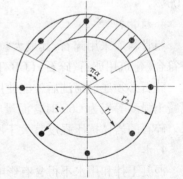

图 4-17　圆环截面计算简图

六、施工

管桩的施工方法(即沉桩方式)有多种。前些年主要采用打入法，过去采用过自由落

锤,目前多采用柴油锤。柴油锤的极限贯入度一般为 20 mm/10 击,过小的贯入度作业会损坏柴油锤,减少其使用寿命。

管桩采用柴油锤施打,振动大,噪声大。近年来,开发了一种静压沉桩工艺,即采用液压式静力压桩机将管桩压到设计持力层。目前,静力压桩机的最大压桩力增大到 5 000 kN,可以将 φ 500 mm 和 φ 550 mm 的预应力管桩压下去,单桩承载力可达 2 000 ~ 2 500 kN。

(一)原材料

1. 水泥

水泥应采用强度等级不低于 42.5 级的硅酸盐水泥、普通硅酸盐水泥、矿渣硅酸盐水泥、粉煤灰硅酸盐水泥、管桩水泥,其质量应分别符合现行国家标准《硅酸盐水泥、普通硅酸盐水泥》(GB 175—1999)、《矿渣硅酸盐水泥、火山灰质硅酸盐水泥及粉煤灰硅酸盐水泥》(GB 1344—1999)的规定。

水泥进厂时,应有质量保证书或产品合格证。

水泥存放应按厂家、品种、强度等级、批号分别贮存并加以标明,水泥贮存期不得超过 3 个月,过期或对质量有怀疑时应进行水泥质量检验,不合格的产品不得使用。

2. 细骨料

细骨料宜采用天然硬质中粗砂,细度模数宜为 2.5 ~ 3.2,其质量应符合《建筑用砂》(GB/T 14684—2001)的规定。当混凝土强度等级为 C80 时,含泥量应小于 1%;当混凝土强度等级为 C60 时,含泥量应小于 2%。

不得使用未经淡化的海砂。若使用淡化的海砂,混凝土中的氯离子含量不得超过 0.06%。

3. 粗骨料

粗骨料应采用碎石,其最大粒径不大于 25 mm,且不得超过钢筋净距的 3/4,其质量应符合《建筑用卵石、碎石》(GB/T 14685—2001)的规定。

碎石必须经过筛洗后才能使用;当混凝土强度等级为 C80 时含泥量应小于 0.5%,当混凝土强度等级为 C60 时含泥量应小于 1%。

碎石的岩体抗压强度宜大于所配混凝土强度的 1.5 倍。

4. 水

混凝土拌和用水不得含有影响水泥正常凝结和硬化的有害杂质及油质。其质量应符合《混凝土拌合用水》(JGJ 63—89)的规定。不得使用海水。

5. 外加剂

外加剂质量应符合《混凝土外加剂》(GB 8076—2008)的规定,不得采用含有氯盐或有害物的外加剂。选用外加剂应经过试验验证后确定。

6. 掺合料

掺合料不得对管桩产生有害影响,使用前必须对其有关性能和质量进行试验验证。

7. 钢材

预应力钢筋采用预应力混凝土用钢棒,其质量应符合《预应力混凝土用钢棒》(GB/T 5223.3—2005)的规定。

螺旋筋采用冷拔低碳钢丝、低碳钢热轧圆盘条,其质量应分别符合《冷拔钢丝预应力混凝土构件设计与施工规程》(JGJ 19—92)、《低碳钢热轧圆盘条》(GB/T 701—2008)的规定。

端部锚固钢筋宜采用低碳钢热轧圆盘条或钢筋混凝土用热轧带肋钢筋,其质量应分别符合《低碳钢热轧圆盘条》(GB/T 701—2008)、《钢筋混凝土用热轧带肋钢筋》(GB 1499.2—2007)的规定。管桩端部锚固钢筋设置应按照结构设计图确定。

端头板、钢套箍的材质性能应符合《碳素结构钢》(GB/T 700—2006)中 Q235 的规定。

制作管桩用钢模板应有足够的刚度。模板的接缝不应漏浆,模板与混凝土接触面应平整光滑。

钢材进厂必须提供钢材质保书,进厂后必须按规定进行抽样检验,严禁使用未经检验或检验不合格的钢材。钢材必须按品种、型号、规格和产地分别堆放,并有明显的标记。

8. 焊接材料

手工焊的焊条应符合现行国家标准《碳钢焊条》(GB/T 5117—1995)的规定,焊条型号应与主体构件的金属强度相适应。

焊缝质量应符合现行国家标准《钢结构设计规范》(GB 50017—2003)和《钢结构工程施工质量验收规范》(GB 50205—2001)的规定。

(二)管桩制作

1. 混凝土制备

1) 混凝土配合比

预应力混凝土管桩用混凝土强度等级不得低于 C60,预应力高强混凝土管桩用混凝土强度等级不得低于 C80。

离心混凝土配合比的设计参见《普通混凝土配合比设计规程》(JGJ 55—2000),经试配确定。

混凝土坍落度一般控制在 3~7 cm。

2) 混凝土原材料计量

原材料计量应采用计量精度高、性能稳定可靠的电子控制设备。

原材料计量允许偏差:水泥、掺合料≤1%,粗、细骨料≤2%,水、外加剂≤1%。

3) 混凝土搅拌

混凝土搅拌必须采用强制式搅拌机。混凝土搅拌最短时间应符合《混凝土结构工程施工质量验收规范》(GB 50204—2002)的规定,混合料的搅拌应充分均匀,掺加掺合料时搅拌时间应适当延长,混凝土搅拌制度应经试验确定。

严格按照配料单及测定的砂、石含水量调整配料。

混凝土搅拌完毕,因设备原因或停电不能出料,若时间超过 30 min,则该盘混凝土不得使用;对掺加磨细掺合料的新拌混凝土,其控制时间可经试验后调整。

搅拌机的出料容量必须与管桩最大规格相匹配,每根管桩用混凝土的搅拌次数不宜超过 2 次。

混凝土的质量控制应符合《混凝土质量控制标准》（GB 50164—92）的规定。

2. 钢筋骨架制作

1）预应力主筋加工

主筋应清除油污，不应有局部弯曲，端面应平整，不得有飞边，不同厂家、不同型号规格的钢筋不得混合使用。同根管桩中钢筋下料长度的相对差值不得大于 $L/5\,000$（L 为桩长，以 mm 计）。

主筋镦头宜采用热镦工艺，钢筋镦头强度不得低于该材料标准强度的 90%。

预应力主筋沿管桩断面圆周分布均匀配置，最小配筋率不低于 0.4%，并不得少于 6 根，主筋净距不应小于 30 mm。

2）骨架制作

螺旋筋的直径应根据管桩规定确定：外径 450 mm 及以下，螺旋筋直径不应小于 4 mm；外径 500～600 mm，螺旋筋直径不应小于 5 mm；外径 800～1 000 mm，螺旋筋直径不应小于 6 mm。钢筋骨架螺距最大不超过 110 mm。距桩两端在 1 000～1 500 mm 长度范围内，螺距为 40～60 mm。

钢筋骨架采用滚焊机成型，预应力主筋和螺旋筋焊接点的强度损失不得大于该材料标准强度的 5%。

钢筋骨架成型后，各部分尺寸应符合如下要求：预应力主筋间距偏差不得超过 ±5 mm；螺旋筋的螺距偏差，两端处不得超过 ±5 mm，中间部分不得超过 10 mm；主筋中心半径与设计标准偏差不得超过 ±2 mm。

钢筋骨架吊运时要求平直，避免变形。

钢筋骨架堆放时，严禁从高处抛下，并不得将骨架在地面拖拉，以免骨架变形或损坏；同时应按不同规格分别整齐堆放。

钢筋骨架成型后，应按照现行国家标准《先张法预应力混凝土管桩》（GB 13476—2009）的规定，进行外观质量检查。

3）桩接头制作

桩接头应严格按照设计图制作。钢套箍与端头板焊接的焊缝在内侧，所有焊缝应牢固饱满，不得带有夹渣等焊接缺陷。

若需设置锚固筋，则锚固筋应按设计图纸要求选用并均匀垂直分布，端头焊缝周边饱满牢固。

端头板的宽度不得小于管桩规定的壁厚。端头板制作要符合以下规定：主筋孔和螺纹孔的相对位置必须准确，钢板厚度、材质与坡口必须符合设计要求。

4）成型工艺

（1）装、合模。

装模前上、下半模须清理干净，脱模剂应涂刷均匀，张拉板、锚固板应逐个清理干净，并在接触部位涂上机油。

张拉螺栓长度应与张拉板、锚固板的厚度相匹配，防止螺栓过长或过短；禁止使用螺纹损坏的螺栓。

张拉螺栓应对称均匀上紧，防止桩端倾斜和保证安全。

钢筋骨架入模须找正,钢套箍入模时两端应放置平顺,不得发生凹陷或翘起现象,做到钢套箍与钢模紧贴,以防漏浆。

合模时应保证上、下钢模合缝口干净无杂物,并采取必要的防止漏浆的措施,上模要对准轻放,不要碰撞钢套箍。

(2)布料。

布料时,桩模温度不宜超过 45 ℃。

布料要求均匀,宜先铺两端部位,后铺中间部位,保证两端有足够的混凝土。

布料宜采用布料机。

(3)张拉预应力钢筋。

管桩的张拉力应计算后确定,并宜采用应力和伸长值双控,确保预应力的控制。预应力钢筋张拉采用先张法模外预应力工艺,总张拉力应符合设计规定,在应力控制的同时检测预应力钢筋的伸长值,当发现两者数值有异常时,应检查、分析原因,及时处理。

张拉的机具设备及仪表,应由专人妥善保管使用,并应定期维护和校验。

当生产过程中发生下列情况之一时,应重新校验张拉设备:张拉时预应力钢筋连续断裂等异常情况,千斤顶漏油,压力表指针不能退回零点,千斤顶更换压力表。

(4)离心成型。

离心成型分为 4 个阶段:低速、低中速、中速、高速。低速为新拌混凝土混合料通过钢模的翻转,使其恢复良好的流动性;低中速为布料阶段,使新拌混凝土料均匀分布于模壁;中速是过渡阶段,使之继续均匀布料及克服离心力突增,减少内外分层,提高管桩的密实性和抗渗性;高速离心为重要的密实阶段。具体的离心制度(转速与时间)应根据管桩的品种、规格等经试验确定,以获得最佳的密实效果。

由混凝土搅拌开始至离心完毕应在 50 min 内完成。

离心成型中,应确保钢模和离心机平稳、正常运转,不得有跳动、窜动等异常现象。

离心成型后,应将余浆倒尽。

经离心成型的管桩应采用常压蒸汽养护或高压蒸汽养护。蒸汽养护制度应根据所用原材料及设备条件经过试验确定。

5)常压蒸汽养护

管桩蒸汽养护的介质应采用饱和水蒸气。

蒸汽养护分为静停、升温、恒温、降温 4 个阶段。

静停一般控制在 1 ~ 2 h,升温速度一般控制在 20 ~ 25 ℃/h,恒温温度一般控制在(70 ±5) ℃,使混凝土达到规定脱模强度。降温需缓慢进行。

蒸汽养护制度应根据管桩品种、规格,不同原材料,不同季节等经试验确定。

池(坑)内上、下温度要基本一致。养护坑较深时宜采用蒸汽定向循环养护工艺。

6)放张、脱模

预应力钢筋放张顺序应采取对称、相互交错。放张预应力钢筋时,管桩混凝土的抗压强度不得低于设计混凝土强度等级的 70%。

预应力混凝土管桩脱模强度不得低于 35 MPa,预应力高强混凝土管桩脱模强度不得低于 40 MPa。

脱模场地要求松软平整,保证脱模时桩不受损伤。

管桩脱模后应按产品标准规定在桩身外表标明永久标识和临时标识。

布料前或脱模后应及时清模并涂刷模板隔离剂。模板隔离剂应采用效果可靠、对钢筋污染小、易清洗的非油质类材料,涂抹模板隔离剂应保证均匀一致,严防漏刷或雨淋。

7)压蒸养护

压蒸养护的介质应采用饱和水蒸气。

预应力高强混凝土管桩经蒸汽养护,脱模后即可进入压蒸釜进行压蒸养护。

压蒸养护制度根据管桩的规格、原材料、季节等经试验确定。

当压蒸养护恒压时,蒸汽压力控制在 $0.9 \sim 1.0$ MPa,相应温度在 180 ℃左右。

当釜内压力降至与釜外大气压一致时,排除余气后才能打开釜门;当釜外温度较低或釜外风速较大时,禁止将桩立即运至釜外降温,以避免因温差过大、降温速度过快而引起温差裂缝。

8)自然养护

预应力混凝土管桩脱模后在成品堆场上需继续进行保湿养护,以保证混凝土表面润湿,防止产生收缩裂缝,确保预应力混凝土管桩出厂时强度等级不低于 C60。

(三)管桩的检验和验收

管桩的检验和验收应符合现行国家标准《先张法预应力混凝土管桩》(GB 13476—2009)的规定。管桩验收时应提交产品合格证。

预制桩制作允许偏差见表 4-12。

表 4-12　预制桩制作允许偏差

项次	项目	允许偏差(mm)
1	直径	±5
2	管壁厚度	−5
3	桩尖中心线	10

预应力混凝土管桩外观质量要求见表 4-13。

表 4-13　预应力混凝土管桩外观质量要求

项目	质量要求
黏皮和麻面	局部黏皮和麻面累计面积不大于桩身总计表面积的 0.5%,其深度不得大于 10 mm
桩身合缝漏浆	合缝漏浆深度小于主筋保护层厚度,每处漏浆长度不大于 300 mm,累计长度不大于管桩长度的 10%,或对称漏浆的搭接长度不大于 100 mm
局部磕损	磕损深度不大于 10 mm,每处面积不大于 50 cm^2,不允许内外表面露筋
表面裂缝	不允许出现环向或纵向裂缝,但龟裂、水纹及浮浆层裂纹不在此限

项目	质量要求
端面平整度	管桩端面混凝土及主筋镦头不得高出端板平面,断头、脱头不允许。但当预应力主筋采用钢丝且其断丝数量不大于钢丝总数的 3% 时,允许使用桩套箍(钢裙板)
凹陷	凹陷深度不得大于 10 mm,每处面积不大于 25 cm²,不允许内表面混凝土塌落
桩接头及桩套箍(钢裙板)与混凝土结合处漏浆	漏浆深度小于主筋保护层厚度,漏浆长度不大于周长的 1/4

(四) 管桩的吊装、运输和堆放

管桩达到设计强度的 70% 方可起吊,达到 100% 才能运输。管桩起吊时应采取相应措施,保持平稳,保护桩身质量。水平运输时,应做到桩身平稳放置,无大的振动。

(1)根据施工桩长、运输条件和工程地质情况对桩进行分节设计,桩节长度一般为 10 ~ 12 m,其余桩节按施工桩长配桩。

(2)管桩在装车、卸车时,现场辅助吊机采用两点水平起吊,钢丝绳夹角必须大于 45°。

(3)管桩桩身混凝土达到放张强度脱模后即可水平吊运,满足龄期要求后才能沉桩。

(4)装卸时轻起轻放,严禁抛掷、碰撞、滚落,吊运过程保持平稳。

(5)运输过程中,支点必须满足两点法的位置(支点距离桩端 $0.207L$,L 为桩长)处,并垫以楔形木,防止滚动,保证层与层间垫木及桩端的距离相等。运输车辆底层设置垫枕,并保持同一平面。

(6)管桩在施工现场的堆放应按下列要求进行:

①管桩应按不同长度规格和施工流水作业顺序分别堆放,以利于施工作业。

②堆放场地应平整、坚实。

③若施工现场条件许可,宜在场面上堆放单层管桩,此时下面可不用垫木支承。

④管桩叠堆两层或两层以上(最高只能叠堆四层)时,底层必须设置垫木,垫木不得下陷入土,支承点应设在离桩端部桩长处的 20%,严禁有 3 个或 3 个以上支承点,底层最外边的管桩应在垫木处用木楔塞紧,以防滚边。垫木应选用耐压的长木方或枕木,不得使用有棱角的金属构件。

(7)打桩施工时,采用专门吊机取桩、运桩。若立桩采用一点绑扎起吊,绑扎点距离桩端 $0.239L$(L 为桩长)。

(五) 打桩施工准备

(1)认真处理高空、地上和地下障碍物。对现场周围(50 m 以内)的建筑物作全面检查。

(2)对建筑物基线以外 4 ~ 6 m 以内的整个区域及打桩机行驶路线范围内的场地进行平整、夯实。在桩架移动路线上,地面坡度不得大于 1%。

（3）修好运输道路，做到平坦坚实。打桩区域及道路近旁应排水畅通。

（4）施工场地达到"三通一平"，打桩范围内按设计敷设 0.6～1.0 m 厚、粒径不大于 30 cm 的碎石土工作垫层。

（5）在打桩现场或附近需设置水准点，数量为 2 个，用以抄平场地和检查桩的入土深度。根据建筑物的轴线控制桩定出桩基每个桩位，作出标志，并应在打桩前对桩的轴线和桩位进行复验。

（6）打桩机进场后，应按施工顺序敷设轨垫，安装桩机和设备，接通电源、水源，并进行试机，然后移机至起点桩就位，桩架应垂直平稳。

（7）通过试桩校验静压桩或打入桩设备的技术性能、工艺参数及其技术措施的适宜性，试桩不少于 2 根。

（8）在桩身上画出以米为单位的长度标记，用于静压或打入桩时观察桩的入土深度。

（六）定位放样

管桩基础施工的轴线定位点和水准基点应设置在不受施工影响的地方，一般要求距离群桩的边缘不少于 30 m。

（1）根据设计图纸编制桩位编号及测量定位图。

（2）沉桩前，先放出定位轴线和控制点，在桩位中心处用钢筋头打入土中，然后以钢筋头为圆心、桩身半径为半径，用白灰在地上画圆，使桩头能依据圆准确定位。

（3）桩机移位后，应进行第二次核样，保证工程桩位放样偏差值小于 10 mm。

（4）将管桩吊起，送入桩机内，然后对准桩位，将桩插入土中 1.0～1.5 m，校正桩身垂直度后，开始沉桩。如果桩在刚入土过程中碰到地下障碍物，桩位偏差超出允许偏差范围时，必须及时将桩拔出重新进行插桩施工；如果桩入土较深而碰到地下障碍物，应及时通知有关单位，协商处理发生情况，以便施工顺利进行。

（5）管桩的垂直度控制。管桩直立就位后，采用两台经纬仪在离桩架 15 m 以外正交方向进行观察校正，也可在正交方向上设置两根垂线吊砣进行观察校正，要求打入前垂直度控制在 0.3% 以内，成桩后垂直度控制在 0.5% 以内。每台打桩机配备一把长条水准尺，可随时量测桩体的垂直度和桩端面的水平度。

（七）沉桩

沉桩时，用两台经纬仪交叉检查桩身垂直度。待桩入土一定深度且桩身稳定后，再按正常沉桩速度进行。

1. 静压法

静压法沉桩是通过静力压桩机的压桩机构以压桩机自重和机架上的配重提供反力而将桩压入土中的沉桩工艺。压桩程序一般情况下都采取分段压入、逐段接长的方法，其施工工序如下：

测量定位→桩尖就位、对中、调直→压桩→接桩→再压桩→送桩（或截桩）。

压桩时通过夹持油缸将桩夹紧，然后使用压桩油缸，将压力施加到桩上，压力由压力表反映。在压桩过程中要认真记录桩入土深度和压力表读数，以判断桩的质量及承载力。当压力表读数突然上升或下降时，要停机对照地质资料进行分析，看是否遇到障碍物或产生断桩情况等。

2. 锤击法

1）施工工序

锤击沉桩的施工工序如下：

测量放线定桩位→桩机就位→运桩至机前→安装桩尖→桩管起吊、对位并插桩→调整桩及桩架的垂直度→开锤施打→复核垂直度，继续施打→第二节桩起吊、接桩→施打第二节桩，测量贯入度，直至达到设计要求的收锤标准时收锤→桩机移位。

管桩在打入前，在桩身上画出以米为单位的长度标记，并按以下至上的顺序标明桩的长度，以便观察桩的入土深度及每米锤击数。

2）施工原则

施工时应按下列原则进行锤击沉桩：

（1）重锤低击原则。第一节桩初打时应用小落距施打，等桩尖入土后，桩的垂直度及平面位置都符合要求，地质情况也无异常后再用较大落距进行施打。

（2）桩的施打须一气呵成，连续进行。采取措施缩短焊接时间，原则上当日开打的桩必须当日打完。

（3）选择合适的桩帽、桩垫、锤垫，避免打坏桩头。

（4）施工时如遇贯入度剧变，桩身突然偏斜、跑位及与邻桩深度相差过大，地面明显隆起，邻桩位移过大等异常情况，应立即停止施工，及时会同有关部门研究处理意见后再复工。

3）收锤标准

根据设计要求，结合试桩报告、地质资料，当沉桩满足设计贯入度和桩入土深度达到要求时，即可收锤。

若沉桩贯入度和桩入土深度达不到设计要求，收锤标准宜采用双控，即当桩长小于设计要求，而贯入度已经达到设计规定数值时，应连续锤击3阵，每阵贯入度均小于规定数值时可以收锤；当沉锤深度超过设计要求时，也应打至贯入度等于或稍小于规定数值时收锤。

打桩的最后贯入度应在桩头完好无损、柴油锤跳动正常、锤击没有偏心、桩帽衬垫和送桩器等正常条件下测量。

收锤标准与场地的工程地质条件，单桩承载力设计值，桩的种类、规格、长短，柴油锤的冲击能量等多种因素有关，收锤标准应包括最后贯入度、桩入土深度、总锤击数、每米锤击数及最后 1 m 锤击数、桩端持力层及桩尖进入持力层深度等综合指标。

收锤标准即停止施打的控制条件与管桩的承载力之间的关系相当密切，尤其是最后贯入度，常被作为收锤时的重要条件，但将最后贯入度作为收锤标准的唯一指标的观点值得商榷，因为贯入度本身就是一个变化的不确定的量。

（1）不同柴油锤贯入度不同。

重锤与轻锤打同一根桩，贯入度要求不同。

（2）不同桩长贯入度要求不同。

同一个锤打长桩和打短桩，贯入度要求不同。根据动量原理，冲击能相同，质量大（长桩）的位移小，即贯入度小，反之贯入度大。所以，承载力相同的管桩，短桩的贯入度要求可大一些,长桩的贯入度应该小一些。

(3)收锤时间不同,贯入度不同。

在黏土层中打管桩,刚打好就立即测贯入度,贯入度可能比较大,由于黏土的重塑固结作用,过几小时或几天再测试,贯入度就小得多了。在一些风化残积土很厚的地区打桩,初时测出的贯入度比较大,只要停一两个小时再复打,贯入度就锐减,有的甚至变为零。而在砂层中打桩,刚收锤时贯入度很小,由于砂粒的松弛时效影响,过一段时间再复打,贯入度可能会变大。

(4)有无送桩器测出的贯入度不同。

因为送桩器与桩头的连接不是刚性的,锤击能量在这里的传递不顺畅,所以同一大小的冲击能量,直接作用在桩头上,测出的贯入度大一些,装上送桩器施打,测出的贯入度小一些。为要达到设计承载力,使用送桩器时的收锤贯入度应比不用送桩器的收锤贯入度要求严些。

(5)不同设计对承载力贯入度要求不同。

一般来说,同一场区、同一规格,承载力设计值较低的桩,收锤贯入度要求大一些;反之,贯入度可小一些。

对于管桩的桩尖坐落在强风化基岩的情况,一般来说,桩尖进入 $N = 50 \sim 60$ 的强风化岩层中,单桩承载力标准值可达到或接近管桩桩身的额定承载力,贯入度大多数为15~50 mm/10 击,说明桩锤选小了,换大一级柴油锤即可解决问题。用重锤低击的施打方法,可使打桩的破损减少到最低程度,承载力也可达到设计要求。

(6)不同设计承载力贯入度的"灵敏度"不同。

以桩侧摩阻力为主的端承摩擦桩,对贯入度的"灵敏度"较低,摩阻力占的比例越大,"灵敏度"越低;而以桩端阻力为主的摩擦端承桩,由于要有足够的端承力作保证,收锤时的贯入度要求比较严格,也可说这类桩对贯入度的"灵敏度"高。

(八)接桩

(1)当管桩需要接长时,其入土部分桩段的桩头离地面50 cm左右可停锤开始接桩。

(2)下节桩的桩头处设导向箍以方便上节桩就位。接桩时上下节桩段应保持顺直,错位偏差不得大于2 mm。

(3)上下节桩之间的空隙应用铁片全部填实,结合面的间隙不得大于2 mm。

(4)焊接前,焊接坡口表面应用铁刷子清刷干净,露出金属光泽。

(5)焊接前先在坡口圆周上对称点焊6处,待上下桩节固定后,施焊由两到三个焊工同时进行。

(6)每个接头焊缝不少于两层,内层焊渣必须清理干净以后方能施焊外一层,每层焊缝接头应错开,焊缝应饱满连续,不出现夹渣或气孔等缺陷。

(7)施焊完毕后自然冷却8 min方可继续进行,严禁用水冷却或焊好即打。

(九)配桩与送桩

1. 配桩

在施工前,先详细研究地质资料,然后根据设计图纸、地质资料预估桩长(桩顶设计标高至桩端的距离),对每条桩进行配桩,同时在每个承台的桩施工前,对第一条桩适当地配长一些(一般多配1.5~2.0 m),以便掌握该地方的地质情况,其他的桩可以根据该桩的入土深度或加或减,合理地使用材料,节约管桩。

2. 送桩

(1)由于送桩时桩帽与桩顶之间有一定空隙,因此打桩时此部分不是一个很好的整体,往往使桩容易偏斜和损坏,另外打桩锤击力经送桩器后,能量有所消耗,影响对桩的打击能力。因此,送桩不宜太深,且应控制在设计允许的范围内。

(2)送桩前应测出桩的垂直度,合格者方可送桩。

(3)送桩作业时,送桩器与管桩桩头之间应放置1~2层麻袋或硬纸板做衬垫。送桩器上、下两端面应平整,且与送桩器中心轴线相垂直。送桩器下端面应开孔,使管桩内腔与外界连通。

(4)打桩至送桩的间隔时间不应太长,应即打即送。

(十)打桩记录

整个打桩过程中,要对每一节桩和每一根桩的施工情况作出如实的记录,对每节桩的编号、桩的偏差和打桩的锤数作好记录。要求记录每一根桩的各节桩的编号和施打日期。对桩长和桩的贯入度记录清楚。在施工过程中应设专人负责记录。

打桩施工记录要按规范要求做好"钢筋混凝土预制桩施工记录"表,每一焊位、桩长及贯入度记录均应请现场业主代表或监理代表签字认可。

七、质量检验

(一)施工前检验

(1)施工前应严格对桩位进行检验。

(2)混凝土预制桩施工前应进行下列检验:

①成品桩应按选定的标准图或设计图制作,现场应对其外观质量及桩身混凝土强度进行检验;

②应对接桩用焊条、压桩用压力表等材料和设备进行检验。

(二)施工检验

(1)混凝土预制桩施工过程中应进行下列项目的检验:

①打入(静压)深度、停锤标准、静压终止压力值及桩身(架)垂直度;

②接桩质量、接桩间歇时间及桩顶完整状况;

③每米进尺锤击数、最后1.0 m锤击数、总锤击数、最后三阵贯入度及桩尖标高等。

(2)对于挤土预制桩,施工过程均应对桩顶和地面土体的竖向及水平位移进行系统观测,若发现异常,应采取复打、复压、引孔、设置排水设施及调整沉桩速率等措施。

(三)施工后检验

工程桩应进行承载力和桩身质量检验。

第十节 石灰桩法

石灰桩是指采用机械或人工在地基中成孔,然后贯入生石灰或按一定比例加入粉煤灰、炉渣、火山灰等掺合料及少量外加剂进行振密或夯实而形成的密实桩体。为提高桩身强度，还可掺加石膏、水泥等外加剂。石灰桩与经过改良后的桩周土共同承担上部建筑物载荷，属复合地基中的低黏结强度的柔性桩。

我国研究和应用石灰桩可分为三个阶段。

第一阶段是1953年以前，它的施工方法是人工用短木桩在土里冲出孔洞，向土孔中投入生石灰块，稍加捣实就形成了石灰桩。

第二阶段是1953～1961年。当时，以天津大学范恩锟教授为首，组建了研究小组，并将石灰桩的研究正式列入国家基本建设委员会的研究计划。先后进行了室内外的载荷试验、石灰和土的物理力学试验，实测了生石灰的吸水量、水化热和胀发力等基本参数。这项工作历时5年，为20世纪50年代石灰桩的研究和应用，以及后来的进一步研究和发展奠定了基础。

我国石灰桩研究与应用的第三次高潮始于1975年，是由北京铁路局勘测设计所等单位在天津塘沽对吹填软土路基进行石灰桩处理的试验研究。在120 m×20 m区段内采用了换填土、长砂井、砂垫层、石灰桩、短密砂井等六种方法，进行了对比试验，结果表明了石灰桩的加固效果最佳。

此后，石灰桩的研究工作很快在全国各地展开。

当前，石灰桩的研究工作还在进一步深入，研究的重点是各种施工工艺的完善和实测总结设计所需的各种计算参数，使设计施工更加科学化、规范化。

一、适用范围

石灰桩法适用于处理饱和黏性土、淤泥、淤泥质土、素填土和杂填土等地基；用于地下水位以上的土层时，宜增加掺合料的含水量并减少生石灰用量，或采取土层浸水等措施。

石灰桩属可压缩的低黏结强度桩，能与桩间土共同作用形成复合地基。

由于生石灰的吸水膨胀作用，它特别适用于新填土和淤泥的加固，生石灰吸水后还可使淤泥产生自重固结。形成强度后的密集的石灰桩身与经加固的桩间土结合为一体，使桩间土欠固结状态消失。

石灰桩与灰土桩不同，可用于地下水位以下的土层，用于地下水位以上的土层时，若土中含水量过低，则生石灰水化反应不充分，桩身强度降低，甚至不能硬化。此时，采用减少生石灰用量和增加掺合料含水量的办法，经实践证明是有效的。

石灰桩不适用于地下水位以下的砂类土。

二、作用机制

石灰桩的主要作用机制是通过生石灰的吸水膨胀挤密桩周土，继而经过离子交换和胶凝反应使桩间土强度提高。同时，桩身生石灰与活性掺合料经过水化、胶凝反应，使桩身具有0.3～1.0 MPa的抗压强度。

（一）挤密作用

石灰桩施工时是由振动钢管下沉成孔，使桩间土产生挤压和排土作用，其挤密效果与土质、上覆压力及地下水状况等有密切关联。一般地基土的渗透性越大，打桩挤密效果越好。

石灰桩在成孔后贯入生石灰便吸水膨胀，使桩间土受到强大的挤压力，这对地下水位以下软黏土的挤密起主导作用。测试结果表明，根据生石灰的质量高低，在自然状态下熟化后其体积可增加 1.5~3.5 倍，即体积膨胀系数为 1.5~3.5。

(二)高温效应

生石灰水化放出大量的热量。桩内温度最高达 200~300 ℃，桩间土的温度最高可达 40~50 ℃。升温可以促进生石灰与粉煤灰等桩体掺合料的凝结反应。高温引起了土中水分的大量蒸发，对减少土的含水量、促进桩周土的脱水起有利作用。

(三)置换作用

石灰桩作为竖向增强体与天然地基土体形成复合地基，使得压缩模量大大提高，工后沉降减少，而且复合地基抗剪强度大大提高，稳定安全系数也得到提高。

(四)排水固结作用

由于桩体采用了渗透性较好的掺合料，因此石灰桩桩体不同于深层搅拌水泥土桩桩体，石灰桩桩体的渗透系数为 $4.07 \times 10^{-3} \sim 6.13 \times 10^{-5}$ cm/s，相当于粉细砂，桩体排水作用良好。石灰桩的桩距比水泥土搅拌桩的桩距小，水平向的排水路径短，有利于桩间土的排水固结。

(五)加固层的减载作用

石灰桩的密度显著小于土的密度，即使桩体饱和后，其密度也小于土的天然密度。当采用排土成桩时，加固层的自重减小，作用在下卧层的自重应力显著减小，即减小了下卧层顶面的附加应力。

采用不排土成桩时，对于杂填土和砂类土等，由于成孔挤密了桩间土，加固层的重量变化不大。对于饱和黏性土，成孔时土体将隆起或侧向挤出，加固层的减载作用仍可考虑。

(六)化学加固作用

1. 桩体材料的胶凝反应

生石灰与活性掺合料的反应很复杂，主要生成了强度较高的硅酸钙及铝酸钙等，它们不溶于水，在含水量很高的土中可以硬化。

2. 石灰与桩周土的化学反应

石灰与桩周土的化学反应包括离子作用(熟石灰的吸水作用)、离子交换(水胶联结作用)、固结反应和石灰的碳酸化。

三、设计

(一)桩的布置

石灰桩成孔直径应根据设计要求及所选用的成孔方法确定，常用 300~400 mm，可按等边三角形或矩形布桩，桩中心距可取 2~3 倍成孔直径。石灰桩可仅布置在基础底面下，当基底土的承载力特征值小于 70 kPa 时，宜在基础以外布置 1~2 排围护桩。

试验表明，石灰桩宜采用细而密的布桩方式，这样可以充分发挥生石灰的膨胀挤密效应，但桩径过小会影响施工速度。目前，人工成孔的桩直径以 300 mm 为宜，机械成孔直径以 350 mm 左右为宜。

以往是将基础以外也布置数排石灰桩,如此则造价剧增,试验表明,在一般的软土中,围护桩对提高复合地基承载力的增益不大。在承载力很低的淤泥或淤泥质土中,基础外围增加 1~2 排围护桩有利于对淤泥的加固,可以提高地基的整体稳定性,同时围护桩可将土中大孔隙挤密,能起止水的作用,可提高内排桩的施工质量。

(二) 桩长

洛阳铲成孔(人工成孔)桩长不宜超过 6 m,如用机动洛阳铲可适当加长。机械成孔管外投料时,如桩长过长,则不能保证成桩直径,特别在易缩孔的软土中,桩长只能控制在 6 m 以内,不缩孔时,桩长可控制在 8 m 以内。

石灰桩桩端宜选在承载力较高的土层中。在深厚的软弱地基中采用悬浮桩时,应减少上部结构重心与基础形心的偏心,必要时宜加强上部结构及基础的刚度。

由于石灰桩复合地基桩土变形协调,石灰桩身又为可压缩的柔性桩,复合土层承载性能接近人工垫层。大量工程实践证明,复合土层沉降量仅为桩长的 0.5%~0.8%,沉降主要来自于桩底下卧层,因此宜将桩端置于承载力较高的土层中。石灰桩具有减载和预压作用,因此在深厚的软土中刚度较好的建筑物有可能使用悬浮桩,在无地区经验时,应进行大压板载荷试验,确定加固深度。

地基处理的深度应根据岩土工程勘察资料及上部结构设计要求确定。应按现行国家标准《建筑地基基础设计规范》(GB 50007—2002)验算下卧层承载力及地基的变形。

(三) 固化剂

石灰桩的主要固化剂为生石灰,掺合料宜优先选用粉煤灰、火山灰、炉渣等工业废料。生石灰与掺合料的配合比宜根据地质情况确定,生石灰与掺合料的体积比可选用 1:1 或 1:2,对于淤泥、淤泥质土等软土可适当增加生石灰用量,桩顶附近生石灰用量不宜过大。当掺石膏和水泥时,掺加量为生石灰用量的 3%~10%。

块状生石灰经测试,其孔隙率为 35%~39%,掺合料的掺入数量理论上至少应能充满生石灰块的孔隙,以降低造价,减少生石灰膨胀作用的内耗。

生石灰与粉煤灰、炉渣、火山灰等活性材料可以发生水化反应,生成不溶于水的水化物,同时使用工业废料也符合国家环保政策。

在淤泥中增加生石灰用量有利于淤泥的固结,桩顶附近减少生石灰用量可减少生石灰膨胀引起的地面隆起,同时桩体强度较高。

当生石灰用量超过总体积的 30% 时,桩身强度下降,但对软土的加固效果较好,经过工程实践及试验总结,生石灰与掺合料的体积比以 1:1 或 1:2 较合理,土质软弱时采用 1:1,一般采用 1:2。

桩身材料加入少量的石膏或水泥可以提高桩身强度,在地下水渗透较严重的情况下或为提高桩顶强度时,可适量加入。

(四) 垫层

石灰桩属可压缩性桩,一般情况下桩顶可不设垫层。石灰桩桩身根据不同的掺合料有不同的渗透系数,其值为 10^{-3}~10^{-5} cm/s 量级,可作为竖向排水通道。当地基需要排水通道时,可在桩顶以上设 200~300 mm 厚的砂石垫层。

（五）封口

石灰桩宜留 500 mm 以上的孔口高度,并用含水量适当的黏性土封口,封口材料必须夯实,封口标高应略高于原地面。石灰桩桩顶施工标高应高出设计桩顶标高 100 mm 以上。

由于石灰桩的膨胀作用,桩顶覆盖压力不够时,易引起桩顶土隆起,增加再沉降,因此其孔口高度不宜小于 500 mm,以保持一定的覆盖压力。其封口标高应略高于原地面,以防止地面水早期渗入桩顶,导致桩身强度降低。

（六）复合地基承载力特征值

石灰桩复合地基承载力特征值不宜超过 160 kPa,当土质较好并采取保证桩身强度的措施时,经过试验后可以适当提高。

石灰桩桩身强度与土的强度有密切关系。土强度高时,对桩的约束力大,生石灰膨胀时可增加桩身密度,提高桩身强度;反之,当土的强度较低时,桩身强度也相应降低。石灰桩在软土中的桩身强度多为 0.3~1.0 MPa,强度较低,其复合地基承载力不宜超过 160 kPa,而多为 120~160 kPa。如土的强度较高,可减少生石灰用量,外加石膏或水泥等外加剂,提高桩身强度,复合地基承载力可以提高,同时应注意在强度高的土中,如生石灰用量过大,则会破坏土的结构,综合加固效果不好。

石灰桩复合地基承载力特征值应通过单桩或多桩复合地基载荷试验确定。初步设计时,也可按式(4-5)估算,式中 f_{pk} 为石灰桩桩身抗压强度比例界限值,由单桩竖向载荷试验测定,初步设计时可取 350~500 kPa,土质软弱时取低值;f_{sk} 为桩间土承载力特征值,取天然地基承载力特征值的 1.05~1.20 倍,土质软弱或置换率大时取高值;m 为面积置换率,桩面积按 1.1~1.2 倍成孔直径计算,土质软弱时宜取高值。

试验研究证明,当石灰桩复合地基荷载达到其承载力特征值时,具有以下特征:

（1）沿桩长范围内各点桩和土的相对位移很小(2 mm 以内),桩土变形协调。

（2）土的接触压力接近达到桩间土承载力特征值,即桩间土发挥度系数为 1。

（3）桩顶接触压力达到桩体比例极限,桩顶出现塑性变形。

（4）桩土应力比趋于稳定,其值为 2.5~5。

（5）桩土的接触压力可采用平均压力进行计算。

基于以上特征,按常规的面积比方法计算复合地基承载力是适宜的,在置换率计算中,桩径除考虑膨胀作用外,尚应考虑桩边 2 cm 左右厚的硬壳层,故计算桩径取成孔直径的 1.1~1.2 倍。

桩间土的承载力与置换率、生石灰掺量以及成孔方式等因素有关。试验检测表明,生石灰对桩周边厚 0.3d(d 为桩径)左右的环状土体显示了明显的加固效果,强度提高系数达 1.4~1.6,圆环以外的土体加固效果不明显。

（七）地基变形

处理后地基变形应按现行的国家标准《建筑地基基础设计规范》(GB 50007—2002)有关规定进行计算。变形经验系数 ψ_s 可按地区沉降观测资料及经验确定。

石灰桩复合土层的压缩模量宜通过桩身及桩间土压缩试验确定,初步设计时可按下式估算:

$$E_{sp} = \alpha [1 + m(n - 1)] E_s \tag{4-52}$$

式中　E_{sp}——复合土层的压缩模量,MPa;

　　　α——系数,可取 $1.1 \sim 1.3$,成孔对桩周土挤密效应好或置换率大时取高值;

　　　m——面积置换率;

　　　n——桩土应力比,可取 $3 \sim 4$,长桩取大值;

　　　E_s——天然土的压缩模量,MPa。

石灰桩的掺合料为轻质的粉煤灰或炉渣,生石灰块的重度约 10 kN/m^3,石灰桩桩身饱和后重度为 13 kN/m^3,以轻质的石灰桩置换土,复合土层的自重减轻,特别是石灰桩复合地基的置换率较大,减载效应明显。复合土层自重减轻即减小了桩底下卧层软土的附加应力,以附加应力的减小值反推上部载荷减小的对应值是一个可观的数值。这种减载效应对减小软土变形增益很大。同时,考虑石灰的膨胀对桩底土的预压作用,石灰桩底下卧层的变形较常规计算减小。经过湖北、广东地区 40 余个工程沉降实测结果的对比(人工洛阳铲成孔、桩长 6 m 以内,条形基础简化为筏形基础计算),变形较常规计算有明显减小。由于各地情况不同,统计数量有限,应以当地经验为主。

式(4-52)为常规复合土层压缩模量的计算公式,系数 α 为桩间土加固后压缩模量的提高系数。如前述,石灰桩桩身强度与桩间土强度有对应关系,桩身压缩模量也随桩间土模量的不同而变化,鉴于这种对应性质,复合地基桩土应力比的变化范围缩小,经大量测试,桩土应力比的范围为 $2 \sim 5$,大多为 $3 \sim 4$。

石灰桩桩身压缩模量可用环刀取样,做室内压缩试验求得。

四、施工

施工前应做好场地排水设施,防止场地积水。对重要工程或缺少经验的地区,施工前应进行桩身材料配合比、成桩工艺及复合地基承载力试验。桩身材料配合比试验应在现场地基土中进行。石灰桩可就地取材,各地生石灰、掺合料及土质均有差异,在无经验的地区应进行材料配比试验。由于生石灰的膨胀作用,其强度与侧限有关,因此配比试验宜在现场地基土中进行。

(一)施工方法

石灰桩施工可采用洛阳铲或机械成孔。机械成孔分为沉管成孔和螺旋钻成孔。成桩时可采用人工夯实、机械夯实,沉管反插、螺旋反压等工艺。填料时必须分段压(夯)实,人工夯实时每段填料厚度不应大于 400 mm。管外投料或人工成孔填料时应采取措施减小地下水渗入孔内的速度,成孔后填料前应排除孔底积水。

管外投料或人工成孔时,孔内往往存水,此时应采用小型软轴水泵或潜水泵排干孔内水,方能向孔内投料。

在向孔内投料的过程中如孔内渗水严重,则影响夯实(压实)桩料的质量,此时应采取降水或增打围护桩隔水的措施。

(二)材料

进入场地的生石灰应有防水、防雨、防风、防火措施,宜做到随用随进。

石灰材料应选用新鲜生石灰块,有效氧化钙含量不宜低于 70%,粒径不应大于 70

mm,含粉量（即消石灰）不宜超过5%。生石灰块的膨胀率大于生石灰粉,同时生石灰粉易污染环境。为了使生石灰与掺合料反应充分,应将块状生石灰粉碎,其粒径以30~50 mm为佳,最大不宜超过70 mm。

掺合料应保持适当的含水量,使用粉煤灰或炉渣时含水量宜控制在30%左右。无经验时宜进行成桩工艺试验,确定密实度的施工控制指标。掺合料含水量过小则不易夯实,过大则在地下水位以下易引起冲孔。

石灰桩身密实度是质量控制的重要指标,由于周围土的约束力不同,配比也不同,桩身密实度的定量控制指标难以确定,桩身密实度的控制宜根据施工工艺的不同凭经验控制。无经验的地区应进行成桩工艺试验。成桩7~10 d后用轻便触探(N_{10})进行对比检测,选择适合的工艺。

（三）施工质量控制

（1）根据加固设计要求、土质条件、现场条件和机具供应情况,可选用振动成桩法（分管内填料成桩和管外填料成桩）、锤击成桩法、螺旋钻成桩法或洛阳铲成桩法等。

①振动成桩法和锤击成桩法。

采用振动管内填料成桩法时,为防止生石灰膨胀堵住桩管,应加压缩空气装置及空中加料装置;管外填料成桩应控制每次填料数量及沉管的深度。

采用锤击成桩法时,应根据锤击的能量控制分段的填料量和成桩长度。

桩顶上部空孔部分,应用3:7灰土或素土填孔封顶。

②螺旋钻成桩法。

正转时将部分土带出地面,部分土挤入桩孔壁而成孔。根据成孔时电流大小和土质情况,检验场地情况与原勘察报告和设计要求是否相符。

钻杆达到设计要求深度后,提钻检查成孔质量,清除钻杆上的泥土。

把整根桩所需填料按比例分层堆在钻杆周围,再将钻杆沉入孔底,钻杆反转,叶片将填料边搅拌边压入孔底。钻杆被压密的填料逐渐顶起,钻尖升至离地面1~1.5 m或预定标高后停止填料,用3:7灰土或素土封顶。

③洛阳铲成桩法。

洛阳铲成桩法适用于施工场地狭窄的地基加固工程。成桩直径可为200~300 mm,每层回填料厚度不宜大于300 mm,用杆状重锤分层夯实。

（2）施工过程中,应有专人监测成孔及回填料的质量,并作好施工记录。如发现地基土质与勘察资料不符,应查明情况采取有效措施后方可继续施工。

（3）当地基土含水量很高时,桩宜由外向内或沿地下水流方向施打,并宜采用间隔跳打施工。

（4）施工顺序宜由外围或两侧向中间进行,在软土中宜间隔成桩。

（5）桩位偏差不宜大于$0.5d$（d为桩径）。

（6）应建立完整的施工质量和施工安全管理制度,根据不同的施工工艺制定相应的技术保证措施。及时作好施工记录,监督成桩质量,进行施工阶段的质量检测等。

（7）石灰桩施工时应采取防止冲孔伤人的有效措施,确保施工人员的安全。

石灰桩施工中的冲孔现象应引起重视,其主要原因在于孔内进水或存水使生石灰与水迅速反应,其温度高达 $200 \sim 300 ℃$,空气遇热膨胀,不易夯实,桩身孔隙大,孔隙内空气在高温下迅速膨胀,将上部夯实的桩料冲出孔口。应采取减少掺合料含水量、排干孔内积水或降水、加强夯实等措施,确保安全。

五、质量检测

(1)石灰桩施工检测宜在施工 $7 \sim 10$ d 后进行,竣工验收检测宜在施工 28 d 后进行。

石灰桩加固软土的机制分为物理加固和化学加固两个作用,物理作用(吸水、膨胀)的完成时间较短,一般情况下 7 d 以内即可完成。此时桩身的直径和密度已定型,在夯实力和生石灰膨胀力作用下,$7 \sim 10$ d 桩身已具有一定的强度。而石灰桩的化学作用则速度缓慢,桩身强度的增长可延续 3 年甚至 5 年。考虑到施工的需要,目前将一个月龄期的强度视为桩身设计强度,$7 \sim 10$ d 龄期的强度约为设计强度的 60%。

龄期为 $7 \sim 10$ d 时,石灰桩身内部仍维持较高的温度($30 \sim 50 ℃$),采用静力触探检测时应考虑温度对探头精度的影响。

(2)施工检测可采用静力触探、动力触探或标准贯入试验。检测部位为桩中心及桩间土,每两点为一组。检测组数不少于总桩数的 1%。

(3)石灰桩地基竣工验收时,承载力检验应采用复合地基载荷试验。

大量的检测结果证明,石灰桩复合地基在整个受力阶段都是受变形控制的,其 $p \sim s$ 曲线呈缓变型。石灰桩复合地基中的桩土具有良好的协同工作特征,土的变形控制着复合地基的变形,所以石灰桩复合地基的允许变形宜与天然地基的标准相近。

在取得载荷试验与静力触探检测对比经验的条件下,也可采用静力触探估算复合地基承载力。关于桩体强度的确定,可取 $0.1p_s$ 为桩体比例极限,这是经过桩体取样在试验机上做抗压试验求得比例极限与原位静力触探 p_s 值对比的结果。但仅适用于掺合料为粉煤灰、炉渣的情况。

地下水以下的桩底存在动水压力,夯实也不如桩的中上部,因此其桩身强度较低。桩的顶部由于覆盖压力有限,桩体强度也有所降低,因此石灰桩的桩体强度沿桩长变化,中部最高,顶部及底部较差。

试验证明,当底部桩身具有一定强度时,由于化学反应的结果,其后期强度可以提高,但提高有限。

(4)载荷试验数量宜为地基处理面积每 200 m^2 左右布置 1 个点,且每一单体工程不应少于 3 个点。

第十一节　灰土挤密桩法和土挤密桩法

灰土挤密桩或土挤密桩是利用沉管、冲击或爆扩等方法在地基中挤土成孔,然后向孔内夯填素土或灰土成桩。成桩时,通过成孔过程中的横向挤压作用,桩孔内的土被挤向周围,使桩间土得以挤密,然后将备好的素土(黏性土)或灰土分层填入桩孔内,并分层捣实至设计标高。用素土分层夯实的桩体,称为土挤密桩;用灰土分层夯实的桩体,称为灰土挤密桩。二者分别与挤密的桩间土组成复合地基,共同承受基础的上部载荷。

一、适用范围

灰土挤密桩法和土挤密桩法适用于处理地下水位以上的湿陷性黄土、素填土和杂填土等地基,可处理地基的深度为 5 ~ 15 m。当以消除地基土的湿陷性为主要目的时,宜选用土挤密桩法。当以提高地基土的承载力或增强其水稳性为主要目的时,宜选用灰土挤密桩法。当地基土的含水量大于24%、饱和度大于65%时,不宜选用灰土挤密桩法或土挤密桩法。

大量的试验研究资料和工程实践表明,灰土挤密桩和土挤密桩用于处理地下水位以上的湿陷性黄土、素填土、杂填土等地基,不论是消除土的湿陷性还是提高承载力都是有效的。但当土的含水量大于24%及其饱和度超过65%时,在成孔及拔管过程中,桩孔及其周围容易缩颈和隆起,挤密效果差,故上述方法不适用于处理地下水位以下及毛细饱和带的土层。

基底下 5 m 以内的湿陷性黄土、素填土、杂填土,通常采用土(或灰土)垫层或强夯等方法处理。大于 15 m 的土层,由于成孔设备限制,一般采用其他方法处理。

饱和度小于60%的湿陷性黄土,其承载力较高,湿陷性较强,处理地基常以消除湿陷性为主。而素填土、杂填土的湿陷性一般较小,但其压缩性高、承载力低,故处理地基常以降低压缩性、提高承载力为主。

灰土挤密桩和土挤密桩在消除土的湿陷性和减小渗透性方面,其效果基本相同或差别不明显,但土挤密桩地基的承载力和水稳性不及灰土挤密桩,选用上述方法时,应根据工程要求和处理地基的目的确定。

二、作用机制

灰土挤密桩或土挤密桩加固地基是一种人工复合地基,属于深层加密处理地基的一种方法,主要作用是提高地基承载力,降低地基压缩性。对湿陷性黄土则有部分或全部消除湿陷性的作用。灰土挤密桩或土挤密桩在成孔时,桩孔部位的土被侧向挤出,从而使桩周土得以加密。

灰土挤密桩是利用打桩机或振动器将钢套管打入地基土层并随之拔出,在土中形成桩孔,然后在桩孔中分层填入石灰土夯实而成灰土桩。与夯实、碾压等竖向加密方法不同,灰土挤密桩是对土体进行横向加密。施工中当套管打入地层时,管周地基土受到了较大的水平方向的挤压作用,使管周一定范围内的土体工程物理性质得到改善。成桩后石灰土与桩间土发生离子交换、凝硬反应等一系列物理化学反应,放出热量,体积膨胀,其密实度增加,压缩性降低,湿陷性全部或部分消除。

三、设计

(一)处理地基面积

灰土挤密桩地基的效果与处理宽度有关,当处理宽度不足时,基础仍可能产生明显下沉。灰土挤密桩和土挤密桩处理地基的面积,应大于基础或建筑物底层平面的面积,并应符合下列规定:

(1)当采用局部处理时,超出基础底面的宽度:对非自重湿陷性黄土、素填土和杂填土等地基,每边不应小于基底宽度的25%,并不应小于0.50 m;对自重湿陷性黄土地基,每边不应小于基底宽度的75%,并不应小于1.00 m。

局部处理地基的宽度超出基础底面边缘一定范围,主要在于改善应力扩散,增强地基的稳定性,防止基底下被处理的土层在基础荷载作用下受水浸湿时产生侧向挤出,并使处理与未处理接触面的土体保持稳定。

局部处理超出基础边缘的范围较小,通常只考虑消除拟处理土层的湿陷性,而未考虑防渗隔水作用。但只要处理宽度不小于规定范围,不论是非自重湿陷性黄土还是自重湿陷性黄土,采用灰土挤密桩或土挤密桩处理后,对防止侧向挤出、减小湿陷变形的效果都很明显。整片处理的范围大,既可消除拟处理土层的湿陷性,又可防止水从侧向渗入未处理的下部土层引起湿陷,故整片处理兼有防渗隔水作用。

(2)当采用整片处理时,超出建筑物外墙基础底面外缘的宽度,每边不宜小于处理土层厚度的1/2,并不应小于2 m。

(二)处理地基深度

灰土挤密桩和土挤密桩处理地基的深度,应根据建筑场地的土质情况、工程要求和成孔及夯实设备等综合因素确定。对湿陷性黄土地基,应符合现行国家标准《湿陷性黄土地区建筑规范》(GB 50025—2004)的有关规定。

当以消除地基土的湿陷性为主要目的时,在非自重湿陷性黄土场地,宜将附加应力与土的饱和自重应力之和大于湿陷起始压力的全部土层进行处理,或处理至地基压缩层的下限;在自重湿陷性黄土场地,宜处理至非湿陷性黄土层顶面。

当以降低土的压缩性、提高地基承载力为主要目的时,宜对基底下压缩层范围内压缩系数 a_{1-2} 大于0.40 MPa^{-1}或压缩模量小于6 MPa 的土层进行处理。

挤密桩深度主要取决于湿陷性黄土层的厚度、性质及成孔机械的性能,最小不得小于3 m,因为深度过小使用不经济。对于非自重湿陷性黄土地基,其处理厚度应为主要持力层的厚度,即基础下土的湿陷起始压力小于附加压力和上覆土层的饱和自重压力之和的全部黄土层,或附加压力等于自重压力25%的深度处。

(三)桩径

桩孔布置的基本原则是尽量减少未得到挤密的土的面积。因此,桩孔应尽量按等边三角形排列,这样可使桩间得到均匀挤密,但有时为了适应基础几何形状的需要而减少桩数,也可是正方形。

桩孔直径主要取决于施工机械的能力和地基土层的原始密实度,桩径过小,桩数增多,增加了打桩和回填工作量;桩径过大,桩间土挤密效果差,均匀性也差,不能完全消除黄土地基的湿陷性,同时要求成孔机械的能量也太大,振动过程对周围建筑物的影响大。总之,选择桩径时应对以上因素进行综合考虑。

桩孔直径宜为300~450 mm,并可根据所选用的成孔设备或成孔方法确定。桩孔宜按等边三角形布置,桩孔之间的中心距离可为桩孔直径的2.0~2.5 倍,也可按下式估算:

$$s = 0.95d \sqrt{\frac{\overline{\eta}_c \rho_{dmax}}{\overline{\eta}_c \rho_{dmax} - \overline{\rho}_d}} \qquad (4\text{-}53)$$

式中　s——桩孔之间的中心距离,m;

　　　d——桩孔直径,m;

　　　ρ_{dmax}——桩间土的最大干密度,t/m³;

　　　$\bar{\rho}_d$——地基处理前土的平均干密度,t/m³;

　　　$\bar{\eta}_c$——桩间土经成孔挤密后的平均挤密系数,对重要工程不宜小于0.93,对一般
　　　　　工程不应小于0.90。

根据我国黄土地区的现有成孔设备,沉管(锤击、振动)成孔的桩孔直径多为0.37~0.40 m。布置桩孔应考虑消除桩间土的湿陷性,桩间土的挤密以平均挤密系数$\bar{\eta}_c$表示。

桩间土的平均挤密系数$\bar{\eta}_c$应按下式计算:

$$\bar{\eta}_c = \frac{\bar{\rho}_{d1}}{\rho_{dmax}} \tag{4-54}$$

式中　$\bar{\rho}_{d1}$——在成孔挤密深度内,桩间土的平均干密度,t/m³,平均试样数不应少于6组。

湿陷性黄土为天然结构,处理湿陷性黄土与处理扰动土有所不同,故检验桩间土的质量用平均挤密系数$\bar{\eta}_c$控制,而不用压实系数控制。平均挤密系数是在成孔挤密深度内,通过取土样测定桩间土的平均干密度与其最大干密度的比值而获得,平均干密度的取样自桩顶向下0.5 m起,每1 m不应少于2点(1组),即桩孔外100 mm处1点,桩孔之间的中心距(1/2处)1点。当桩长大于6 m时,全部深度内取样点不应少于12点(6组);当桩长小于6 m时,全部深度内的取样点不应少于10点(5组)。

灰土挤密桩地基的效果与桩距的大小关系密切,桩距大了,桩间土的挤密效果不好,湿陷性消除不了,承载能力也提高不多;桩距太小,桩数增加太多显得不经济,同时成孔时地面隆起,桩管打不下去,给施工造成困难。因此,必须合理地选择桩距。选择桩距应以桩间挤密土能达到设计的密实度为准。

(四)桩孔数量

桩孔数量可按下式估算:

$$n = \frac{A}{A_e} \tag{4-55}$$

$$A_e = \frac{\pi d_e^2}{4} \tag{4-56}$$

式中　n——桩孔的数量;

　　　A——拟处理地基的面积,m²;

　　　A_e——一根土桩或灰土挤密桩所承担的处理地基面积,m²;

　　　d_e——一根桩分担的处理地基面积的等效圆直径,m,桩孔按等边三角形布置
　　　　　$d_e = 1.05s$,桩孔按正方形布置时$d_e = 1.13s$。

(五)桩孔填料

桩孔内的填料应根据工程要求或处理地基的目的确定,桩体的夯实质量宜用平均压实系数λ_c控制。

当桩孔内用灰土或素土分层回填、分层夯实时,桩体内的平均压实系数λ_c值均不应小于0.96;消石灰与土的体积配合比宜为2:8或3:7。

当为消除黄土、素填土和杂填土的湿陷性而处理地基时,桩孔内用素土(黏性土、粉质黏土)做填料,可满足工程要求,当同时要求提高其承载力或水稳性时,桩孔内用灰土做填料较合适。

为防止填入桩孔内的灰土吸水后产生膨胀,不得使用生石灰与土拌和,而应用消解后的石灰与黄土或其他黏性土拌和。石灰富含钙离子,与土混合后产生离子交换作用,在较短时间内便成为凝硬性材料,因此拌和后的灰土放置时间不可太长,并宜于当日使用完毕。

(六)垫层

桩顶标高以上应设置 300~500 mm 厚的2:8灰土垫层,其压实系数不应小于0.95。

灰土挤密桩或土挤密桩回填夯实结束后,在桩顶标高以上设置 300~500 mm 厚的灰土垫层,一方面可使桩顶和桩间土找平,另一方面有利于改善应力扩散,调整桩土的应力比,并对减小桩身应力集中也有良好作用。

(七)复合地基承载力特征值

灰土挤密桩和土挤密桩复合地基承载力特征值应通过现场单桩或多桩复合地基载荷试验确定。初步设计当无试验资料时,可按当地经验确定,但对灰土挤密桩复合地基的承载力特征值,不宜大于处理前的2.0倍,并不宜大于250 kPa;对土挤密桩复合地基的承载力特征值,不宜大于处理前的1.4倍,并不宜大于180 kPa。

为确定灰土挤密桩或土挤密桩的桩数及其桩长(或处理深度),设计时往往需要了解采用灰土挤密桩或土挤密桩处理地基的承载力,而原位测试(包括载荷试验、静力触探、动力触探)结果比较可靠。用载荷试验可测定单桩和桩间土的承载力,也可测定单桩复合地基或多桩复合地基的承载力。当不用载荷试验时,桩间土的承载力可采用静力触探测定。桩体特别是灰土填孔的桩体,采用静力触探测定其承载力不一定可行,但可采用动力触探测定。

(八)地基变形

灰土挤密桩和土挤密桩复合地基的变形计算应符合现行国家标准《建筑地基基础设计规范》(GB 50007—2002)的有关规定,其中复合土层的压缩模量可采用载荷试验的变形模量代替。

灰土挤密桩或土挤密桩复合地基的变形包括桩和桩间土及其下卧未处理土层的变形。前者通过挤密后,桩间土的物理力学性质明显改善,即土的干密度增大、压缩性降低、承载力提高、湿陷性消除,故桩和桩间土(复合土层)的变形可不计算,但应计算下卧未处理土层的变形。

四、施工

对重要工程或在缺乏经验的地区,施工前应按设计要求,在现场进行试验,若土性基本相同,试验可在一处进行,若土性差异明显,应在不同地段分别进行试验。试验内容包括成孔、孔内夯实质量、桩间土的挤密情况、单桩和桩间土以及单桩或多桩复合地基的承载力等。

灰土挤密桩和土挤密桩是一种比较成熟的地基处理方法,自20世纪60年代以来,在陕西、甘肃等湿陷性黄土地区的工业与民用建筑的地基处理中已广泛使用，积累了一定的经验。对一般工程，施工前在现场不进行成孔挤密等试验，不致产生不良后果，并有利于加快地基处理的施工进度。但在缺乏建筑经验的地区和对不均匀沉降有严格限制的重要工程，施工前应按设计要求在现场进行试验，以检验地基处理方案和设计参数的合理性，对确保地基处理质量，查明其效果都很有必要。

（一）施工准备

1. 材料要求

（1）土料：可采用素黄土及塑性指数大于 4 的粉土，有机质含量小于 5%，不得使用耕植土；土料应过筛，土块粒径不应大于 15 mm。

（2）石灰：选用新鲜的块灰，使用前 7 d 消解并过筛，不得夹有未熟化的生石灰块粒及其他杂质，其颗粒粒径不应大于 5 mm，石灰质量不应低于Ⅲ级标准，活性 Ca + MgO 的含量不少于 50%。

（3）对选定的石灰和土进行原材料及土工试验，确定石灰土的最大干密度、最优含水量等技术参数。灰土桩的石灰剂量为 12%（重量比），配制时确保充分拌和及颜色均匀一致，灰土的夯实最佳含水量宜控制在 21% ~ 26%，边拌和边加水，确保灰土的含水量为最优含水量。

2. 主要设备机具

1）成孔设备

成孔设备有 0.6 t 或 1.2 t 柴油打桩机或自制锤击式打桩机，亦可采用冲击钻或洛阳铲。

2）夯实设备

夯实设备有卷扬机提升式夯实机或偏心轮夹杆式夯实机及梨形锤。

3）主要工具

主要工具有铁锹、量斗、水桶、胶管、喷壶、铁筛、手推胶轮车等。

3. 作业准备

（1）施工场地地面上所有障碍物和地下管线、电缆、旧基础等均全部拆除，场地表面平整。沉管振动对邻近结构物有影响时，需采取有效保护措施。

（2）施工场地进行平整，对桩机运行的松软场地进行预压处理，场地形成横坡，做好临时排水沟，保证排水畅通。

（3）轴线控制桩及水准点桩已经设置并编号。经复核，桩孔位置已经放线并钉标桩定位或撒石灰。

（4）已进行成孔、夯填工艺和挤密效果试验，确定有关施工工艺参数（分层填料厚度、夯击次数和夯实后的干密度、打桩次序），并对试桩进行了测试，承载力及挤密效果等符合设计要求。

4. 作业人员

（1）主要作业人员：打桩工、焊工。

（2）施工机具应由专人负责使用和维护，大、中型机械特殊机具需持证上岗，操作者须经培训后方可操作。主要作业人员已经过安全培训，并接受了施工技术交底。

(二)施工工艺

灰土挤密桩施工工艺流程如下:基坑开挖→桩成孔→清底夯→桩孔夯填→夯实。

(1)桩成孔。

在成孔或拔管过程中,对桩孔(或桩顶)上部土层有一定的松动作用,因此施工前应根据选用的成孔设备和施工方法在场地预留一定厚度的松动土层,待成孔和桩孔回填夯实结束后将其挖除或按设计规定进行处理。应预留松动土层的厚度,对沉管(锤击、振动)成孔,宜为 0.5~0.7 m;对冲击成孔,宜为 1.2~1.5 m。

桩的成孔方法可根据现场机具条件选用沉管(振动、锤击)法、爆扩法、冲击法等。

①沉管法是用振动或锤击沉桩机将与桩孔同直径的钢管打入土中拔管成孔。桩管顶设桩帽,下端做成锥形约呈 60°,桩尖可上下活动。本法简单易行,孔壁光滑平整,挤密效果良好,但处理深度受桩架限制,一般不超过 8 m。

沉管机就位后,使沉管尖对准桩位,调平扩桩机架,使桩管保持垂直,用线锤吊线检查桩管垂直度。在成孔过程中,如土质较硬且均匀,可一次性成孔达到设计深度,如中间夹有软弱层,反复几次才能达到设计深度。

②爆扩法是用钢钎打入土中形成 25~40 mm 孔或洛阳铲打成 60~80 mm 孔,然后在孔中装入条形炸药卷和 2~3 个雷管,爆扩成(15~18)d 的孔(d 为桩孔或药卷直径)。本法成孔简单,但孔径不易控制。

③冲击法是使用简易冲击孔机将 0.6~3.2 t 重锥形锤头,提升 0.5~20 m 后,落下反复冲击成孔,直径可达 50~60 cm,深度可达 15 m 以上,适于处理湿陷性较大深度的土层。

④对含水量较大的地基,桩管拔出后,会出现缩孔现象,造成桩孔深度或孔径不够。对深度不够的孔,可采取超深成孔的方式确保孔深。对孔径不够的孔,可采用洛阳铲扩孔,扩孔后及时夯填石灰土。

现在成孔方法有沉管(锤击、振动)成孔或冲击成孔等方法,都有一定的局限性,在城乡建设和居民较集中的地区往往限制使用,如锤击沉管成孔,通常允许在新建场地使用,故选用上述方法时,应综合考虑设计要求、成孔设备或成孔方法、现场土质和对周围环境的影响等因素,选用沉管(振动、锤击)或冲击、爆扩等方法成孔。

(2)灰土拌和。

首先对土和消解后的石灰分别过筛,灰土桩石灰剂量为 12%(重量比),与土进行配料拌和,在拌料场拌和 3 遍至孔位旁,夯填前再拌和一次,拌和好的灰土要及时夯填,不得隔日使用。每天施工前测定土和石灰的含水量,确保拌和后灰土的含水量接近最优含水量。

(3)夯填灰土。

①夯填前测量成孔深度、孔径、垂直度是否符合要求,并作好记录。

②先对孔底夯击 3~4 锤,再按照填夯试验确定的工艺参数连续施工,分层夯实至设计标高。

③桩孔应分层回填夯实,每次回填厚度为 250~400 mm;或采用电动卷扬机提升式夯实机,夯实时一般落锤高度不小于 2 m,每层夯实不少于 10 锤。施打时,逐层以量斗向孔内下料,逐层夯实,当采用偏心轮夹杆式连续夯实机时,将灰土用铁锹随夯击不断下料,每下二锹夯二击,均匀地向桩孔下料、夯实。桩顶应高出设计标高不小于 0.5 cm,挖土时将

高出部分铲除。

(4)灰土挤密桩施工完成后,应挖除桩顶松动层后开始施工灰土垫层。

(5)成孔和孔内回填夯实的施工顺序,习惯做法是从外向里间隔1~2孔进行,但施工到中间部位,桩孔往往打不下去或桩孔周围地面明显隆起,为此有的修改设计,增大桩孔之间的中心距离,这样很麻烦。可以对整片处理,宜从里(或中间)向外间隔1~2孔进行。对大型工程可采取分段施工,对局部处理,宜从外向里间隔1~2孔进行。局部处理的范围小,且多为独立基础及条形基础,从外向里对桩间土的挤密有好处,也不致出现类似整片处理或桩孔打不下去的情况。成孔后应夯实孔底,夯实次数不少于8击,并立即夯填灰土。

(6)成孔时,地基土宜接近最优(或塑限)含水量,当土的含水量低于12%时,宜对拟处理范围内的土层进行增湿,增湿土的加水量可按下式估算:

$$Q = V\bar{\rho}_d(\omega_{op} - \bar{\omega})k \tag{4-57}$$

式中　Q——计算加水量,m^3;

$\quad\quad V$——拟加固土的总体积,m^3;

$\quad\quad \bar{\rho}_d$——地基处理前土的平均干密度,t/m^3;

$\quad\quad \omega_{op}$——土的最优含水量(%),通过室内击实试验求得;

$\quad\quad \bar{\omega}$——地基处理前土的平均含水量(%);

$\quad\quad k$——损耗系数,可取1.05~1.10。

应于地基处理前4~6d,将需增湿的水通过一定数量和一定深度的渗水孔,均匀地浸入拟处理范围内的土层中。

拟处理地基土的含水量对成孔施工与桩间土的挤密至关重要。工程实践表明,当天然土的含水量小于12%时,土呈坚硬状态,成孔挤密困难,且设备容易损坏;当天然土的含水量等于或大于24%,饱和度大于65%时,桩孔可能缩颈,桩孔周围的土容易隆起,挤密效果差;当天然土的含水量接近最优(或塑限)含水量时,成孔施工速度快,桩间土的挤密效果好。因此,在成孔过程中,应掌握好拟处理地基土的含水量不要太大或太小,最优含水量是成孔挤密施工的理想含水量,而现场土质往往并非恰好是最优含水量,如只允许在最优含水量状态下进行成孔施工,小于最优含水量的土便需要加水增湿,大于最优含水量的土则要采取晾干等措施,这样施工很麻烦,而且不易掌握准确和加水均匀。因此,当拟处理地基土的含水量低于12%时,宜按式(4-57)计算的加水量进行增湿。对含水量介于12%~24%的土,只要成孔施工顺利,桩孔不出现缩颈,桩间土的挤密效果符合设计要求,不一定要采取增湿或晾干措施。

(7)当孔底出现饱和软弱土层时,可加大成孔间距,以防由于振动而造成已打好的桩孔内挤塞;当孔底有地下水流入时,可采用井点降水后再回填填料或向桩孔内填入一定数量的干砖渣和石灰,经夯实后再分层填入填料。

(三)试验桩

(1)要求灰土桩在大面积施工前,要进行试桩施工,以确定施工技术参数。施工过程中要求监理人员全程旁站,灰土拌和、成孔、孔间距及回填灰土都严格按照要求进行施工。

(2)夯击设备及技术参数。偏心轮夹杆式夯实机,夯锤重100~150kg,落距0.6~

1 m,夯击 40~50 次/min,同时严格控制填料速度,10~20 cm 为一层,夯实到发出清脆回声为止,进行下一层填料。

(四)施工注意事项

(1)沉管桩成孔应注意以下几点:

①钻机要求准确平稳,在施工过程中机架不应发生位移或倾斜。

②桩管上设置醒目牢固的尺度标志,沉管过程中注意桩管的垂直度和贯入速度,发现反常现象及时分析原因并进行处理。

③桩管沉入设计深度后应及时拔出,不宜在土中搁置较长时间,以免摩阻力增大后拔管困难。

④拔管成孔后,由专人检查桩孔的质量,观测孔径、深度是否符合要求,如发现缩颈、回淤等情况,可用洛阳铲扩桩至设计值,当情况严重甚至无法成孔时在局部地段可采用桩管内灌入砂砾的方法成孔。

(2)夯击就位要保持平稳、沉管垂直,夯锤对准桩中心,确保夯锤能自由落入孔底。

(3)防止出现桩缩孔或塌孔,挤密效果差等现象。

①地基土的含水量在达到或接近最优含水量时,挤密效果最好。当含水量过大时,必须采用套管成孔。成孔后如发现桩孔缩颈比较严重,可在孔内填入干散砂土、生石灰块或砖渣,稍停一段时间后再将桩管沉入土中,重新成孔。如含水量过小,应预先浸湿加固范围的土层,使之达到或接近最优含水量。

②必须遵守成孔挤密的顺序,采用隔排跳打的方式成孔,应打一孔、填一孔,应防止受水浸湿且必须当天回填夯实。为避免夯打造成缩颈堵塞,可隔几个桩位跳打夯实。

(4)防止桩身回填夯击不密实,疏松、断裂。

①成孔深度应符合设计规定,桩孔填料前,应先夯击孔底 3~4 锤。根据试验测定的密实度要求,随填随夯,对持力层范围内(5~10 倍桩径的深度范围)的夯实质量应严格控制。若锤击数不够,可适当增加击数。

②每个桩孔回填用料应与计算用量基本相符。

③夯锤重不宜小于 100 kg,采用的锤型应有利于将边缘土夯实(如梨形锤和枣核形锤等),不宜采用平头夯锤。

(5)桩孔的直径与成孔设备或成孔方法有关,成孔设备或成孔方法如已选定,桩孔直径基本上固定不变,桩孔深度按设计规定,为防止施工出现偏差或不按设计图施工,在施工过程中应加强监督,采取随机抽样的方法进行检查,但抽查数量不可太多,每台班检查 1~2 孔即可,以免影响施工进度。

(6)施工过程中,应有专人监理成孔及回填夯实的质量,并应做好施工记录。如发现地基土质与勘察资料不符,应立即停止施工,待查明情况或采取有效措施处理后,方可继续施工。

施工记录是验收的原始依据。必须强调施工记录的真实性和准确性,且不得任意涂改。为此,应选择有一定业务素质的相关人员担任施工记录工作,这样才能确保作好施工记录。

(7)雨季或冬季施工,应采取防雨或防冻措施,防止灰土和土料受雨水淋湿或冻结。

土料和灰土受雨水淋湿或冻结,容易出现"橡皮土",不易夯实。当雨季或冬季选择灰土挤密桩或土挤密桩处理地基时,应采取防雨或防冻措施,保护灰土或土料不受雨水淋湿或冻结,以确保施工质量。

五、质量检验

成桩后,应及时抽样检验灰土挤密桩或土挤密桩处理地基的质量。对一般工程,应主要检查施工记录、检测全部处理深度内桩体和桩间土的干密度,并将其分别换算为平均压实系数 λ_c 和平均挤密系数 η_c。对重要工程,除检测上述内容外,还应测定全部处理深度内桩间土的压缩性和湿陷性。

为确保灰土挤密桩或土挤密桩处理地基的质量,在施工过程中应采取抽样检验,检验数据和结论应准确、真实,具有说服力,对检验结果应进行综合分析或综合评价。

抽样检验的数量,对一般工程不应少于桩总数的1%,对重要工程不应少于桩总数的1.5%。

由于挖探井取土样对桩体和桩间土均有一定程度的扰动及破坏,因此选点应具有代表性,并保证检验数据的可靠性。取样结束后,其探井应分层回填夯实,压实系数不应小于0.93。

灰土挤密桩和土挤密桩地基竣工验收时,承载力检验应采用复合地基载荷试验。

检验数量不应少于桩总数的0.5%,且每项单体工程不应少于3点。

检验项目有主控项目和一般项目两种。

(1)主控项目。

灰土挤密桩的桩数、排列尺寸、孔径、深度、填料质量及配合比,必须符合设计要求或施工规范的规定。

(2)一般项目。

①施工前应对土及灰土的质量、桩孔放样位置等做检查。

②施工中应对桩孔直径、桩孔深度、夯击次数、填料的含水量等做检查。

③施工结束后,应检查成桩的质量及复合地基承载力。

④灰土挤密桩施工质量检验标准应符合表4-14的规定。

表4-14 灰土挤密桩施工质量检验标准

项目	序号	检查项目	允许偏差或允许值		检查方法
			单位	数值	
主控项目	1	桩长	mm	±50	测桩管长度或垂球测孔深
	2	地基承载力	设计要求		按规范方法
	3	桩体及桩间土干密度	设计要求		现场取样检查
	4	桩径	mm	−20	用钢尺量

项目	序号	检查项目	允许偏差或允许值		检查方法
			单位	数值	
一般项目	1	土料有机质含量	%	<5	实验室焙烧法
	2	石灰粒径	mm	<5	筛分法
	3	桩位偏差	≤ 0.4d		用钢尺量
	4	垂直度	%	<1.5	用经纬仪测桩管
	5	桩径	mm	−20	用钢尺量

注:桩径允许偏差是指个别断面。

⑤特殊工艺关键控制措施应符合表 4-15 的规定。

表 4-15　特殊工艺关键控制措施

序号	关键控制点	控制措施
1	施工顺序	分段施工
2	灰土拌制	土料、石灰过筛、计量,拌制均匀
3	桩孔夯填	石灰桩应打一孔填一孔,若土质较差,夯填速度较慢,宜采用间隔打法,以免因振动、挤压,造成相邻桩孔出现颈缩或塌孔
4	管理	施工中应加强管理,进行认真的技术交底和检查;桩孔要防止漏钻或漏填;灰土要计量拌匀;干湿要适度,厚度和落锤高度、锤击数要按规定,以免桩出现漏填灰、夹层、松散等情况和造成严重质量事故

第五章 建闸材料的工程性质及各项技术要求

建闸所用的材料,根据建筑结构物性质的不同,即可分为水工混凝土工程的原材料和砌石工程的原材料及土方工程的土料等,本章介绍各种原材料的工程性质及各项技术要求。

第一节 混凝土原材料选择的原则

一、水泥

(1)水泥品种的质量应符合现行的国家标准及有关部门颁布的标准规定。

(2)大型水闸工程建筑物所用的水泥,可根据具体情况对水泥的矿物成分等提出专门要求。对中小型水闸建筑物工程,每一种工程所用水泥的品种以两三种为宜,最好固定一个厂家供应。有条件时,应优先使用散装水泥。

(3)选择水泥品种的原则如下:

①在水位变化区的外部混凝土,建筑物的溢流面和经常受水流冲刷的部位,且有抗冻要求的混凝土,应优先使用硅酸盐水泥和普通硅酸盐水泥及复合硅酸盐水泥。

②环境水对混凝土有硫酸盐浸蚀性时,应选用抗硫酸盐水泥。

③大体积建筑物的混凝土、位于水下的混凝土和基础混凝土,宜选用矿渣硅酸盐水泥及粉煤灰硅酸盐水泥和火山灰质硅酸盐水泥。

(4)选用水泥强度等级的原则如下:

①所选用的水泥强度等级应与混凝土设计强度等级相适应。对于低强度等级的混凝土,当其强度等级与水泥强度等级不相适应时,应在现场掺入适量的活性混合材。所掺入量应经试验后确定。

②建筑物外部水位变化区,溢流面和经常受水流冲刷的部位的混凝土,以及受冰冻作用的混凝土,其水泥强度等级不宜低于42.5级。

③运到工地的水泥,应有出厂的品质试验报告单。到工地后,实验室必须按规定,即每200~400 t同品种、同强度等级的水泥为一取样单位,如不足200 t也可作为一取样单位。可采用机械连续取样,亦可从一批水泥中选取平均试样20 kg,从20袋水泥中或20处数量中至少各取1 kg,进行复验,必要时还要进行化学分析。

(5)水泥品质的检验,应按现行的国家标准进行。

(6)水泥的运输、保管及使用,应符合下列要求:

①水泥应按品种、强度等级,分别运输和堆放,不得混杂。

②运输过程和堆放时应防止水泥受潮。

③大、中型水闸工程应专设水泥仓库和工地设散装的水泥储罐。水泥仓库应设置在干燥地点,并应有排水、通风措施。

④堆放袋装水泥时,应设防潮层,按强度等级、厂家出厂日期分别堆放,且留出运输通道。

⑤散装水泥应及时倒罐,一般可一个月倒罐一次。

⑥先运到工地的水泥应先用,袋装水泥储运时间超过 3 个月,散装水泥超过 6 个月,使用前应重新检验。

⑦注意环境保护,避免水泥的散失浪费。

(7)对建闸中、低热水泥的技术要求。

①水泥熟料中的铝酸三钙含量,中热水泥应不超过 6%,低热水泥应不超过 8%,中热水泥熟料中的铝酸三钙含量不超过 55%;水泥熟料中的氧化镁含量应在 3.5% ~5.0% 范围内,如水泥经压蒸合格,可放宽至 6%。低热水泥熟料中游离氧化钙含量不超过 1.2%,中热水泥熟料中游离氧化钙含量不超过 1%。低热水泥中碱含量(以 Na_2O 当量计)不超过 0.5%,中热水泥中碱含量不应超过 0.6%。水泥中的 SO_3 含量不应超过 3.5%。

②细度的要求:0.080 mm 方孔筛筛余不超过 12%,水泥的细度小,早期发热快,不利于温度控制;若有温控要求,其细度宜控制在 3% ~6% 范围以内。

③凝结时间:初凝不早于 60 min,终凝不迟于 12 h。

④水泥的安定性必须合格。

(8)对水泥的强度要求:中热 52.5 级水泥抗压强度 3 d 为 20.6 MPa、7 d 为 31.4 MPa、28 d 为 52.5 MPa,抗折强度 3 d 为 4.1 MPa、7 d 为 5.2 MPa、28 d 为 7.1 MPa;低热 42.5 级水泥抗压强度 7 d 为 18.6 MPa、28 d 为 42.5 MPa,抗折强度 7 d 为 4.1 MPa、28 d 为 6.3 MPa。

(9)对水泥水化热的要求:52.5 级水泥 3 d 水化热不超过 251 kJ/kg,7 d 水化热不超过 293 kJ/kg,中热 42.5 级水泥 3 d 水化热不超过 197 kJ/kg,7 d 水化热不超过 230 kJ/kg。

二、骨料

混凝土所用的骨料分粗骨料和细骨料两种,其质量技术要求如下:骨料应根据优质条件、就地取材的原则选择,可选择用天然骨料、人工骨料或者两种互相补充。有条件的地方宜采用石灰岩质的人工骨料。

骨料选择的基本原则:

(1)骨料应按照《水利水电工程天然建筑材料勘察规程》(SDJ 17—78)中的有关规定进行。

(2)冲洗、筛分骨料时,应控制好筛分进料量和冲洗水压的进水量、筛网的孔径与倾角等,以保证各级骨料的成品质量符合要求,尽量减少细砂的流失。

人工砂生产中应保持进料粒径、进料量及料浆浓度的相对稳定性,以便控制人工砂的细度模量及石粉含量。

(3)骨料的料源:在开采前应进行详细的补充勘察,同时应根据技术经济比较,拟定使用平衡计划,避免产生过多的弃料。

（4）骨料的堆放和运输应符合下列要求：

①堆放骨料的场地，应有良好的排水设施。

②不同粒径的骨料必须分别堆存，分别设置隔离墙，严禁相互混杂。

③粒径大于 40 mm 的骨料的净自由落差不宜大于 3 m，超过时应设置缓降设备。

④骨料堆放时不宜堆成斜坡或锥体，以防产生分离。

⑤骨料储仓应有足够的数量和容积，并应保持一定的堆料厚度。砂仓容积还应满足砂料脱水的要求。

⑥应避免泥土混入料堆中，杂物应随时清除。

（5）砂料的质量技术要求如下：

①砂料应质地坚硬、清洁、级配良好，使用山砂和特细砂，应经过试验论证。

②砂的细度模数宜在 2.4 ~ 2.8 范围内。天然砂料宜按粒径分成两级，人工砂可不分。

③砂料中有活性骨料时，必须进行专门试验论证。

④其他质量技术要求应符合表 5-1 中的规定。

表 5-1　细骨料（砂）的质量技术要求

项目	指标	备注
天然砂中含泥量（%） 其中黏土含量（%）	< 3 < 1	a. 含泥量是指粒径小于 0.08 mm 的细屑淤泥和黏土的总量 b. 不应含有黏土团粒
人工砂中石粉含量（%）	6 ~ 12	指小于 0.15 mm 的颗粒
坚固性（%）	< 10	指硫酸钠液法 5 次循环后的损失
云母含量（%）	< 2	
容重（t/m³）	> 2.5	视容重小于 2.0 g/m³
轻物质含量（%）	< 1	
硫化物及硫酸盐含量，按重量计折算成（%）	< 1	
有机质含量	浅于标准色	如深于标准色，应配成砂浆进行强度对比试验

（6）粗骨料的质量技术要求如下：

①粗骨料的最大粒径不应超过钢筋净间距的 2/3 及构件断面最小边长的 1/4、素混凝土板厚的 1/2，对少筋或无筋结构，应选用较大的粗骨料粒径。

②在施工中，宜将粗骨料按粒径分成下列几个粒径级：

a. 当最大粒径为 40 mm 时，分成 5 ~ 20 mm 和 20 ~ 40 mm 两级；

b. 当最大粒径为 80 mm 时，分成 5 ~ 20 mm、20 ~ 40 mm 和 40 ~ 80 mm 三级；

c. 当最大粒径为 150 mm（或 120 mm）时，分成 5 ~ 20 mm、20 ~ 40 mm、40 ~ 80 mm 或 80 ~ 150 mm（或 120 mm）四级。

③应严格控制各级骨料的超逊径含量。以原筛孔检验，其控制标准：超径 < 5%，逊径 < 10%。当以超逊径筛检验时，其控制标准：超径为 0，逊径 < 2%。

④采用连续级配或间断级配应由试验确定。如采用间断级配,应注意混凝土运输中骨料的分离。

⑤粗骨料中含有活性骨料及黄锈等,必须进行专门的试验论证。

⑥粗骨料力学性能的要求和检验,应按国家建筑工程总局标准《普通混凝土用碎石或卵石质量标准及检验方法》(JGT 53—79)中的有关规定进行。

⑦其他的质量技术要求应符合表 5-2 中的规定。

表 5-2　粗骨料的质量技术要求

项目	指标	备注
含泥量(%)	$D20$、$D40$ 粒径级 <1 $D80$、$D150$(或 $D120$)粒径级 <0.5	各粒径级均不应含有黏土团块
坚固性(%)	<5 <12	有抗冻要求的混凝土 无抗冻要求的混凝土
硫酸盐及硫化物含量,按质量计 SO_3(%)	<0.5	
有机质含量	浅于标准色	如深于标准色,应进行混凝土强度对比试验
容重(t/m³)	>2.55	
吸水率(%)	<2.5	
针片状颗粒含量(%)	<15	碎石经试验论证可以放宽至25%

三、水

(1)凡适用于饮用的水,均可用以拌制和养护混凝土,但未经处理的工业用后的污水和沼泽水,不得用于拌制和养护混凝土,天然的矿化水,如果其化学成分在表 5-3 的规定内,可以用来拌制和养护混凝土。

表 5-3　拌制和养护混凝土的天然矿化水的化学成分

水的化学成分	单位	混凝土和水下的钢筋混凝土	水位变化区和水上的钢筋混凝土
总含盐量不超过	mg/L	35 000	5 000
硫酸根离子含量不超过	mg/L	2 700	2 700
氯离子含量不超过	mg/L	300	300
pH 值不小于	—	4	4

注:1. 本表适用于各种大坝水泥、硅酸盐水泥、普通硅酸盐水泥、矿渣硅酸盐水泥、火山灰质硅酸盐水泥和粉煤灰硅酸盐水泥拌制的混凝土。

2. 采用抗硫酸盐水泥时,水中硫酸根离子含量允许加大到 10 000 mg/L。

(2)对拌制和养护混凝土的水质有怀疑时,应进行砂浆强度试验。如用该水制成的砂浆抗压强度低于饮用水制成的砂浆 28 d 龄期的抗压强度的 90%,则这种水不宜用以拌制和养护混凝土。

四、活性混合材

（1）为改善混凝土的性能，合理降低水泥用量，宜在混凝土中掺入适量的活性混合材，掺用部位及最优掺量通过试验确定。

（2）对非成品原状粉煤灰的品质指标要求如下：

①烧失量不得超过 12%。

②干灰的含水量不得超过 1%。

③三氧化硫（水泥和粉煤灰总量中）含量不得超过 3.5%。

④0.08 mm 方孔筛筛余量不得超过 12%。

（3）成品粉煤灰的品质指标应按国家标准执行。

五、外加剂

为改善混凝土的性能，提高混凝土的质量及合理降低水泥用量，必须在混凝土中掺加适量的外加剂，其掺量通过试验确定。常用的外加剂有减水剂、加气剂、缓凝剂、速凝剂和早强剂等。应根据施工需要，对混凝土性能的要求及建筑物所处的环境条件，选择适当的外加剂。

使用外加剂应注意以下事项：

（1）有抗冻要求的混凝土必须掺用加气剂，并严格限制水灰比。

（2）混凝土的含气量宜采用下列数值：

①当骨料最大粒径为 20 mm 时，含气量为 6%；

②当骨料最大粒径为 40 mm 时，含气量为 5%；

③当骨料最大粒径为 80 mm 时，含气量为 4%；

④当骨料最大粒径为 150 mm 时，含气量为 3%。

（3）如需早强混凝土，宜在混凝土中掺加早强剂，以提高混凝土的早期强度。但工业用氯化钙只适用于素混凝土中，其掺量（以无水氯化钙占水泥质量的百分数计）不得超过 3%，在砂浆中的掺量不得超过 5%。为了避免氯化钙腐蚀钢筋，在钢筋混凝土中应掺加非氯盐早强剂。

（4）使用早强剂后，应尽量缩短混凝土的运输和浇筑时间，并应特别注意洒水养护，保持混凝土表面湿润。

（5）使用外加剂时应注意的事项：

①外加剂必须与水混合配成一定浓度的溶液，各种成分用量应准确。对含有大量固体的外加剂（如含石灰的减水剂），其溶液应通过 0.6 mm 孔眼的筛子过滤。

②外加剂溶液必须搅拌均匀，并定期取有代表性的样品进行混凝土鉴定。

③当外加剂储存时间过长，对其质量有怀疑时，必须进行试验鉴定，严禁使用变质的外加剂。

六、钢材的原材料使用要求

建水闸的钢筋一般规定如下：

（1）钢筋混凝土中所使用的钢筋和预应力混凝土中非预应力钢筋必须符合现行的《钢筋混凝土用热轧光圆钢筋》（GB 13013—91）、《钢筋混凝土用热轧带肋钢筋》（GB 1499—98）及《冷轧带肋钢筋》（GB 13788—92）、《低碳钢热轧圆盘条》（GB 701—1997）等的规定。其力学、工艺性能如表5-4所示。环氧树脂涂层钢筋的标准可按照现行《环氧树脂涂层钢筋》（JG 3042—1997）执行。

表5-4　钢筋的力学、工艺性能

品名		强度等级代号	公称直径（mm）	屈服点 σ_s（MPa）	抗拉强度 σ_b（MPa）	伸长率（%）	冷弯	反向弯曲正弯45°反弯23°	应力松弛 $\sigma_{con} = 0.7\sigma_b$		备注
外形	钢筋级别			不小于			$d=$弯心直径 $a=$钢筋公称直径		1 000 h 不大于（%）	10 h 不大于（%）	
光圆钢筋	I	R235	8～20	235	370	δ_5 25	180° $d=a$				摘自《钢筋混凝土用热轧光圆钢筋》（GB 13013—91）
热轧带肋钢筋		HRB335	6～25 28～50	335	490	δ_5 16	180° $d=3a$ $d=4a$	$d=4a$ $d=5a$			摘自《钢筋混凝土用热轧带肋钢筋》（GB 1499—98）
		HRB400	6～25 28～50	400	570	δ_5 14	180° $d=4a$ $d=5a$	$d=5a$ $d=6a$			
		HRB500	6～25 28～50	500	630	δ_5 12	180° $d=6a$ $d=7a$	$d=7a$ $d=8a$			
冷轧带肋钢筋		LL550	5～10	$\sigma_{0.2}$ 550	550	σ_{10} 8	180° $d=3a$				摘自《冷轧带肋钢筋》（GB 13788—92）
		LL650		$\sigma_{0.2}$ 520	650	σ_{100} 4	180° $d=4a$		8	5	
		LL800		$\sigma_{0.2}$ 640	800	σ_{100} 4	180° $d=5a$		8	5	
低碳钢热轧圆盘条		Q215 Q235	5.5～30	215 235	375 410	$\sigma10$ 27 23	180° $d=0$ $d=0.5a$				摘自《低碳钢热轧圆盘条》（GB 701—1997）

（2）钢筋必须按不同钢种、等级、牌号及生产厂家分批验收，分别堆放，不得混杂，且应设立识别标志。钢筋在运输过程中应避免锈蚀和污染。钢筋宜堆置在仓库（棚）内，露天堆置时应垫高并遮盖。

（3）钢筋应具有出厂质量证明和试验报告单，对建闸所用的钢筋应抽取试样做力学性能试验。

（4）以另一种强度、牌号或直径的钢筋代替设计中所规定的钢筋时，应了解设计意图和代用材料性能，并须符合现行的规范要求。重要的结构在代用钢筋时，应由设计单位变更后才可使用。

（5）预制构件的吊环应采用未经冷拉的Ⅰ级热轧钢筋制作。

第二节　砌石材料的选择原则和技术要求

石料是砌石工程所用的主要材料，其质量优劣将直接影响砌石工程的施工质量，特别是砌石工程的安全性和稳定性。所以，对砌石所用的石材，必须要符合下列要求。

（1）对石料质量的要求如下：

①用于砌石工程的石料，其石质应新鲜、坚硬、密实、无裂纹、不含易风化的矿物颗粒，遇水不易泥化和崩解，其抗水性、抗压强度、几何尺寸、含水饱和极限抗压强度等均应符合实际要求，软化系数宜在0.75以上。

②粗石料：一般为矩形，应棱角分明，六面基本平整，同一面高差应控制在石料长度的1%～3%，长度宜大于50 cm，宽度应不小于25 cm，长宽比不宜大于3。异性石应专门加工成必须符合设计要求的特定形状和尺寸。

③块石：应有两个基本平行的面，且大致平整，无尖角、薄边，块厚宜大于20 cm。

④毛石：无一定规则形状，单块重量大于25 kg，其中部厚度不宜小于20 cm，并按国家标准《砌石工程施工及验收规范》（GB 50203—98）规定。

⑤自行爆破采石，必须严格执行安全生产法规和安全操作规程，每次爆破后应认真观察分析，了解现场爆破石料情况。

（2）砌石工程所用材料应符合下列规定：

胶结材料是砌石工程的重要材料之一，针对水利工程的特点，胶结材料有水泥砂浆和小骨料混凝土两种。其质量的优劣直接影响砌石工程的质量，因此对胶结材料的质量控制，应作为对砌石工程质量控制的重点。

砌石工程所用材料应符合下列要求：

①混凝土浆砌块石所用的石子粒径不宜大于20 mm。

②水泥强度等级不宜低于32.5级。

③使用混合材料和外加剂，应通过试验确定。混合材料宜优先选用粉煤灰，其品质指标参照有关规定。

④配制建筑使用的水泥砂浆和小石子混凝土，应按设计强度等级提高15%，配合比应通过试验确定，同时应具有适宜的和易性。

⑤胶结材料的施工配制强度 $f_{cu,o}$ 必须符合下式规定：

$$f_{cu.o} = f_{cu.k} + 0.84\sigma \tag{5-1}$$

式中 $f_{cu.k}$——设计的胶结强度材料的标准值，N/mm^2；

σ——施工单位的胶结材料强度标准差，N/mm^2。

考虑到砌石工程胶结材料在施工中的不均匀性，对施工的配置强度作出规定，以使胶结材料的强度保证率能满足 80% 的最低标准要求，即应按式(5-1)的要求，这也是水利工程一直沿用的行之有效的基本规定。

式(5-1)中胶结材料的标准差 σ 应有强度等级、配合比相同和施工工艺基本相同的抗压强度资料统计求得，试块统计组数宜大于或等于 25 组。当施工单位不具有近期胶结材料强度资料时，可根据已建工程的经验，对强度等级小于 C20 的混凝土，其强度标准差可采用 4 μ/mm^2(4 MPa)，对强度等级为 M7.5、M10、M15 等级的水泥砂浆，其强度标准差可依次分别采用 1.88 N/mm^2、3.5 N/mm^2 和 3.75 N/mm^2。

⑥胶结材料各组分的计量允许偏差如表 5-5 所示。

表 5-5 胶结材料各组分的计量允许偏差

材料名称	允许偏差
水泥	±2%
砂(砾石)	±3%
水、外加剂溶液	±1%

⑦在胶结材料中掺用外加剂和粉煤灰，调整凝结时间、改善施工和易性和抗渗、抗冻性能十分有益。但外加剂的产品必须有出厂合格证书、产品检验结果和使用说明；外加剂的包装应标有名称、规格、型号、净重及有效日期；在运输、储存过程中应有防止污染变质的有效措施；掺量必须经过试验确定，因掺量过多或过少，都不会达到预期效果。

胶结材料中掺用粉煤灰，具有减水增强、节约水泥、降低成本、改善胶结材料的和易性、保水性等效果。

用于砌石工程的粉煤灰，可以采用Ⅲ级品质的粉煤灰，也可选用等级较高的Ⅱ级及其以上的粉煤灰。不论使用何种品质的粉煤灰，应通过试验确定。

第三节 建闸所用施工材料的质量总体要求和内容

建闸施工所用的材料包括原材料、半成品、成品等。凡是构成工程实体主要物质的质量的优劣直接影响到工程质量。没有符合质量要求的材料，工程质量就不可能达到标准要求。由于建闸的品种多、数量大、费用高，所以做好工程材料的质量控制对提高工程的质量具有重大意义。

一、材料质量控制的意义

(1)保证工程的质量。工程材料是构成工程的实体，直接影响工程的质量。材料质量不符合合同和规范及设计的要求，工程质量就不可能符合标准，就无法达到设计标准。

所以,在施工中只有通过对各种所用的原材料质量控制,才能确保工程的顺利进行,才能满足设计的要求,才能对工程的质量起到保障的作用。

(2)保证工程如期竣工。加强对材料的质量要求,实行"预防为主"的方针,确保材料的质量,则可避免因材料不合格而引起的返工浪费、延误工期。

(3)降低工程的成本。对施工过程中使用的原材料进行严格的把关,可以避免由于使用不符合规定要求的低劣材料而造成质量事故,从而减少了经济损失,降低了工程的施工成本,确保了承包商的经济效益。

(4)确保工程的顺利施工。工程材料的质量控制好,不仅避免了由于材料问题而造成质量事故或缺陷,而且可避免由此而引起的一些不必要的纠纷,从而保证工程的顺利施工。

二、材料质量控制的内容

材料质量控制的主要内容有:材料的质量标准,材料的性能,材料的取样,试验方法以及材料的使用范围和施工要求,材料质量证明文件的完整性,材料的质量检验制度等。

(1)材料的质量标准要求:材料质量的标准是用以衡量材料质量的尺度。不同的材料有不同的质量标准。如水泥的质量标准,应根据各种水泥的品种不同,采用相应的国家标准,如《硅酸盐水泥、普通硅酸盐水泥》(GB 75—85)和《矿渣硅酸盐水泥、火山灰硅酸盐水泥及粉煤灰硅酸盐水泥》(GB 1344—85)。就水泥的细度、标准稠度、用水量、凝结时间、体积安定性及强度方面作出明确的规定,并通过使用水泥的检验说明来看是否符合其各自的水泥标准。

(2)材料的质量必须经过各种检验:

①材料质量检验的目的:通过一系列的检测手段,将所需要的施工材料质量数据与材料的质量标准相比较来确定材料质量的可靠性,来确定能否适用于工程中。

②质量标准的原则:是及时检验的原则,施工单位将要所用的材料的品质证明文件、样品、试验结果即时申请递交监理单位后,监理工程师应根据施工单位申报的计划,立即采取可靠的检验手段,在现场附近按规范规定取样,对所申报的工程材料进行检验。

③检验的方法:一般有书面检验、外观检验、理化检验、无损检验等。

a. 书面检验:由监理工程师对施工单位所提供的材料质量三检的资料、试验报告等进行审核,并取得同意后方可使用。

b. 外观检验:由监理工程师对施工单位所提供的材料样品,从品种规格标志、外形尺寸等进行直观检查,对钢筋的规格、型号、标牌等外部尺寸的检验。

c. 理化检验:利用现场试验设备及另请有一定资质的试验单位对所在现场取得的材料样品的物理、化学成分、机械性能等进行科学的试验与鉴定,如对钢材的机械性能、化学成分进行分析。

d. 无损检验:在不破坏原材料的情况下,利用超声波或 X 射线表面探伤等仪器进行检测,如用回弹仪测定混凝土强度。

总之,工程材料的检验方法应根据工程项目的具体情况和来源进行选择,通常是将上述几种方法结合起来,根据试验要求和项目具体情况来分别采用。

④材料检验的具体过程:一般分免检、抽检、全面检验几部分。

a. 免检:免掉质量检验过程。对有足够质量保证的一般材料,实践证明材料在长期使用中性质稳定,但其质量保证资料齐全,这种情况对该材料可免检。

b. 抽检:用随机抽样的方法对材料进行抽样检验。这也是监理工程师常用的一种方法。抽检常用于下列情况:对施工单位提供的三检资料,尤其对试验和检测资料有怀疑时,或现场使用的材料标牌不清,外观检验有质量问题时,由工程材料的重要性程度决定应进行一定比例的抽检,以加强对材料质量的可靠性。

c. 全面检验:对于进口的材料、设备和重要工程部位所用的材料以及对安全可靠性要求特别高的材料和新产品、新品种的材料,均应进行全面检验,以确保材料的质量。

⑤工程材料质量检验的项目和各项目的检验数量要求。

材料质量检验项目可分为一般检验项目和其他检验项目两类。现将常用的几种材料的检验项目列于表5-6中。

表 5-6   材料检验项目

序号	材料名称	一般检验项目	其他检验项目
1	水泥	强度等级	安定性、凝结时间
2	钢筋	屈服强度、延伸、冷弯	冲击韧性、化学成分、硬度、疲劳强度
3	结构用型钢	屈服强度、延伸、冷弯	冲击韧性、化学成分
4	焊条	极限强度、延伸率、冲击韧性	化学成分
5	砖	强度等级	外观规格、吸水率
6	砂	级配、含泥量	
7	石子	级配、含泥量	
8	沥青	针入度、软化点、耐热度、韧性	
9	木材	含水率	顺纹抗压、抗拉、抗弯、抗剪等强度

材料质量检验的取样要求如下:

材料质量检验的取样必须有代表性,故必须采取正确的取样方法,按规定的部位、数量及操作要求进行取样。

水泥:同一生产厂家生产、同期出厂的同一品种和同强度等级的水泥,以一次进场的水泥为一批,且一批的总量不超过400 t,从中选取平均试样20 kg,从20袋水泥或20处散装水泥中各取1 kg。

冷拉钢筋:按同一品种、尺寸分批进行检验,直径小于或等于12 mm的,每批质量大于10 t;直径大于或等于14 mm的,每批质量大于20 t。在每批中随机抽样的三根钢筋上各取一拉力试样和冷弯试样。

砂石:以产地规格相同的200 m³为一批,不足200 m³者亦为一批,在料堆上取样时,应在其顶部、中部和底部均匀分布的不同部位用4分法取数量大致相同的8份砂或15份石子,试验用量按缩分取样。

砌筑砂浆:按每一楼层或250 m³砌体取样,每一强度等级的砂浆做一组试样做强度试验。

对于材料的检验取样,应按规范和合同规定的要求,同时监理工程师可按随机抽样法、二次抽样法、分层抽样法等方法取样来校验。

一次抽样检验的概念:根据一次对 n 个样品的检验结果来判断该批产品是否合格,如图 5-1 所示。其中 N 为一批产品数量(即批量);n 为从批量中随机抽取的样本数;d 为抽出样本中不合格品数;c 为抽样中允许不合格品数(或称合格判定数)。若 $d \leqslant c$,则认为该批产品为合格,可以接收;若 $d > c$,则说明该批产品不合格,不能用于工程中。

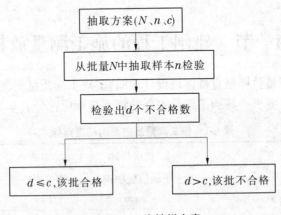

图 5-1   一次抽样方案

三、建闸材料的质量检验制度

建闸工程材料的质量检验是工程施工过程中质量控制的重要组成部分,应根据建闸工程的特点,制定出工程材料的质量检验制度,使监理单位和施工单位在施工过程中能达到有效控制材料质量的目的,从而确保工程的安全。

工程材料质量检验制度的主要内容包括以下五个方面:

(1)工程施工中所用的主要材料,如水泥、钢材、木材、石灰、焊条、沥青、砖等,在进入施工现场时,必须在使用前向监理工程师报送出厂合格证明或自检的检验单,必须经监理工程师审查,检验认可后方可使用。

(2)对混凝土、砂浆、防水材料等,所使用的原材料应经监理确认批准后,然后由施工单位进行配合比设计和多方案比较试验,测试拌和物的各种数据,再由监理工程师审核认可。

(3)对混凝土预应力构件及钢筋混凝土构件,在生产前,工厂应将样品送监理工程师确认,然后才能分批生产。在各类构件的生产过程中,应有驻厂监理进行日常监造。在构件进入工地使用时,工厂应随构件提供每日试件的抗压强度。有抗冻抗渗要求的构件,均应提供其试验报告,以备审查。对预制厂加工的成品、半成品,应由生产厂家提供出厂合格证明,必要时监理工程师可做抽样检查。

(4)对进口材料,应按合同核对凭证和进行校验,如发现问题应通过有关途径要求赔偿。

(5)对新材料、新结构要经过技术鉴定合格且经监理工程师审核批准后,才能在工程中使用。

第六章　闸体的施工技术

为了规范水闸工程施工,水利部建设司于1992年发布并实施了《水闸施工规范》(SL 27—91)。几十年来,该规范对水闸工程的建设起到了很大的指导作用,经济效益和社会效益都很显著。

第一节　建闸工程的施工测量放样

水闸工程施工测量放样是直接体现设计意图,实现工程质量的基本途径和质量基础。精度控制等则是基本要求。其施工期最主要的精度指标应符合表6-1的规定。

表6-1　施工测量最主要的精度指标

序号	项目	精度指标			说明
		内容	平面位置中误差(mm)	高差中误差(mm)	
1	混凝土建筑物	轮廓点放样	±(20~30)	±(20~30)	相对于邻近基本控制点
2	土石料建筑物	轮廓点放样	±(30~50)	±30	相对于邻近基本控制点
3	机电设备与金属结构安装	安装点	±(1~10)	±(0.2~10)	相对于安装轴线和水平度
4	土石方开挖	轮廓点放样	±(50~200)	±(50~100)	相对于邻近基本控制点
5	局部地形测量	地物点	±0.75(图上)	—	相对于邻近图根点
		高程注证点		为基本等高程	相对于邻近高程控制点
6	施工期间外部变形观测	水平位移测量	±(3~5)		相对于工作基点
		垂直位移测量	—	±(3~5)	相对于工作基点

为了确保最终精度指标,就要求必须使用合格的测量仪器,采用符合规定的办法,按照相应的限差要求测量出相应精度的平面控制和高程控制成果,这样才能保证建闸工程施工质量的作用。

近年来,GPS全站仪和电子水准仪的应用,使水利工程施工测量更容易达到表6-1中所规定的各项精度指标。

一、施工测量人员应遵守的准则

(1)现场作业时,必须遵守有关安全技术操作规程,注意人身和仪器的安全,禁止冒险作业。特别是建闸工程工地存在许多人身和技术操作方面的安全因素,更应特别强调人身和仪器的安全,严禁违反操作规程,防止质量事故的发生。

(2)对所有观测记录的手稿,必须保证完整,不得任意撕页和涂改,记录中间也不得无故留下空页。为的是确保外业所采取的数据的可靠性,只有提供真实的可靠数据,才能保证为施工提供真实可靠的测量成果,确保工程的施工质量。

(3)施工测量成果资料(包括观测记录、放样单、放样记载手簿)、图表(包括地形图、竣工断面图、控制网计算资料)应统一编号,妥善保管,分类归档。

二、各项施工测量主要精度指标的具体要求

(一)混凝土建筑物轮廓点放样测量的具体要求

《水闸施工规范》(SL 27—91)规定,混凝土建筑物轮廓点放样测量,相对于邻近基本控制点的平面位置中误差和高程误差均规定为±(20~30)mm,之所以将水闸混凝土建筑物轮廓点放样精度规定在(20~30)mm区间,是因为在主要建筑物轮廓点放样测量的平面位置中误差和高程误差均规定为±20 mm,各种翼墙及闸的衬砌轮廓点放样测量的平面位置中误差,规定为±25 mm,高程中误差为±20 mm,护坡等轮廓点放样测量的平面位置中误差和高程误差均规定为±30 mm。为满足工程不同部位对放样测量精度的不同要求,综合后明确了该项规定。

(二)土石料建筑物轮廓点放样测量的具体要求

根据施工图纸和施工控制网点,测量定线并按实际现场情况和地形测量的位置,测放检查开挖前断面及高程,测绘开挖前的原始地面线、覆盖层及开挖后的竣工建筑物基面等、纵横断面及地形图,测量和绘制基础开挖施工现场布置图及各阶段开挖面貌图。

(1)断面测量应符合下列规定:

①断面测量应平行主体建筑物,基础的断面应布设各闸中轴线,其断面的距离的确定,用钢卷尺实量,实测各间距总和与断面基础线总长(L)的差值应控制在$L/500$以内。

②断面测量需设转点时,其间距可用钢尺和皮尺实测,若用视距观测,必须进行往返测,其误差应不大于1/2 000。

③开挖过程中的断面测量,可用经纬仪(或全站仪)测量断面桩高程,但在岩基竣工断面测量时,必须以五等水准测量断面桩高程。

(2)基础开挖完成后,应及时测量绘制最终开挖竣工地形图以及设计施工详图,同位置、同比例的纵横剖面图、竣工地形图。纵横剖面图的规格应符合下列要求:

①原始地面(覆盖层和岩基面)地形图比例一般为1:200~1:1 000。

②用于计算工程量的横断面图,纵向比例一般为1:100~1:200,横向比例一般为1:200~1:500。

③竣工基础横断面地形纵横比例一般为1:100~1:200。

④竣工建基面地形图比例一般为1:200,等高距可根据坡度和岩基起伏状况选用0.2

m、0.5 m 或 1.0 m,也可测绘平面高程图。

⑤对于土石料建筑物轮廓点放样测量相对于邻近基本控制点的平面位置中误差规定为 ±(30~50)mm,高程中误差规定为 ±30 mm,这是根据土石料建筑物不同部位放样的平面精度要求不同,对于填料放样精度要求不高,放样点平面中误差规定为不大于 1:200 断面图上 0.25 mm,即实地为 ±50 mm。

⑥土石方开挖轮廓点放样测量相对于邻近基本控制点的平面位置中误差为 ±(50~200)mm,高程中误差为 ±(50~100)mm。这是参照《水工建筑物岩石基础开挖工程施工技术规范》(SL 47—94)的规定,开挖轮廓点放样中误差覆盖层平面为 ±250 mm,高程为 ±125 mm,岩石平面为 ±100 mm,高程为 ±50 mm。

(三)机电设备与金属结构安装放样测量的具体要求

机电设备与金属结构安装放样测量,应相对于建筑物安装轴线的平面位置测量中误差规定为 ±(1~10)mm,相对于水平度的高程测量中误差规定为 ±(0.2~10)mm。在水闸工程的施工测量中,机电设备与金属结构安装放样测量精度较高。

(四)局部地形测量的具体要求

水闸工程施工场地的地形图测量精度为:地物点的平面位置中误差为图上 ±0.75 mm,高程注记点的高程中误差为 $h/3$。

为满足现场施工管理和施工设计的需要,在水闸工程的施工阶段需要测制 1:200~1:2 000 比例尺地图,成图最终平面精度规定为图上 ±0.75 mm,是根据地物点的平面位置中误差估算公式计算而得的。

高程注记点的高程中误差也是按公式进行计算作为参改的。

(五)施工期间外部变形观测的具体要求

水平位移点相对于工作基点的平面位置中误差为 ±(3~5)mm,垂直位移测点相对于工作基点的高程中误差为 ±(3~5)mm。因为水闸在施工期间外部变形观测是为能够发现并保证施工安全而进行的临时性观测,所以它的精度标准要比永久性变形观测低 1~3 倍。

三、水闸工程施工测量的具体测量方法

(一)直接丈量

当有良好的丈量条件时,可采用直接丈量法进行闸墩台施工定位,直接丈量法应对尺长、温度、拉力、垂直和倾斜度进行改正计算,其改正计算公式如下。

1.尺长改正数(ΔL_d)

尺长改正数为

$$\Delta L_\mathrm{d} = \frac{L_钢 - L_0}{L_0} L \tag{6-1}$$

式中 $L_钢$——钢尺的总长(刻度数),m;

L_0——钢尺检定时的标准长度,m;

L——实测尺段长度。

2. 温度改正数(ΔL_t)

温度改正数为

$$\Delta L_t = LK(t - t_0) \tag{6-2}$$

式中　L——实测尺段长度,m;

　　　t_0——钢尺标准长度时的温度,℃;

　　　t——测量时的实际平均温度,℃;

　　　K——经检定的钢尺的线膨胀系数,如不确定,可采用 0.000 011 7/℃。

3. 拉力改正数(ΔL_P)

拉力改正数为

$$\Delta L_P = \frac{L(P - P_0)}{AE} \tag{6-3}$$

式中　L——实测尺段长度,m;

　　　P——测量时的实际拉力,N;

　　　P_0——检定时的标准拉力,N;

　　　A——钢尺的断面面积,cm^2;

　　　E——钢尺材料的弹性模量,MPa。

4. 垂直改正数(ΔL_ρ)

垂直改正数为

$$\Delta L_\rho = \frac{d}{24}\left(\frac{md}{p}\right)^2 \tag{6-4}$$

式中　d——量距时钢尺两端支点间的距离,m;

　　　m——钢尺每单位长度的质量,kg;

　　　p——测量时的实际拉力,Pa。

5. 倾斜度改正数(ΔL_h)

倾斜度改正数为

$$\Delta L_h = -\left(\frac{h^2}{2L} + \frac{h^4}{8L^3}\right) \tag{6-5}$$

式中　L——倾斜尺段长度,m;

　　　h——两端高差,m。

6. 每一尺段的实际长度(d_n)

每一尺段的实际长度计算式为

$$d_n = L + \Delta L_d + \Delta L_t + \Delta L_P + \Delta L_\rho + \Delta L_h \tag{6-6}$$

7. 全长距离(d)

全长距离的计算式为

$$d = \sum d_n = \sum (L + \Delta L_d + \Delta L_t + \Delta L_P + \Delta L_\rho + \Delta L_h) \tag{6-7}$$

(二)电磁波测距仪法

　　大中型水闸的水中墩台和基础的位置,宜用检验过的电磁波测距仪测量,闸墩中心线在闸轴线方向上的位置中误差不应大于 ± 15 mm。

量距精度按下列公式计算。

1. 各尺段观测值的中误差(m')

$$m' = \pm \sqrt{\frac{[VV]}{n}} \tag{6-8}$$

式中　$[VV]$——各次丈量值与平均值之差的平方和；

　　　n——丈量次数。

2. 各尺段算术平均值的中误差 m

$$m = \frac{m'}{\sqrt{n}} = \pm \sqrt{\frac{[VV]}{n(n-1)}} \tag{6-9}$$

式中符号意义同前。

3. 测量段全长的中误差 M

$$M = \pm \sqrt{m_1^2 + m_2^2 + \cdots + m_n^2} \tag{6-10}$$

式中　$m_1, m_2 \cdots, m_n$——各尺段算术平均值的误差。

4. 测量段的精度(M_D)

$$M_D = \frac{M}{D} \tag{6-11}$$

式中　M——测量段全长的中误差；

　　　D——测量段全长的算术平均值。

(三)视距法测距要求

当距离精度要求高于 1/25 000 时，可采用视差法提高其精度，采用 2 m 横基尺为定基线尺，进行测距时其方法如下。

1. 横尺站点法

计算公式　　　　　$D = \frac{B}{2}\cot\varphi \tag{6-12}$

精度公式　　　　　$m_s = \frac{D^2}{2}\frac{m''_\varphi}{\rho} \tag{6-13}$

式中　m_s——横尺尺长检定中误差所引起的中误差；

　　　m''_φ——视差角测角中误差；

　　　$\rho = 206\ 265''$；

　　　其他符号的意义参见图6-1。

2. 横尺中点法

计算公式　　　　　$D = D_1 + D_2 = \frac{B}{2}(\cot\varphi_1 + \cot\varphi_2) \tag{6-14}$

精度公式　　　　　$m_s = \frac{D^2}{2\sqrt{\delta}}\frac{m''_\varphi}{\rho} \tag{6-15}$

式中各符号意义见图6-2。

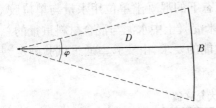

图 6-1　横尺站点法简图　　　　　图 6-2　横尺中点法简图

3. 辅助基线端点法

计算公式

$$D = \frac{B}{2}\cot\varphi_1 \frac{\sin(\varphi_2 + \gamma)}{\sin\varphi_2} \tag{6-16}$$

精度公式

$$m_s = D\sqrt{D\frac{m''_\varphi}{\rho}} \tag{6-17}$$

式中各符号意义见图6-3。

4. 辅助基线中点法

计算公式

$$D = \frac{B}{2}\cot\frac{\varphi_1}{2}\sin\gamma(\cot\varphi_2 + \cot\varphi_3) = D_1 + D_2 \tag{6-18}$$

精度公式

$$m_s = 0.6D\sqrt{D\frac{m''_\varphi}{\rho}} \tag{6-19}$$

式中各符号意义见图6-4。

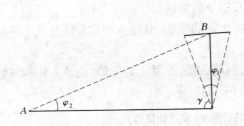
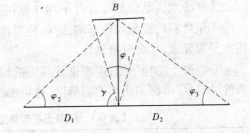

图 6-3　辅助基线端点法简图　　　　　图 6-4　辅助基线中点法简图

第二节　混凝土的施工技术要点

水闸的主体工程是混凝土工程,其施工技术是最重要的工序,是决定施工质量的重要环节,因此必须做好施工前的准备工作,共三项:混凝土的配合比试验、模板的制作安装和钢筋的制作安装等。

一、混凝土施工前的准备工作

(一)配合比选定的基本要求

(1)为确保混凝土的质量,工程所用混凝土的配合比必须通过试验确定。

(2)对于大体积建筑物的内部混凝土,胶凝材料用量不宜低于 140 kg/m³。

（3）混凝土的水灰比应以骨料在饱和面干状态下的混凝土单位用水量与单位胶凝材料用量的比值为准，单位胶凝材料用量为每立方米混凝土中水泥与混合材料重量的总和。

（4）混凝土的水灰比应根据设计对混凝土性能的要求，由实验室通过试验确定，并不应超过表6-2的规定。

表6-2　水灰比最大允许值

混凝土所在部位	寒冷地区	温和地区
上、下游水位以上	0.6	0.65
上、下游水位变化区	0.5	0.55
上、下游最低水位以下	0.55	0.60
基础	0.55	0.60
内部	0.7	0.70
受水流冲刷部位	0.50	0.50

表6-2注：①在环境水有侵蚀性的情况下，外部水位变化区及水下混凝土的最大允许水灰比应减小0.05。

②在采用减水剂和加色剂的情况下，经过试验论证，内部混凝土最大允许水灰比可增加0.05。

③寒冷地区是指最冷月月平均气温在-3℃以下的地区。

④粗骨料的级配及砂率的选择，应考虑骨料生产的平衡、混凝土的和易性及最小单位用水量等要求，综合分析确定。

⑤混凝土的坍落度，应根据建筑物的性质，钢筋含量，混凝土的运输、浇筑方法和气候条件决定，尽可能采用小的坍落度，也可参照表6-3的规定。

表6-3　混凝土在现场浇筑的坍落度（使用振捣器）

建筑物的性质	标准圆锥坍落度（cm）
水工混凝土或少筋混凝土	3～5
配筋率不超过1%的钢筋混凝土	5～7
配筋率超过1%的钢筋混凝土	7～9

注：有温控要求或低温季节浇筑混凝土时，混凝土的坍落度可根据具体情况酌量增减。

⑥在选择混凝土配合比时，也可按下式计算：

$$R_{配} = \frac{R_{标}}{1 - tC_v} = kR_{标} \tag{6-20}$$

式中　k——系数，见表6-4；

$R_{配}$——选择配合比时混凝土的配制强度，kg/cm^3；

$R_{标}$——混凝土的设计强度等级，kg/cm^3；

t——保证率系数,见表6-5;

C_v——离差系数,见表6-6。

表6-4　k值表

C_v	保证率 ρ(%)			
	90	85	80	75
0.1	1.15	1.12	1.09	1.08
0.13	1.20	1.15	1.12	1.10
0.15	1.24	1.19	1.15	1.12
0.18	1.30	1.22	1.18	1.14
0.20	1.35	1.26	1.20	1.16
0.25	1.47	1.35	1.27	1.21

表6-5　保证率和保证率系数的关系

保证率 ρ(%)	80	85	90	95
保证率系数 t	0.84	1.04	1.28	1.63

表6-6　离差系数

强度等级	< C15	C20 ~ C25	≥ C30
C_v	0.20	0.18	0.15

⑦混凝土配比设计的基本准则:应经过有资质的试验过的技术主管部门批准,在施工过程中,如有原则性变动,应由设计、监理主管部门批准后方可进行。

(二)模板制作的要求

(1)应根据混凝土结构物的特点及施工单位的材料、设备、工艺等条件尽可能采用技术先进、经济合理的模板形式。

(2)模板及支架必须符合下列要求:

①保证混凝土浇筑后结构的形状、尺寸与相互位置应符合设计要求。

②具有足够的稳定性、刚度和强度。

③尽量做到标准化、系列化、装拆方便,用转次数高,有利于混凝土工程的机械化施工。

④模板表面光洁平整,接缝严密,不漏浆,以保证混凝土表面的质量。

⑤模板工程采用的材料及制作、安装等工序均应进行质量检查合格后,才能进行下一工序。

(3)模板的设计:水闸混凝土建筑物的模板设计应与施工密切配合,选用合理的体型、构造及分层分块尺寸,为模板工程标准化、系列化创造条件。

(4)重要结构的模板,移动式、滑动式、工具式及永久性的模板,均须进行模板设计并提出材料制作、安装、使用及拆除工艺的具体要求。模板设计图纸应标明设计荷载及挖制条件,如混凝土的浇筑顺序和浇筑速度、施工荷载等。

（5）模板工程设计应符合现行的国家标准和部分标准的规定,各标准中的构造要求,根据模板的具体工作条件适当选用。

（6）模板及支架按下列荷载计算:①模板及支架的自重;②新混凝土的重量;③钢筋的重量;④工作人员及浇筑设备、工具等荷载;⑤振捣混凝土时产生的荷载;⑥新浇混凝土的侧压力;⑦风荷载及其他荷载。

（7）大体积混凝土模板及支架的计算荷载。

在计算普通模板、支架及拉模时,可参考下列荷载标准值及计算公式:

①模板及支架的自重应根据设计图纸确定。木材的容重,针叶类按 600 kg/m² 计算,阔叶类按 800 kg/m² 计算。

②新浇筑混凝土及钢筋的重量:

混凝土的容重应根据试验确定,一般可按 2.4 ~ 2.5 t/m³ 计算。钢筋重量应根据设计图纸确定,对一般钢筋混凝土可按 10 kg/m³ 计算。

③工作人员及浇筑设备、工具的荷载:

计算模板及直接支承模板时可按均布活荷载 2.5 kN/m² 及集中荷载 2.5 kN/m² 验算。计算支承棱木的构件时可按 1.5 kN/m² 计,计算支架立柱时按 1 kN/m² 计。

④振捣混凝土时所产生的荷载:可按 1 kN/m² 计。

⑤新浇大体积混凝土的侧压力:

a. 最大侧压力 p_m 值可参考表 6-7 选用。

表 6-7　最大侧压力 p_m 值　　　　　　　　　　　　（单位:kPa）

温度 （℃）	平均浇筑速度（m/h）						说明
	0.1	0.2	0.3	0.4	0.5	0.6	
5	22.55	25.50	27.46	29.42	31.38	32.36	本表适用于混凝土坍落度在 11 cm 以下未加缓凝剂的情况
10	19.61	22.55	24.52	26.48	28.44	29.42	
15	17.65	20.59	22.55	24.52	26.48	27.46	
20	14.71	17.65	19.61	21.57	23.54	24.52	
25	12.75	15.69	17.65	19.61	21.57	22.55	

b. 混凝土侧压力的分布如图 6-5 所示。

$$h_m = \frac{p_m}{\gamma}$$

式中　h_m——有效压头;

　　　γ——混凝土的容重,t/m³。

⑥风荷载:按现行《建筑结构荷载规范》（GB 5009—2001）的规定执行。

⑦特殊荷载:可按实际情况计算,如平仓机非模板工程的脚手架、工作台、混凝土浇筑不对称时水平推移力及重心偏移、超过规定堆放的材料等。

⑧拉模的牵引力:可参考下列项目计算。选用牵引设备时应将计算值乘以超载系数

$3\sim4$。

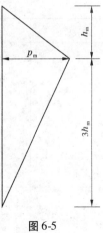

图 6-5

a. 钢模板与混凝土的黏结力:钢模板与混凝土的摩擦系数取 0.4～0.5,按实际的正压力计算。

b. 轮子和滑块与轨道的摩阻力。

c. 模板前台混凝土堆放的阻力。

d. 模板系统自重及荷载在牵引方向的合力。

e. 牵引机构(滑轮钢丝绳等)本身的摩阻力。

⑨混凝土对拉模的浮托力:

按模板倾角的大小和混凝土的稠度选用适当的数值。倾角小于 45°时,垂直作用于板面的浮托力为 300～500 kg/m²。

(8)在计算模板及支架的强度和刚度时,应根据模板的种类,按表 6-8 的组合进行计算,特殊荷载按可能发生的情况计算。

表 6-8　各种模板结构的基本荷载组合

项次	模板的种类	基本荷载组合	
		计算强度用	计算刚度用
1	承重模板: ①模薄壳的底模板及支架; ②梁、其他混凝土结构(厚 0.4 m)的底模板及支架	①+②+③+④ ①+②+③+⑤	①+②+③ ①+②+③
2	竖向模板	⑥或⑤+⑥	⑥

注:①～⑥指槽模板及支架荷载计算里面的荷载序号。

(9)承重模板及支架的抗倾稳定性,应按下列要求核算。

①倾覆力矩:应计算下列倾覆力矩,并采用其中最大值。

a. 风荷载:按现行《建筑结构荷载规范》(GB 5009—2001)确定。

b. 实际可能发生的最大水平作用力。

c. 作用于承重模板边缘 150 kg/m² 的水平力。

②稳定力矩:模板及支架的自重折减系数为 0.8,如同时安装钢筋应包括钢筋的重量。

③抗倾稳定系数:应大于 1.4。

④除悬臂模板外,竖向模板与内倾模板都必须设置内部撑杆或外部拉杆,以保证模板的稳定。

(10)钢模板及活动部分应涂防锈的保护涂料,其他部分应涂防锈漆。木模板板面宜烤涂石蜡或其他保护涂料。

模板制作的允许偏差应符合模板设计规定,但一般不得超过表 6-9 中的规定。

表 6-9　模板制作的允许偏差

项次	偏差名称		允许偏差（mm）
1		小型模板长和宽	±3
2		大型模板（长、宽大于 3 m）长和宽	±5
3	一、木模	模板面平整度（未刨光）	
		相邻两板面高程差	1
		局部不平（用 2 m 直尺检查）	5
4		面板缝隙	2
5		模板长和宽	±2
6	二、钢模	模板面局部不平	2
7		连接配件的孔眼位置	±1

注：1. 异型模板，滑动式、移动式模板，永久性模板等特种模板的允许偏差，按模板设计文件规定执行。

　　2. 定型组合钢模板可按全部有关规定执行。

（三）钢筋工程准备工作的要求

钢筋工程的准备工作主要是调直和除污锈。具体的要求如下：

（1）钢筋表面应洁净，使用前应除去表面的油渍、漆污、锈皮、鳞锈等，且清除干净。

（2）钢筋应平直，无局部弯折，钢筋中心线同直线的偏差不应超过其长的 1%。成型的钢筋或弯曲的钢筋均应校直后才允许使用。

（3）钢筋在调直机上调直后，其表面伤痕不得使钢筋截面面积减少 5% 以上。

（4）如用冷拉法调直钢筋，则其校直冷拉率不得大于 1%。

（5）钢筋伸长值的测量起点，以卷扬机或千斤顶拉紧钢筋（约为冷拉控制应力的 1%）为准。

（6）对于 Ⅰ 级钢筋，为了能在冷拉调直的同时去锈皮，冷拉率可加大，但不大于 2%。

（7）钢筋的弯制和末端的弯钩应符合设计要求，如设计未作规定，所有的受拉光面圆钢筋的末端应作 180° 的半圆钩且内径不得小于 2.5d。当手工弯钩时，可有适当的平直部分，如图 6-6 所示。

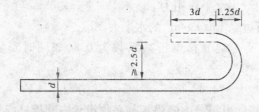

图 6-6　Ⅰ 级光面圆钢筋的弯钩示意图

当 Ⅱ 级钢筋按设计要求弯转 90° 时，其最小弯转直径应符合下列要求：

① 钢筋直径小于 10 mm 时，最小弯转直径为 5 倍钢筋直径。

② 钢筋直径大于 16 mm 时，最小弯转直径为 7 倍钢筋直径，如图 6-7 所示。当温度低

于-20℃时,严禁对低合金钢筋进行冷弯加工,以避免在钢筋起弯点发生强化,造成钢筋脆断。

③弯起钢筋弯折处的圆弧内半径应大于12.5倍钢筋直径,如图6-8所示。

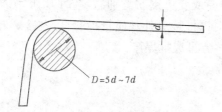 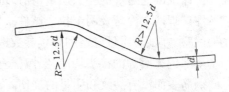

图6-7　Ⅱ级钢筋弯钩转90°示意图　　　图6-8　弯起钢筋弯折处圆弧内半径示意图

④用圆钢筋制成的箍筋,其末端应有弯钩,弯钩的长度应符合表6-10中的规定数值。

表6-10　箍筋末端弯钩的长度

箍筋直径(mm)	受力钢筋直径(mm)	
	≤25	28～40
5～10	75	90
12	90	105

⑤加工后钢筋的允许偏差不得超过表6-11中的规定值。

表6-11　加工后钢筋的允许偏差

项次	偏差名称		允许偏差值(mm)
1	受力钢筋净尺寸		±10
2	箍筋各部分长度的偏差		±5
3	钢筋弯起点位置的偏差	厂房构件	±20
		大体积混凝土	±30
4	钢筋转角的偏差		3

(8)接头的技术要求如下:

①在加工中钢筋的接头应采用闪光对头焊接。当不能进行闪光对头焊接时,宜采用电弧焊(搭接焊、帮条焊等)。钢筋的交叉连接宜采用接触点焊,不宜采用手工电弧焊。

现场竖向或斜向(倾斜度在1:0.5的范围内)钢筋的焊接宜采用接触电渣焊。现场焊接钢筋直径在28 mm以下时宜采用手工电弧焊(搭接),直径在28 mm以上时宜采用熔槽焊接或帮条焊接。直径在25 mm以下的钢筋接头,可采用绑扎接头。

②焊接钢筋的接头,应将施焊范围内的浮锈、漆污、油渍等清除干净。

③在负温下焊接钢筋时,应有防风、防雪措施。手工电弧焊应选用优质焊条,接头焊完后应避免立即接触冰雪。在-15℃以下施焊时必须采取关门措施。雨天进行露天焊接必须采取专业措施,并要有可靠的防雨和安全措施。

④焊接钢筋的工人必须有相应的经考试合格的证件并持证上岗。

⑤采用不同直径的钢筋进行闪光对焊时,直径相差以一级为宜,且不得大于 4 mm。采用闪光对焊时,钢筋端头如有弯曲,应校直或切除。

⑥为保证闪光对焊的接头质量,在每班施焊前或变更钢筋类别、直径时,均应按实际焊接条件试焊两个冷弯及两个拉力试件。根据对试件接头外观质量检验,以及冷弯和拉力试件试验,在试验质量合格和焊接参数选定后,方可成批焊接。

⑦全部闪光对焊的接头均应经外观检查并符合下列要求:

a. 钢筋表面没有裂纹和明显的烧伤。

b. 接头如有弯折,其角度不得大于 4°。

c. 接头轴线如有偏心,其偏移不得大于钢筋直径的 10%,并不得大于 2 mm。外观检查不合格的接头应剔除重焊。

⑧闪光对焊接头的拉力试验成果均大于该级钢筋的抗拉强度,且断裂在焊缝及热影响区以外才算合格。

冷弯试验按表 6-12 中的规定进行。冷弯试验时焊接点应位于弯曲的中点,试件经冷弯后,其接头处(包括热影响区)外侧不出现横向裂纹才算合格。

表 6-12   钢筋闪光对焊接头的冷弯指标

钢筋级别	冷弯心直径	弯曲角度
Ⅰ级	2d	90°
Ⅱ级	4d	90°
Ⅲ级	5d	90°
Ⅳ级	7d	90°

注:钢筋直径大于 25 mm 时,弯心直径应增加一个钢筋直径 d。

⑨一般不从闪光对焊后的钢筋接头成品中抽样做抗拉试验和冷弯试验。当对焊接质量有怀疑时或在焊接过程中发现异常时,应根据实际情况随机抽样,进行冷弯及拉力试验。

⑩对于直径 10 mm 或 10 mm 以上的热轧钢筋,其接头采用搭接帮条电弧焊时,应符合下列要求:

a. 搭接焊帮条的接头应做成双面焊缝。对于Ⅰ级钢筋的搭接或帮条的焊缝长度不应小于钢筋直径的 4 倍,对于Ⅱ、Ⅲ级钢筋的搭接或帮条的焊缝长度不应小于钢筋直径的 5 倍。只有当不能进行双面焊时,才允许采用单面焊,其搭接或帮条的焊缝长度应增加 1 倍。

b. 帮条的总截面面积应符合下列要求:当主筋为Ⅰ级钢筋时,不应小于主筋截面面积的 1.2 倍;当主筋为Ⅱ、Ⅲ级钢筋时,不应小于主筋截面面积的 1.5 倍。为了便于施焊和使帮条与主筋的中心线在同一平面上,帮条宜采用与主筋同钢号、同直径的钢筋制成。如帮条与主筋级别不同,应按设计强度进行换算。

c. 搭接焊接头的两根搭接钢筋的轴线,应位于同一直线上。但在大体积混凝土的结构中直径不大于 25 mm 的钢筋搭接时,钢筋轴线可错开 1 倍钢筋直径。

d. 对于搭接和帮条焊接,焊缝高度为被焊接钢筋直径的 25%,并不小于 4 mm,焊缝宽度应为被焊接钢筋直径的 70%,并不小于 10 mm。当钢筋和钢板焊接时,焊缝高度为被焊接钢筋的 35% 倍,并不小于 6 mm,焊缝宽度应为被焊接钢筋直径的 25% 倍,且不小于 8 mm,见图 6-9。

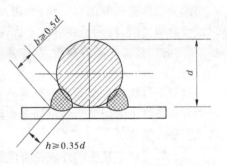

图 6-9　钢筋与钢板焊接

⑪采用熔槽焊接的钢筋接头,其质量应符合下列要求:

a. 钢筋焊接的接头处应留的间隙,其数值应符合表 6-13 中的规定。

表 6-13　熔槽焊接头处的间隙数据

焊接钢筋的直径 d （mm）	焊件端部间隙 a(mm)		焊条直径 （mm）
	最小的和适宜的	最大的	
25 ~ 32	9	12	4
36	10	15	4 ~ 6
40、45	11	18	5
50、55	12	21	5 ~ 6
60	13	25	5 ~ 6
70	14	28	6

b. 焊缝高出钢筋部分,不得小于钢筋直径的 10%。

c. 在焊缝表面不应有缺陷及削弱的现象,其偏差应在表 6-14 的规定范围内。

表 6-14　熔槽焊接头的允许偏差及缺陷

项次	偏差名称	计算单位	允许偏差及缺陷
1	焊缝接头根部未焊透深度		
	（1）焊接直径为 25 ~ 40 mm 钢筋时	d	0.15
	（2）焊接直径为 40 ~ 70 mm 钢筋时	d	0.10
2	在接头处钢筋中心线的位移	d	0.10
3	焊缝中的裂缝	—	不允许
4	蜂窝气孔及非金属杂质:		
	（1）焊缝表面上（长 2d）	个/d_1	3/1.5
	（2）焊缝截面上	个/d_1	3/1.5

注:d 为钢筋直径,mm;d_1 为蜂窝气孔直径,mm。

⑫为保证电弧焊的焊接质量,在开始施焊前或每次改变钢筋的类别、直径,焊条牌号以及换调焊工时,特别是在可能干扰焊接操作的不利环境下现场施焊时,应预先用相同材料、相同的焊接操作条件参数,制作两个抗拉试件,试验结果在大于或等于该钢筋的抗拉强度时,才允许正式施焊。

对每个焊接接头必须进行外观检查,必要时还应从成品中抽取试件,做抗拉试验。对处在有利条件下施焊的预制钢筋骨架结构的焊缝,可不从成品中取样做拉力试验,但应严格进行外观检查。

⑬电弧焊焊接接头的外观检查应符合下列要求:

a.焊缝表面平顺,没有明显的咬边、凹陷、气孔和裂缝。

b.用小锤敲击接头时,应发出清脆声。

c.焊接尺寸偏差及缺陷的允许值见表 6-15。

表 6-15　搭接帮条焊接头的允许偏差及缺陷

项次	偏差名称	允许偏差及缺陷
1	帮条焊焊接接头中心的纵向偏移	$0.5d$
2	接头处钢筋轴线的曲折	$4°$
3	焊缝高度	$-0.05d$
4	焊缝宽度	$-0.10d$
5	焊缝长度	$-1.0d$
6	咬边深度	$0.05d$
7	焊缝表面上气孔和夹缝: (1)在 $2d$ 的长度上 (2)气孔、夹缝的直径	2 个 3 mm

注:d 为被焊钢筋的直径,mm。

⑭电弧焊接所用的焊条应按设计规定采用。在设计未作规定时,可参照表 6-16 选用。

表 6-16　电弧焊接时使用焊条的规定

项次	钢筋级别	焊接形式	
		搭接焊、焊条焊	熔槽焊
1	Ⅰ级	结 421	结 426 低氢型
2	Ⅱ级	结 502、结 506	结 556 低氢型
3	Ⅲ级	结 502、结 506	结 600 低氢型

注:低氢型焊条在使用前必须烘干。新拆包的低氢型焊条宜在一个班时间内完成,否则应重新烘干。

⑮接触电渣焊焊接前应先将钢筋端部 100 mm 范围内的铁锈、杂质除净。夹具钳口

应夹紧钢筋,并使其轴线在一直线上,两钢筋端部间隙宜为 5～10 mm,宜采用铁丝圈引燃法及 431 号焊剂进行焊接。

⑯进行接触电渣焊之前应采用同型号、同直径的钢筋和相同的焊接参数并制作 5 个抗拉试件,如图 6-10 所示。在试验结果符合要求后,才能按确定的焊接参数施焊。

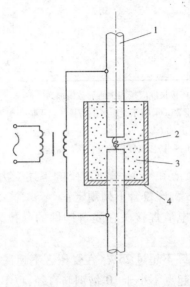

1—钢筋;2—铁丝圈;3—焊剂;4—焊剂盒

图6-10　钢筋接触电渣焊(铁丝圈引燃法)

焊接参数可按表 6-17 中选用。

表 6-17　钢筋接触电渣焊接时的参数

钢筋直径 (mm)	焊接电流(A)		外电网保证 电压(V)	渣池电压 (V)	手压力 (kg)	通电时间 (s)
	起弧	稳弧				
20	800	400～500	370～400	25～45	20～30	18～20
25	900	500～600	380～400	25～60	30～35	20～25
32	400	700～900	380～420	25～60	35～40	25～30
36	1 600	900～1 100	380～420	25～60	35～40	30～35

注:1. 顶压时间以钢筋下移稳定后 0.5 min 为宜,夹具拆除时间一般以下压完成后 2 min 为宜。

2. 必须保证外电压稳定在 380 V 以上,否则应架设电线。

⑰钢筋接触电渣焊的接头,必须全部进行外观检查。外观检查的要求:接头四周铁浆饱满、均匀,没有裂缝;上下钢筋的轴线应尽量一致,其最大的偏移不得超过钢筋直径的10%,同时不得大于 2 mm。外观检查不合格者应断开重焊;当对焊接质量有怀疑时,应视实际情况抽样进行拉力试验。

⑱钢筋采用绑扎接头时应遵守下列规定:

搭接长度不小于表 6-18 中的规定数值。

表 6-18　绑扎接头的最小搭接长度

钢筋级别	受拉区	受压区
Ⅰ级	30d	20d
Ⅱ级	35d	25d
Ⅲ级	40d	30d

注:1. 混凝土强度等级≤C15 时,最小搭接长度应按表中所列数值加 5d。

2. 位于受拉区的搭接长度不应小于 25 cm,位于受压区的搭接长度不应小于 20 cm。当受压钢筋为Ⅰ级钢筋,末端无弯钩时,其搭接长度不应小于 30d。

3. 如在施工中分不清受拉区或受压区,搭接长度应按受拉区的规定。

⑲钢筋接头应分散布置,配置在"同一截面内"的下述受力钢筋,其接头的截面面积占受力钢筋总截面面积的百分率,应符合下列规定:

a. 闪光对焊、熔槽焊、接触电渣焊接头在受弯构件的受拉区,不超过 50%,在受压区不受限制。

b. 绑扎接头在构件的受拉区不超过 25%,在受压区不超过 50%。

c. 焊接与绑扎接头距钢筋起点不小于 10 倍钢筋直径,也不应位于最大弯矩处。

注:在施工中如分辨不清受拉区或受压区,其接头的设置应按受拉区的规定;两钢筋接头相距在 30 倍钢筋直径或 50 cm 以内,两绑扎接头的中距在绑扎搭接长度以内,均作为同一截面。

二、设备性能的检查

在混凝土施工前应结合工程的混凝土配合比情况,检验拌和设备、振捣设备和运输设备的机械埋设情况、设备的安装质量和设备的试车运转。按设计选型,设备进场后要按设备的名称、型号、规格、数量的清单逐一检查验收,设备安装要符合有关设备的技术要求和质量标准,试车运转正常,并能配套投产。同时,应本着因地制宜、符合需要的原则,并考虑到施工的适用性、技术的先进性、操作的方便性、使用的安全性,保证施工质量的可靠性和经济上的合理性。例如,在混凝土工程选择振捣器时,应从工程结构的特点出发,并参照各类振捣器的功能及使用条件,对大体积混凝土宜选择大型插入式振捣器,对小尺寸构件应选用小型振捣器。又如,在选用挖土机时,应根据土质及挖土机的使用范围,对正铲挖土机只适用于挖掘机面以上的土壤,反铲挖掘机适用于挖掘机面以下的土壤,而抓铲挖土机则最适用于水中挖土等。

三、混凝土施工时的技术措施

(一)混凝土的拌和

在拌制混凝土时,必须严格按实验室出具的混凝土配料单进行配料,严禁擅自更改,并应注意以下事项:

（1）对所有的拌和材料，如水泥、砂、石混合材料均应以重量计，水及外加剂溶液可按重量折算成体积。称量的偏差，不应超过表6-19中的规定。

表6-19　混凝土各组分称量的允许偏差

材料名称	允许偏差
水泥、混合材料	±1%
砂、石	±2%
水、外加剂、溶液	±1%

（2）施工时在混凝土拌和过程中，应根据气候条件定时地测定砂、石骨料的含水量（尤其是砂子的含水量）；在降雨的情况下应相应地增加测定次数，以便随时调整混凝土的加水量。

（3）在混凝土拌和过程中，应采取措施保持砂、石、骨料的含水量稳定，砂子含水量应控制在6%以内。

（4）掺有混合材料（如粉煤灰）的混凝土进行拌和时，混合材料可以湿掺也可以干掺，但应保证掺和均匀。

（5）如使用外加剂，应将外加剂溶液均匀配入拌和用水中，外加剂中的水量应包括在拌和用水量之内。

（6）必须将混凝土各组分拌和均匀。拌和程序和拌和时间，应通过试验确定。最少的拌和时间，可参照表6-20中的数字使用。

表6-20　混凝土拌和时间

拌和机进料容量（m³）	最大骨料粒径（mm）	不同坍落度（cm）的拌和时间（min）			说明
		2～5	5～8	>8	
1.0	80	—	2.5	2.0	入机拌和量不应超过拌和机规定的容量的10%
1.6	150（或120）	2.5	2.0	2.0	
2.4	150	2.5	2.0	2.0	
5.0	150	3.5	3.0	2.5	

（7）拌和设备应经常进行以下项目的检查，如发现问题应立即进行处理：

①拌和物的均匀性。

②各种条件下适宜的拌和时间。

③衡器的准确性。

④拌和机及叶片的磨损情况等。

（二）混凝土的运输

混凝土的运输设备和运输能力应与拌和、浇筑能力，仓面具体情况及钢筋、模板调运的需要相适应，以保证混凝土运输的质量，充分发挥设备的效率，并应注意以下几点：

（1）混凝土在运输过程中不能发生离析、漏浆、严重泌水及过多降低坍落度等现象。

（2）同时运输两种以上强度等级的混凝土时，应在运输设备上设置标志，以免混淆。

（3）在运输混凝土的过程中，应尽量缩短运输时间及减少运输次数。运输时间不宜超过表6-21中的规定。

表6-21　混凝土的运输时间

气温（℃）	混凝土运输时间（min）
20～30	30
10～20	45
5～10	60

注：本表数值未考虑外加剂、混合材料及其他特殊的施工影响。

（4）混凝土运输工具及浇筑地点，必要时应有遮盖或保温设施，以避免因照晒、雨淋、受冻而影响混凝土的质量。

（5）大体积的混凝土应优先采用吊起直接入仓的运输方式，当采用其他运输设备时应采取相应措施避免砂浆损失和混凝土分离。

（6）不论采用何种运输设备，混凝土自由下落的高度以不大于 2 m 为宜，超过此界限时应采取缓降措施。

（7）用皮带运输机运输设备时，应遵守下列规定：

①混凝土的配合比设计应适当增加砂，骨料最大粒径不宜大于 80 mm。

②宜选用槽型皮带机，皮带机的皮带接头宜胶结，并应严格控制安装质量，力求运行平稳。

③皮带机运行速度一般宜在 1.2 m/s 以内。皮带机的倾角应根据所用机型经试测确定，表6-22中的数值可参考使用。

表6-22　皮带机的倾角

混凝土坍落度（cm）	倾角（°）	
	向上输送	向下输送
5 以下	16	8
5～10	14	6

④混凝土不应直接从皮带机卸入仓库内，以防分离，或堆料集中影响质量。

⑤皮带机卸料处应设置挡板和刮板，以避免骨料分离和砂浆损失，同时应设置储料和分料设施，以适应平仓振捣能力。

⑥混凝土运输中的砂浆损失应控制在 1.5% 以内。

⑦应装置冲洗设备，以保证能在卸料后及时清洗皮带机上所黏附的水泥、砂浆，必须采取措施，防止冲洗的水流入新浇的混凝土中。

⑧皮带机上应搭设盖棚，以免混凝土受日照、风、雨等的影响。低温季节施工时，并应有适当的保温措施。

（8）用汽车运输混凝土时,应遵守下列规定:

①运输道路应保持平整,以避免混凝土受振后发生严重泌水现象。

②装载混凝土的厚度不应小于 40 cm,车箱应严密、平滑,砂浆损失应控制在 1% 以内。

③每次卸料应将所载混凝土卸净,并应及时清洗车箱,以免混凝土黏附。

④当以汽车运输混凝土直接入仓时,应取得设计单位同意,并应有确保混凝土质量的措施。

（9）用混凝土泵运输混凝土时,应遵守下列规定:

①混凝土应加外加剂,并应符合泵送的要求,进泵的坍落度一般宜为 8～14 cm。

②最大骨料粒径应不大于泵管直径的 1/3,并不应有超径骨料进入混凝土泵。

③安装导管前,应彻底清除管内污物及水泥砂浆,并用压力水冲洗。安装后要注意检查防止漏浆。在泵送混凝土之前,应先在导管内通过水泥砂浆。

④应保持泵送混凝土工作时的连续性,如因故中断,则应经常使混凝土泵转动,以免异常堵塞。在正常温度下如间歇时间过久(超过 45 min),应将存留在导管内的混凝土排出,并加以清除。

⑤当泵送混凝土工作告一段落后,应及时用压力水将导管冲洗干净。

（三）钢筋的安装

（1）钢筋的安装位置、间距、保护层及各部钢筋的大小尺寸,均应符合设计图纸的规定,其偏差不得超过表 6-23 中的规定。

表 6-23　钢筋安装的允许偏差

项次	偏差名称	允许偏差
1	钢筋长度方向的偏差	±1/2 净保护层厚
2	同一排受力钢筋间距的局部偏差: （1）柱及梁中; （2）板样中	±0.5d ±0.1 间距
3	同一排中分布钢筋间距的偏差	±0.1 间距
4	双排钢筋排间距的局部偏差	±0.1 排距
5	梁与柱中钢箍间距的偏差	0.1 钢箍筋间距
6	保护层厚度的局部偏差	±1/4 净保护层厚度

（2）现场焊接或绑扎的钢筋,其钢筋交叉的连接,应按设计的规定进行。当设计文件未作规定,且钢筋直径在 25 mm 以下时,楼板和墙内靠近外围两行钢筋之间相交点应逐点扎牢,其余按 50% 的交叉点进行绑扎。

（3）钢筋安装中交叉点的绑扎,对于Ⅰ、Ⅱ级钢筋直径在 16 mm 以上且不损伤钢筋截面时,可采用手工电弧进行点焊来代替,但必须采用细焊条、小电流进行焊接,并必须严加外观检查,钢筋不应有明显的咬边和裂纹出现。

（4）为了保证混凝土的必要厚度,应在钢筋与模板之间设置强度不低于设计强度的混凝土垫块。垫块应埋设铁丝并与钢筋扎紧。垫块应相互错开,分散布置。在多排之间,应用短钢筋支撑,保证位置的准确。

（5）板内双方受力钢筋网应将钢筋全部交叉点扎牢。柱与梁的钢筋,其主筋与箍筋的交叉点,在拐角处应全部扎牢,其中间部分可每隔一个交叉点扎结一个。

（6）柱中箍筋的弯钩应设置在柱角处,且须按垂直方向交错布置。除特殊者外,所有箍筋应与主筋垂直。

（7）安装后的钢筋应有足够的刚性和稳定性。预制的绑扎和焊接钢筋网及钢筋骨架,在运输和安装过程中应采取措施避免变形、开焊及松脱。

（8）在钢筋架设完毕,未浇筑混凝土之前,须按照设计图纸和《水工混凝土施工规范》（DL/T 5144—2001）的标准进行详细检查,并作出检查记录。检查合格的钢筋,如长期露在外面,应在混凝土浇筑之前,按上述规定重新检查合格后方能浇筑混凝土。

（9）在钢筋安装完毕后,应及时妥善保护,避免发生错动和变形。

（10）在混凝土浇筑施工过程中,应安排人值班,经常检查钢筋架立位置,如发现变动应及时矫正。严禁为了方便浇筑而擅自移动或割除钢筋。

（四）模板的安装

（1）模板的安装,必须按设计图纸测量放样,重要结构应多设控制点,以利检查校正。

（2）模板安装过程中,必须经常保持足够的临时固定点,以防倾覆。

（3）支架必须支承在坚实的地基或老混凝土上,并应有足够的支承面积,斜撑应防止滑动。在湿陷性黄土地区,必须有防水措施,如为冻胀土,还应保证结构在土壤冻融时的设计标高。

（4）支架的立柱必须在两个相互垂直的方向上,且用撑拉杆固定,以确保稳定。

（5）模板的钢拉条不应弯曲,直径宜大于 8 mm,拉条与锚环的连接必须牢固。预埋在下层混凝土中的锚固件（螺栓、钢筋环等）在承受荷载时,必须有足够的锚固强度。

（6）模板与混凝土接触的面板,以及各块模板的接缝处,必须平整严密,以保证混凝土表面的平整度和混凝土的密实性。在建筑物分层施工时,应整层校正下层偏差,模板下端不易错台。

（7）模板的面板宜涂脱模剂,但应避免因污染而影响钢筋及混凝土的质量。

（8）模板安装的容许偏差应根据结构的安全运行条件、经济和美观等要求确定,一般不得超过表6-24 中的数值。

高速水流区、尾水管和门槽等要求较高的特殊部位,其模板的允许偏差,应由设计、施工单位共同研究决定。

（9）混凝土浇筑块成型后的偏差,不应超过木模的安装允许偏差的50% ~ 100%,特殊部位（溢流面、门槽等）由设计单位另行决定。

（10）钢承重骨架的模板,必须按设计位置可靠地固定在承重骨架上,以防止在运输及浇筑时错位。承重骨架安装前宜先做试吊及承载试验。

（11）模板及支架上严禁堆放超过设计荷载的材料及设备。脚手架、人行道等上不宜支承模板及支架;必须支承时,模板结构应考虑其荷载。在浇筑混凝土时,必须按模板设计荷载控制浇筑顺序、速度及施工荷载。

表 6-24　大体积混凝土木模板安装的允许偏差　（单位:mm）

项次	偏差项目	混凝土结构的部位		说明
		外露表面	隐蔽内面	
1	模板平整度、相邻两面板高差	3	5	一般混凝土及钢筋混凝土梁柱的模板安装允许偏差按国家标准《钢筋混凝土工程施工及验收规范》（GBJ 204—83）执行
2	局部不平,用 2 m 直尺检查	5	10	
3	结构物边线与设计边线	10	15	
4	结构物水平截面内部尺寸	±20	±20	
5	承重模板标高	±5	±5	
6	预留孔洞尺寸及位置	10	10	

（12）混凝土在浇筑过程中,应设置专人负责经常检查调整模板的形状及位置。对承重模板的支架,应加强检查维护。模板如有变形走样,应立即采取措施甚至停止混凝土浇筑。

四、混凝土浇筑时的施工技术要求

（一）基本原则

（1）建筑物地基必须验收后,方可进行混凝土浇筑的准备工作。

（2）在立模扎筋以前,应处理好地基临时的保护层。

（3）浇筑混凝土前,应详细检查有关准备工作,地基处理情况,模板、钢筋、预埋件及止水设施等是否符合设计要求,并做好记录。

（4）基面的浇筑仓和老混凝土上的迎水面浇筑仓,在浇筑第一层混凝土前,必须先铺一层 2～3 cm 的水泥砂浆,其强度等级应超过混凝土强度等级,其他仓面若不铺水泥砂浆,应有专门论证。砂浆的水灰比应按混凝土的水灰比减少 0.03～0.05。一次铺设的砂浆面积应与混凝土浇筑强度相适应,铺设工艺应保证新混凝土与基岩层老混凝土结合良好。

（5）混凝土浇筑层厚度,应根据拌和能力、运输距离、浇筑速度、气温及振捣器的性能等因素确定。一般情况下,浇筑层的允许最大厚度不应超过表 6-25 中的规定。如果采用低流态混凝土及大型强力振捣器设备,其浇筑层厚度应根据试验确定。

表 6-25　混凝土浇筑层的允许最大厚度

项次	振捣器类别		混凝土浇筑层的允许最大厚度
1	插入式	电动、风动振捣器	振捣器工作长度的 80%
		软轴振捣器	振捣器工作长度的 1.25 倍
2	表面振捣器	在无筋和单层钢筋结构中	250 mm
		在双层钢筋结构中	120 mm

(6)浇入仓内的混凝土应随浇随平仓,仓内若粗骨料堆积,应均匀地分布于砂浆较多处,但不得用水泥砂浆覆盖,以免造成内部蜂窝。在倾斜面上浇筑时应从低处开始浇筑,浇筑面应保持水平。

(7)浇筑混凝土时严禁在仓内加水。如发现混凝土和易性较差,必须采取加强振捣等措施,以保证混凝土的质量。

(8)不合格的混凝土严禁入仓,已入仓的不合格的混凝土必须清除。

(9)混凝土浇筑时应保持连续性。如因故中止且超过允许的间歇时间,则应按工作缝处理,能重塑者,仍可继续浇筑混凝土。浇筑混凝土的允许间歇时间(自出料时算起到覆盖上层混凝土时为止),可通过试验确定,或参照表6-26中的规定。

表6-26　浇筑混凝土的允许间歇时间

混凝土浇筑时的气温(℃)	允许间歇时间(min)		说明
	普通硅酸盐水泥	矿渣硅酸盐水泥及火山灰质硅酸盐水泥	
20～30	90	120	混凝土成型的标准,用振捣器捣30 s,周围10 cm内能泛浆且不留空洞。表内数值未考虑外加剂
10～20	135	180	
5～10	195	—	

(10)混凝土工作缝的处理,应遵守下列规定:

①已浇好的混凝土在强度尚未达到25 kg/cm³前不得进行上一层混凝土浇筑的工作。

②混凝土表面应用压力水、风砂枪或刷毛机等加工成毛面并清洗干净,排除积水后,方可浇筑混凝土,压力水冲毛时间由试验确定。

(11)混凝土浇筑时间如表面泌水较多,应及时研究减少泌水的措施。仓内的泌水必须及时排除,严禁在模板上开孔赶水,以免泄走砂浆。

(12)在浇筑混凝土时,宜经常清除黏附在模板、钢筋和埋设部件表面的砂浆。

(13)混凝土应使用振捣器捣固。每一位置的振捣时间,以混凝土不再显著下沉、不出现气泡,并开始泛浆为准。

(14)振捣器前后两次插入混凝土中的间距,应不超过振捣器的有效半径的1.5倍。振捣器的有效半径应根据试验确定。

(15)振捣器宜垂直插入混凝土中按顺序依次振捣,如落带倾斜,则倾斜方向应保持一致,以免漏振。

(16)振捣上层混凝土时,应将振捣器插入下层混凝土5 cm左右,以加强上下层混凝土的结合。

(17)振捣器距模板的垂直距离不应小于振捣器有效半径的1/2,并不得触动钢筋和预埋件。

(18)在浇筑仓内无法使用振捣器的部位,如止水片、止浆片等周围应辅以人工振捣,使其密实。

(19)结构物设计顶面的混凝土浇筑完毕后,应使其平整,高程符合设计要求。

（20）浇筑低流态混凝土时,应用相应的平仓振捣设备,如平仓机振捣器组等,混凝土必须振捣密实。

（二）混凝土的特殊季节施工时的技术要求

混凝土的特殊季节一般指雨季、夏季和冬季,这三个季节由于气温的影响,所以在施工中应特别注意,并采取相应的措施。

1. 高温季节施工时的一般规定

高温季节施工过程中,混凝土在经过平仓振捣后,覆盖上层混凝土前,在 5~10 cm 深度处的温度要求不得超过 28 ℃,而且混凝土浇筑的分段、分缝、分块高度及浇筑间歇时间,均应符合设计规定。各分块应尽量均匀上升,相邻块的高差不宜超过 10~12 m。为了防止裂缝,必须从结构设计、温度控制、原材料的选择、施工安排和施工质量等方面采取综合措施。为了提高混凝土的抗裂能力,必须改进混凝土的施工工艺。混凝土的质量除应满足强度保证率的要求外,还应在均匀性方面满足匀性指标,即以现场试件 28 d 龄期抗压强度离差系数 C_v 值中的良好标准。为防止裂缝,应避免基础部分混凝土块体早期过水,其他部位亦不宜过早过水。

2. 降低混凝土浇筑温度主要采取的措施

（1）对成堆料场的骨料,堆高要求不宜低于 6~8 m,并应有足够的储备,最好通过地坑取料。

（2）搭盖凉棚,喷水雾降温（砂子除外）等。

（3）骨料遇冷可采用浸水法、喷洒冷水法、风冷法等措施。

（4）当用水冷时,应有脱水措施,使骨料含水量保持稳定。

（5）为防止温度回升,骨料从预冷仓到拌和楼应采取隔热降温措施。

混凝土拌和时,可采取低温水、加冰等降温措施,加水时可用冰块或片冰,但冰块粒径宜在 3 mm 以下,并适当延长拌和时间。

（6）在高温季节施工时,应根据具体情况采取下列措施,以减少混凝土的温度回升:

①缩短混凝土的运输时间,加快混凝土的入仓覆盖速度,缩短混凝土的暴晒时间。

②宜采用雾水喷射的方法,以降低仓面周围的气温。

③混凝土运输工具层有隔热遮阳措施。

④混凝土浇筑应尽量安排在早晚间进行。

⑤当浇筑块尺寸较大时,可采用台阶式浇筑法,浇筑块高度层应小于 1.5 m。

（7）基础部分混凝土应利用适时有利的季节进行浇筑。

3. 减少混凝土水化热温升的施工措施

在满足混凝土设计强度的前提下应采用加大骨料粒径,改善骨料级配,掺用混合材、外加剂和降低混凝土坍落度等综合措施,合理地减少单位水泥用量,并尽量选用水化热低的水泥。为有利于混凝土浇筑块的散热,基础和老混凝土接触部位,浇筑块厚以 1~2 m 为宜,上下层浇筑间歇时间为 5~10 d。在高温季节,有条件时还可采用表面流水冷却的方法进行散热。采用冷水管进行初期冷却时,埋管应在被覆盖一层混凝土后开始通水,通水时间由计算确定,一般为 10~15 d。混凝土温度与水温之差以不超过 25 ℃ 为宜。对于 φ25 mm 水管,管中流量以 0.6 m/s 为宜。水流方向应每天改变一次,使混凝土冷却较为均匀。

4. 温度测量的要求

在混凝土的施工过程中,宜每 4 h 测量一次混凝土原材料的温度、机口温度以及结构体冷却水的温度和气温,并应有专门记录。浇筑温度的测量,每 100 m² 仓面面积不少于一个测点,每一浇筑层应不少于 3 个测点。测点应均匀分布在浇筑层面上。浇筑块内部的温度观测,除按设计规定进行外,施工单位如有需要,可补充埋设仪器进行观测。

5. 低温季节混凝土的施工技术要求

1)低温季节混凝土施工的基本概念

日平均气温连续 5 d 稳定在 5 ℃ 以下或最低气温连续 5 d 稳定在 -3 ℃ 以下时,按低温季节施工。

当气温低于 0 ℃ 时,水泥的水化作用基本停止,气温降至 -2 ~ -4 ℃ 时,混凝土内的水开始结成冰,其体积增大约 9%,在混凝土内部产生冰胀应力,使强度还不高的混凝土内部产生微裂缝和孔隙,同时损害了混凝土和钢筋的黏结力,导致结构强度降低。

试验证明,混凝土受冻前养护时间越长,所达到的强度愈高,强度损失就越少。为此,混凝土受冻以前应具有一定的强度,使混凝土结构在受冻时不致破坏,后期强度能继续增长。一般把受冻后,其最终强度能达到 R_{28} 的 95% 以上,这种受冻前所具有的强度,称允许受冻临界强度。根据《水工混凝土施工规范》(DL/T 5144—2001)规定,混凝土早期允许受冻临界强度应满足下列要求:大体积混凝土不应低于 7.0 MPa(或成熟度不低于 1 800 ℃·h),非大体积混凝土和钢筋混凝土不应低于设计强度的 85%。

2)低温季节混凝土施工的措施

为了使混凝土温度在降至冰点前达到允许受冻临界强度或者承受荷载所需的强度,常用的措施有蓄热法、综合蓄热法、外加剂和早强水泥法、外部加热法。对各种低温季节施工方法,可依据当年气温资料或预计 10 ~ 15 d 日平均气温来选定。

(1)蓄热法。蓄热法就是利用对混凝土组成的材料(水、砂、石)预加的热量和水泥的水化热,再加以适当的覆盖保温,从而保证混凝土能够在正温条件下达到规范要求的临界强度。蓄热法使用的保温材料应该以传热系数小、价格低廉和易于获得的地方材料为宜,如草帘、草袋、锯末、炉渣等。保温材料必须干燥,以免降低保温性能。采用蓄热法施工时,最好使用水化热大的普通硅酸盐水泥或硅酸盐水泥。

温和地区宜采用蓄热法,风沙大的地区应采取防风设施。严寒和寒冷地区预计日平均气温 -10 ℃ 以上时,宜采用蓄热法。

(2)综合蓄热法。综合蓄热法是在蓄热保温的基础上,充分利用水泥的水化热和掺加相应的外加剂或者进行短时加热等综合措施,创造加速混凝土硬化的条件,使混凝土温度降低到冰点温度之前尽快达到允许受冻临界强度。

综合蓄热法一般分为低蓄热养护和高蓄热养护两种。低蓄热养护过程主要以使用早强水泥或掺防冻外加剂等冷法为主,使混凝土在一定的负温条件下不被冻坏,仍可继续硬化;高蓄热养护过程,则主要以短时加热为主,使混凝土在养护期间达到要求的受荷强度。这两种方法的选择取决于施工和气温条件。在严寒和寒冷地区,预计日平均气温达到 -15 ~ -10 ℃ 时可采用综合蓄热法或暖棚法;对风沙大、不宜搭设暖棚的仓面,可采用覆盖保温被下面布设暖气排管的办法;对特别严寒地区(最热月与最冷月平均温度差大于42℃),在进入低温季节施工时要制定周密的施工方案。

(3)采用外加剂法。掺外加剂是指在冬季施工的混凝土中加入一定剂量的外加剂,以降低混凝土中的液相冰点,保证水泥在负温条件下能继续水化,从而使混凝土在负温下能达到允许受冻临界强度。掺外加剂法常与蓄热法一起应用,以充分利用混凝土的初始热量及水泥在水化过程中所释放出来的热量,加快混凝土强度的增长。

目前,混凝土冬季施工中常用的外加剂有减水剂、引气剂、早强剂、阻锈剂等。由于两种和两种以上复合外加剂可以获得多种效能——降低冰点、快速硬化、提高抗冻性及改善和易性,故复合剂的使用较多。在我国,常用的复合剂有亚硝酸钠和硫酸钠复合剂、Nc 早强剂及 MS - F 早强型减水剂。

(4)外部加热法。当上述方法不能满足要求时,常采用外部加热法,以提高混凝土强度。常用的外部加热法有蒸汽加热法、电热法和暖棚法等。工程实践证明,低温季节施工中,多种方法结合使用往往能取得较好的效果。

混凝土低温季节施工过程中,还应注意以下要求:

(1)除工程特殊需要外,日平均气温 -20℃以下不宜施工。

(2)混凝土的浇筑温度应符合设计要求,但温和地区不宜低于 3℃,严寒和寒冷地区采用蓄热法不应低于 5℃,采用暖棚法不应低于 3℃。

(3)当采用蒸汽加热或电热法施工时,应进行专门设计。

(4)在施工过程中,应控制并及时调节混凝土的机口温度,尽量减少波动,保持浇筑温度均匀。控制方法以调节拌和水温为宜。提高混凝土拌和物温度的方法:首先应考虑加热拌和用水;当加热拌和用水尚不能满足浇筑温度要求时,应加热骨料。水泥不得直接加热。拌和用水加热超过 60℃时,应改变加料顺序,将骨料与水先拌和,再加入水泥,以免假凝。

(5)混凝土拌和时间应比常温季节适当延长,具体通过试验确定。已加热的骨料和混凝土,宜缩短运距,减少转运次数。

(6)混凝土浇筑完毕后,外露表面应及时保温。新老混凝土结合处和边角处应做好保温,保温层厚度应是其他面保温层厚度的 2 倍,保温层搭接长度不应小于 30 cm。

在低温季节浇筑的混凝土,拆除模板应遵守下列规定:非承重模板拆除时,混凝土强度必须大于允许受冻的临界强度或成熟度值。承重模板拆除应经计算确定。拆模时间及拆模后的保护,应满足温控防裂要求,并遵守内外温差不大于 20℃或 2~3 d 内混凝土表面温降不超过 6℃。

混凝土质量检查除按规定进行成型试件检测外,还可采取无损检测手段或用成熟度法随时检查混凝土早期强度。

6. 混凝土的雨季施工要求

(1)砂石料场的排水设施应畅通无阻,无集水。

(2)运输工具应有防雨设备及防滑设备。

(3)浇筑仓面宜有防雨设施,并加强骨料含水量的测量工作。

在无防雨棚仓面,在小雨中进行浇筑时要注意以下方面:减少混凝土拌和的用水量,加强仓面积水排除工作，做好新浇混凝土面的保护工作，并防止周围的雨水流入仓面内。如遇大雨、暴雨应立即停止浇筑并遮盖混凝土表面。雨后施工必须先排除仓内积水，受雨水冲刷的部位应立即处理，如停止浇筑的混凝土尚未超过允许间歇时间或还能重筑时，应加铺砂浆连续浇筑，否则应按工作缝处理。

7. 养护须知

混凝土浇筑完毕后，应及时洒水养护，以保持混凝土表面经常湿润。低流态混凝土浇筑完毕后，应加强养护并延长养护时间。

混凝土表面的养护应注意以下几项事宜：

（1）混凝土浇筑完毕后，早期应避免太阳光暴晒，混凝土表面应加遮盖。

（2）一般应在混凝土浇筑完毕后 12～18 h 内即开始养护，但在炎热、干燥气候情况下应提前养护。混凝土养护时间根据所用水泥品种而定，但不应少于表 6-27 的数值，重要部位和利用后期强度的混凝土，以及在干燥、炎热气候条件下应延长养护时间（至少养护 28 d）。

表 6-27　混凝土养护时间

混凝土用水泥的种类	养护时间（d）
硅酸盐水泥和普通硅酸盐水泥	14
火山灰质硅酸盐水泥、矿渣硅酸盐水泥、粉煤灰硅酸盐水泥	21

对有温度控制要求的混凝土和低温季节施工的混凝土，其养护应分别按规范要求执行。混凝土的养护工作应由专人负责，并应做好养护记录。

第三节　止排水、伸缩缝和预埋件的施工

一、止水、伸缩缝的施工技术要求

止水设施的形式、位置、尺寸及材料的品种规格等，均应符合设计规定。所有的材料均应有出厂合格证及产品使用说明书。金属止水片应平整，表面的浮皮、锈污、油漆、油渍均应清除干净。如有砂眼、钉孔应予焊补。金属止水片的接头，按其厚度分别采用折叠咬接或搭接。搭接长度不得小于 20 mm。咬接、搭接必须双面焊接，不得仅搭接而不焊接。焊工须经考试合格后，方可施焊。塑料止水片和橡胶止水片的安装，应采取措施防止变形和撕裂。止水设施深入基岩的部分，必须符合设计要求。金属止水片在伸缩缝中的部位应涂（填）沥青，埋入混凝土的两翼部分应与混凝土紧密结合。安装好的止水片应加强保护。架立金属止水片时，不得在金属片上穿孔，应用焊接铝丝或其他方法加以固定。也可根据设计要求采用沥青和沥青混合物的原材料，在使用前应进行试验，沥青混合物的配合比应通过试验确定。其方法：优先采用预制的止水沥青柱。如现浇沥青柱，灌注沥青的孔应保持干燥清洁。如采用预留沥青井，应注意以下事项：

（1）混凝土预制件外壁必须是毛糙面，以便与浇筑的混凝土密切结合，各接头应堵严密。电热元件的位置安装准确，必须保证电路通畅，避免发生短路。埋设的金属管路亦应

保持通畅。

（2）应随建筑结构体的升高逐段检查，逐段灌注沥青，并加热沉实后方可浇筑，混凝土不得全井一次灌注沥青。沥青灌注完毕后，井口应立即封盖，妥善保护。伸缩缝的混凝土表面应平整洁净，如有蜂窝、麻面应填平，外露铁件应割除。

二、排水设施的施工技术要求

为排除建筑物内部和地基的渗透水而设置的排水设施的形式、位置、尺寸及材料规格等均应符合设计规定。岩基的排水孔钻好后，应仔细冲洗干净并在施工过程中妥善保护，以免造成堵塞。岩基内部排水孔的允许偏差，当设计未作规定时，应遵守下列规定：

（1）孔的倾斜度，深孔不得大于 1%，浅孔不得大于 2%，孔的深度误差不得大于或小于孔深的 2%。

（2）孔的平面位置与设计位置的偏差不得大于 10 cm。

三、预埋铁件的施工要求

各种预埋件及插筋，在埋设前应将其表面的鳞锈、铁皮、油漆和油渍等清除干净。各种预埋螺栓铁件和插筋的安装（其规格、数量、高程、方位、埋入深度及外露长度），均应符合设计要求，并必须牢固可靠。在混凝土浇筑过程中不得移位和动摇。预埋螺栓时，可采用样板固定，以提高精度。锚固在岩基上的插筋，应达到下列要求：

（1）钻孔位置的偏差要求：柱内钢筋伸入岩石的插筋为 2 cm，与地板内的钢筋网相连接的插筋为 5 cm。

（2）钻孔底部的孔径以 $d+20$ cm 为宜（d 为插筋直径）。

（3）在岩石部分的钻孔深度不得浅于设计深度，但也不得超过 10 cm。

（4）钻孔的倾斜度对设计轴线偏差在全深度范围内不得超过 5%。

（5）插筋埋设后孔口需加桩子，以免振动。须待孔内砂浆强度达到 25 kg/cm³ 时，方可在其上进行架设工作。各种爬梯、扶手及栏杆、铁件，其埋入部分应有足够的长度。在使用前进行检查，以确保安全。

第四节　砌石工程的施工技术

砌石工程所用的主要材料为石料，其质量的优劣将直接影响到砌石工程的施工质量，特别是砌石工程的安全性和耐久性。所以，在施工前对石料的质量要求有如下规定：

对石料质量在进场时应进行检查验收，并作为一项内部管理制度严格执行，以杜绝不合格料进入施工现场。同时，对石料场的分布、储量与质量进行检查。其调查试验的项目和精度应符合《水利水电工程天然建筑材料勘察规程》（SL 251—2000）的有关规定。

砌石工程石料需选用不透水石料，其抗水性、抗压强度、几何尺寸等均应符合设计要求，而且必须质地坚硬、新鲜，不得有剥落层或裂纹。不易风化的矿物颗粒遇水不易泥化和崩解，含水饱和极限抗压强度应符合设计要求，软化系数宜在 0.75 以上。

砌石工程可分为三种：浆砌石、干砌石和砌石混凝土。其对石料的要求按外形可分为

粗料石、块石、毛石三种,规格要求如下:

(1)粗料石:一般为矩形,应棱角分明,六面基本平整,同一面高差应控制在石料长度的 1% ~ 3%,长度宜大于 50 cm,宽、厚应不小于 25 cm,长厚比不宜大于 3。墙面粗石料的外露面宜修整加工,其高差宜小于 0.5。

(2)块石:应有两个基本平行面,且大致不整、无尖角,薄边块厚宜大于 20 cm。

(3)毛石:无一定规则形状。单块质量应大于 25 kg,中厚不小于 20 cm。规格小于上述要求的毛石又称片石,可用于塞缝,但其用量不得超过该处砌体质量的 10%。

一、砌石工程所用材料应符合的规定

(1)砌石用砂浆和混凝土砌石用的砂质量要求应符合表 6-28 中的规定。

表 6-28　砌石用砂浆和混凝土砌石用的砂质量要求

项目	指标	说明
天然砂中含泥量 其中黏土含量(%)	<5 <2	①含泥量是指粒径小于 0.08 mm 的淤泥和黏土的总量 ②不应含有黏土团粒
人工砂中的石粉含量(%)	<12	是指小于 0.15 mm 的颗粒
坚固性(%)	<10	是指硫酸钠溶液 5 次循环后的质量损失
云母含量(%)	<2	
硫化物及硫酸盐含量,按质量计 SO_3(%)	<1	
有机质含量	浅于标准色	如深于标准色,应配成砂浆进行强度对比试验
容重(t/m³)	>2.5	

(2)混凝土砌石时所用砾石(碎石)的质量要求如表 6-29 所示。

表 6-29　混凝土砌石所用砾石(碎石)的质量要求

项目	指标	说明
含泥量(%)	D_{20}、D_{40} 粒径级 <1、D_{80} 以上粒径级 <0.5	各粒径级均匀,不应含有黏土团块
坚固性(%)(冻融损失率)	<5、<12	有抗冻要求时、无抗冻要求时
硫酸盐及硫化物含量,按质量折算成 SO_3(%)	<0.5	
有机质含量	浅于标准色	如深于标准色,应进行混凝土强度对比试验
容重(t/m³)	>2.55	
吸水率(%)	<2.5	砾石经过试验论证可放宽至 25%
针片状颗粒含量(%)	<15	

（3）砌石混凝土施工中，宜将粗骨料按粒径分成几个粒径级：

①当最大粒径为 20 mm 时，分成 5～20 mm 一级。

②当最大粒径为 40 mm 时，分成 5～20 mm 和 20～40 mm 两级。

（4）砌石所用的胶结材料及其配合比，拌和与运输的施工质量要求如下：

胶结材料是砌石工程的重要材料之一，针对水利工程特点，胶结材料有混合水泥砂浆和小骨料混凝土两种，故砌石工程所用的材料应符合下列规定：

①水泥强度等级不宜低于 32.5 级。

②水泥砂浆是由水泥、砂、水按一定比例配合而成的。

③用作混凝土砌石的砂浆是由水泥、砂和最大粒径不超过 20 mm 的骨料按一定比例配合而成的。

④混合水泥砂浆是在水泥砂浆中掺一定混合材料按一定比例配制而成的，但使用的混合材料和外加剂应通过试验确定。混合材料宜先用粉煤灰，其品质指标参照有关规定确定。

考虑施工质量的不均匀性，胶结材料的配制强度应等于设计强度等级乘以系数 k，k 值可按表 6-30 查得。

表 6-30　k 值表

C_v	$\rho(\%)$				说明
	90	85	80	75	
0.1	1.15	1.12	1.09	1.08	
0.13	1.20	1.15	1.12	1.10	
0.15	1.24	1.19	1.15	1.12	表中 C_v 为离差系数，$\rho(\%)$ 为强度保证率
0.18	1.30	1.22	1.18	1.14	
0.20	1.35	1.26	1.20	1.16	
0.25	1.47	1.35	1.21	1.21	

胶结材料的配合比应经试验确定，并满足下列要求：

①配制砌筑用水泥砂浆和小石子混凝土，应按设计强度等级提高 15%，配合比通过试验确定，同时应具有适宜的和易性，砂浆的坍落度一般为 4～6 cm，小石子混凝土的坍落度宜为 5～8 cm。

②胶结材料的施工配置强度 $f_{cv.o}$ 必须符合下列规定：

$$f_{cv.o} = f_{cv.k} + 0.84\sigma \tag{6-21}$$

式中　$f_{cv.k}$——设计的胶结材料强度标准值，N/mm^2；

　　　　σ——施工单位的胶结材料强度标准差，N/mm^2。

考虑到砌石工程胶结材料施工的不均匀性，对施工配置强度作出规定，以使胶结材料的强度保证率能满足 80% 的最低标准要求，即以上公式的要求，也是为控制胶结材料强度能通过合格评定所采取的最基本的技术措施，式（6-1）中胶结材料的标准差由强度等级、配合比相同和施工工艺基本相同的抗压强度资料统计求得，试块统计的组数宜大于或等于 25。但当施工单位不具有近期胶结材料强度资料时,可根据已建工程的经验对强度等级小于 C20 混凝土,其强度标准差可采用 4 N/mm²(4 MPa),强度等级为 M7.5、M10、M15 等级的砂浆,其强度标准差可依次分别取用 1.88 N/mm²、2.5 N/mm²、3.75 N/mm²。

③胶结材料配合比的设计与试验是以胶结材料的施工配置强度为依据的。通过优化对比试验,选择合理的施工配合比,并以重量比表示。这有利于现场对胶结材料组分计量允许偏差的控制,故施工过程中胶结材料的配合比不得用体积比代替。由于客观条件等因素影响,较多会导致配料组分材料的密度变化较大,造成胶结材料的配合比计量不准确而使胶结材料的强度等级达到设计要求和强度离散性较大,所以胶结材料各组分计量的允许偏差应符合表 6-31 的规定。

表 6-31　胶结材料各组分计量的允许偏差

材料名称	允许偏差
水泥	±2%
砂、砾(碎石)	±3%
水、外加剂溶液	±1%

④胶结材料中掺用外加剂和粉煤灰,对提高砌体质量十分有益,可以减少水泥用量,降低水化热,调整凝结时间,改善施工和易性和抗渗、抗冻性能,但外加剂的适宜掺量必须通过试验确定。

⑤砂浆和混凝土应随拌随用,常温拌成后,应在 3~4 h 内使用完毕,如气温超过 30 ℃,则应在 2 h 内使用完毕,如在使用中发现泌水现象,应在砌筑前二次拌和。因此,为确保砌体的施工质量,胶结材料自出料、运输、存放到用完毕的允许间歇时间,应根据工地的实际情况由工地实验室试验确定,并在施工中严格执行。

二、砌石施工技术要求

(一)浆砌石的施工技术要求

浆砌石是砌石工程中较为重要的一部分,根据《水闸施工规范》(SL 27—91)等规范的要求,浆砌石的施工质量应满足以下规定:

(1)砌体与基岩连接应按设计要求,在开挖后应进行清理,敲除光角,清除松动石块和残杂物,并将基岩表面的泥垢、油污等清洗干净,排除积水。

(2)砌筑前应在施工场外将石料逐个检查,要求将表面的泥垢、青苔、油渍等冲刷干净,并敲除软弱边角。砌筑时石料最好保持湿润状态,并对砌筑基面进行检查,砌筑基面符合设计及施工要求后,方允许在其上砌筑。

(3)砂浆砌石体砌筑,应先铺砂浆后砌筑,砌筑要求平整、稳定、密实。错缝砌筑应分层,各砌层均应坐浆,随铺浆随砌筑,每层应依次砌角石、面石,然后砌胶石,块石的砌筑应选择较平整的大块石经修凿后用作面石,上下两层石块应骑缝,内外石块应交错搭接。浆砌石石块砌筑,应看样选料,修整边角,保证竖缝宽度符合表 6-32 的要求,毛石砌筑竖缝宽度在 5 cm 以上时可填塞片石,应先填浆再塞片石。

表 6-32　砌缝宽度要求

类别		砌缝宽度(cm)			说明
		粗料石	块石	毛石	
砂浆砌石体	平缝	1.5 ~ 2	2 ~ 2.5	—	当砌体平缝采用砂浆、竖缝采用混凝土砌筑时,缝宽各见砂浆砌石体平缝、竖缝栏的数字
	竖缝	2 ~ 3	2 ~ 4	—	
混凝土砌石体	平缝 一级配	4 ~ 6	4 ~ 6	4 ~ 6	
	平缝 二级配	8 ~ 10	8 ~ 10	8 ~ 10	
	竖缝 一级配	6 ~ 8	6 ~ 9	6 ~ 10	
	竖缝 二级配	8 ~ 10	8 ~ 10	8 ~ 10	

注:竖缝错开距离不小于 10 cm,丁石的上下方不得有竖缝,粗料砌体的缝宽可为 2 ~ 3 cm。

(4)料石的砌筑,按一顺一丁或两顺一丁排列,砌缝应横平竖直。

(5)砌体宜均衡上升,相邻段的砌筑高差和每回砌筑高度不宜超过1.2 m。

(6)采用混凝土底板的浆砌石工程,在底板混凝土浇筑至面层时,宜在距砌石边线40 cm 的内部埋设露面块石,以增加混凝土底板与砌体间的结合强度。

(7)护坡护底和翼墙的砌筑宜用铺浆法砌筑,灰浆应饱满。内部石块间较大的空隙,应先灌填砂浆或细石混凝土,并认真捣实且用碎石嵌实,不得采用先填碎石块后塞砂浆的方法。

(8)在砌筑过程中如遇中雨或大雨,应停止砌筑,并将已砌石块中的空隙用砂浆或细石混凝土填实,然后加以遮盖,雨后应清除积水再继续砌筑。

(9)各砌体尺寸和位置的允许偏差应符合表6-33 的规定。

表6-33　砌体尺寸和位置的允许偏差

项目	墩墙		护坡护底	
	浆砌块石	浆砌料石	浆砌块石	干砌块石
轴线位置	±15 mm	±10 mm		
墙面垂直度（全高）	±0.5%H	±0.5%H		
墙身砌层边缘位置	±20 mm	±10 mm		
墙面坡度	不陡于设计规定	不陡于设计规定		
断面尺寸或厚度	+30 mm,−20 mm	±20 mm（±15 mm）	砌体厚度的±15%且在±30 mm之间	砌体厚度的±15%且在±30 mm之间
顶面高程	±15 mm	±15 mm		
护底高程			+30 mm,−50 mm	+30 mm,−50 mm

(二)干砌石的施工技术要求

干砌石工程的施工在水闸工程中应用较为广泛,对水利工程的安全运行有重要的意义,故对其施工质量控制提出以下规定。

(1)干砌石用于护底护坡等部位,并应符合下列要求:

①砌体缝口应砌紧,底部应垫稳、填实,严禁架空。

②不得使用翘口石和飞口石。

③宜采用立砌法,不得叠砌和浮塞,石料最小边厚度不宜小于150 mm。

④具有框格的干砌石工程,宜先修筑框格再砌筑。

⑤铺设大面积坡面的砂石垫层时应自上而下,分层铺设,并随砌石面的增高分段上升。

⑥干砌石护坡的垫层应按设计图纸要求进行施工。有反滤要求的垫层按反滤层的技术要求进行铺筑,保证反滤层的铺筑厚度符合设计要求。垫层铺筑应自上而下分段铺填成形,干砌石护坡应紧随其后自下而上砌筑,砌筑过程中应有保护垫层不被破坏的施工技术措施。

⑦干砌石护坡砌筑坡间水平挂线是为了控制设计坡度和护坡大面的平整度,错缝竖砌、紧靠密实、塞填稳固、大块封边以及不得叠砌、浮塞架空、上下左右形成通缝等,是为了保证砌石护坡的整体性和稳定性。干砌石护坡当设计有水泥砂浆勾缝要求时,必须预留排水孔,以备水位骤降时护坡内的水能够迅速排出。

⑧干砌石挡墙的砌筑要点:考虑干砌石挡墙的特点,干砌石挡墙应全面分层卧砌,并根据石块的自然形状略加敲打整修,与先砌石块尽量挤摆、垫稳、上下错缝、内外搭砌,且不得为了省工省料在砌石断面中间用小石填心,以确保干砌石体内部块石之间能够形成相互拉结作用,并提高干砌石墙体的整体性;干砌石体的砌筑层面不得以小石块、片石找平,是为了增强砌石挡墙层面之间的抗剪能力,提高干砌石体的整体性,对干砌石挡墙结构和自身稳定十分有利。

(2)干砌石面石勾缝的施工技术要求如下:

①材料和砌体的质量应符合设计要求。

②砌缝砂浆应密实砌缝宽度,错缝距离应符合要求。

③砂浆小石子混凝土配合比应正确,试件强度不应低于设计强度。

(3)砌体砌缝的允许宽度如表6-34所示。

表6-34　砌体砌缝允许宽度

类别			砌缝宽度(cm)			说明
			粗料石	块石	毛石	
砂浆砌石体	平缝		1.5~2	2~2.5	—	当砌体平缝采用砂浆、竖缝采用混凝土砌筑时,缝宽分别采用砂浆、混凝土砌石体各栏中的有关规定
	竖缝		2~3	2~4	—	
混凝土砌石体	平缝	一级配	4~6	4~6	4~6	
		二级配		8~10	8~10	
	竖缝	一级配	6~8	6~9	6~10	
		二级配		8~10	8~10	

第五节 土方回填的施工技术要求

水闸的土方回填可分为两类:一类是水闸开挖后的土堤回填,另一类是水闸建筑结构物后背部的土方回填。由于两类的任务不同,所以对其所采用的施工方法和施工技术要求各异,现分述如下:

(1)土堤回填的土方数量较大,故必须采用机械化施工,并根据设计要求的强度和技术条款。施工单位对设计单位所提供的土料场进行调查试验,并对所提供的料场储量与质量进行取样,必须对所筑堤材料的种类、数量,开采的地点、地质、地形情况有充分的了解,做到心中有数。

(2)对水闸堤体结构压实作业的要求:压实机具的类型、规格等应符合施工规定,碾压参数应由碾压试验确定,严格控制压实参数,保证压实质量的必要条件,并按规定取试样检查合格后才准铺筑上层填料。对于填筑层面的处理,填筑面进料运输线是汽车经常进入的位置,要做到铺土前必须松土凿毛,这是为了保证填筑层面之间的结合质量。施工时应分段填筑,各段应设立标志,以防漏压欠压,上下层的分段接缝位置应错开。碾压机械的行走方向应平行于堤的轴线不应小于0.5 m,垂直的轴线方向不应小于3 m。不同碾压层的分段接缝位置应相互错开,主要是为了避免压实质量薄弱环节都集中在堤身的某一个断面的现象发生,使整个堤身的压实质量符合质量要求而且比较均匀。碾压作业时要求碾压机械行走方向应平行于堤线,主要是有利于堤身形成一个密实的连续体,而若垂直于堤线方向进行碾压,对形成一个密实连续的堤身十分不利,甚至还会产生过多的堤身疏松地,从而使堤身渗漏通道隐患的机遇大大增加。

(3)对水闸结构体背后的填土,由于填筑的土方数量不大,同时工作面狭小,不能使用机具,仅用人工回填,所采用的工具有振动夯、青蛙夯、气夯和12磅锤、8磅锤等。由于施工场地狭窄,工作不方便,所以不能急于求成,应分层夯实,现场取试样,每层合格后方可进行下层的施工。土料的含水量要适宜,才能达到好的密实度。夯实的各项参数也应通过试验确定。

第七章　金属结构的制作安装技术要求

在水闸工程中金属结构的种类很多,一般说来,主要有钢制闸门(包括弧形闸门和平面闸门两种)、启闭机(主要有固定式启闭机和中压启闭机两种)、拦污栅等。其质量直接影响到水利工程的安全运行,特别是闸门启闭机一旦发生质量事故,所造成的不仅仅是金属结构本身的破坏,而是直接影响到国家及人民群众的财产及人身安全。为保证金属结构的质量,在施工过程中必须执行设计要求及相关规定的要求。

第一节　钢闸门的基本技术要求

一、钢闸门的一般技术要求

由于闸门不但要承受静水压力,并且要在动水中操作自如,安全运行,承受动水作用力,所以大型水闸工程中重要的工作闸门在运行过程中可能会产生气蚀、磨损和启闭力等问题,故在施工中应注意以下事宜:

(1)在水闸工程的施工过程中,应根据设计的要求选用合适的门型。由于弧形闸门没有门槽,高速水流通过闸门段边界时,不易产生分离和旋涡,启闭力也小,因此深孔工作闸门弧形闸门较为合适。而平面闸门不需要较大的闸室,支撑结构比较简单,当改善闸的泄洪道出口布置时,最好采用平面闸门。

(2)选用合理的底缘形式和门槽形式。一般讲,闸门底缘上游倾角不宜小于45°,下游倾角不宜小于30°,门槽用 $K > K_i$(K 为水流空穴数,K_i 为初生空穴数)。

(3)对于弧形闸门要特别注意止水形式,对平面闸门要特别注意门槽形式,并对于低水头弧形闸门应特别注意支臂的动力稳定性,必须从设计、制造、安装运行和管理维护各个方面予以重视,并采取有效措施予以预防。

(4)在总体布置上,闸门应布置在水流平顺的地方,避免在闸门前产生横向流和旋涡,避免在闸后淹没出流和回流等对闸门冲击,避免胸墙底部空腔产生水－气锤作用的不利影响。

(5)弧形闸门的支臂是薄弱环节,而支臂的动力稳定性又是问题的关键。

(6)在制造、安装、运行、管理和维护方面要注意以下事项:

①焊缝质量,特别是支臂的焊缝质量必须予以保证。

②安装精度,特别是支臂的安装精度,必须严格按规范进行。

③不得违章操作,当不得已双层过水(门底和门顶同时过水)时,不得长期停留于振动开度等。

④管理维修,支铰要定期检修加油,保证转动灵活自如,冬季运行要有防冻措施,不得

冻死,每年汛前都要对电源、启闭设备、闸门逐一检查一遍。

二、闸门和埋件制造的技术要求

（1）底槛、主轨、副轨、反轨、止水座板、门楣、侧轨、侧轮导板、铰座钢梁制造的允许偏差应符合表7-1的规定。

表7-1　底槛、主轨、副轨、反轨、止水座板、门楣、侧轨、侧轮导板、铰座钢梁制造的允许偏差

序号	项目	允许偏差	
		构件表面未经加工	构件表面经加工
1	工作面直线度	构件长度的 1/1 500,且不超过 3.0 mm	构件长度的 1/2 000,且不超过 1.0 mm
2	侧面直线度	构件长度的 1/1 000,且不超过 4.0 mm	构件长度的 1/1 000,且不超过 2.0 mm
3	工作面局部平面度	每米范围内不大于 1.0 mm,且不超过 2 处	每米范围内不大于 0.5 mm,且不超过 2 处
4	扭曲	长度不大于 3 m 的构件,不应大于 1.0 mm,每增加 1 m 递增 0.5 mm,且最大不超过 2.0 mm	0.5 mm

注:扭曲是指构件两对角线中间交叉点不吻合值,以下同此。

（2）不兼作止水的胸墙制造的允许偏差应符合表7-2的规定。所有胸墙的宽度允许偏差均为 −1 mm,对角线相对差均不应大于 4 mm。

表7-2　不兼作止水的胸墙制造的允许偏差

序号	项目	允许偏差(mm)
1	工作面直线度	构件宽度的 1/1 500,且不超过 4 mm
2	侧面直线度	构件高度的 1/1 000,且不超过 5 mm
3	工作面局部平面度	每米范围内不超过 4 mm
4	扭曲	高度不大于 3 m 的胸墙,不应大于 2 mm,每增加 1 m 递增 0.5 mm,且最大不超过 3 mm

注:1.工作直线度通过各横梁中心线测量。

2.侧面直线度通过两侧隔板中心线测量。

（3）底槛和门楣的长度允许偏差为 −0.4 mm,如底槛不是嵌于其他构件之间,则允许偏差为 ±4.0 mm。

（4）焊接主轨的不锈方钢,止水座板与底板组装时应压合,局部间隙不应大于 0.2 mm,累计长度不超过全长的15%。

（5）当止水座板在主轨上时,任一横断面的止水座板与主轨轨面的距离 L 的偏差不

应超过 ±0.5 mm。止水座板中心至轨面中心的距离 a 的偏差不超过 ±2 mm。止水座板与主轨轨面的相互关系如图 7-1 所示。

（6）当止水座板在反轨上时，任一横断面的止水座板与反轨轨面的距离 L 的偏差不应超过 ±2 mm。止水座板与反轨轨面的相互关系见图 7-2。

（7）护角如兼作侧轨，其与主轨面或反轨轨面中心的距离 d 的偏差如图 7-3 所示，不应超过 ±3 mm。

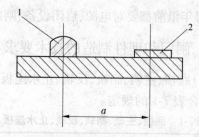

1—反轨轨面（承压加工面）；2—止水座板（加工面）

图 7-1　止水座板与主轨轨面的相互关系

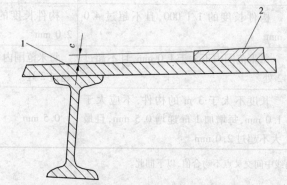

1—主轨轨面（指与反轮接触部位，为非加工面）；2—止水座板（加工面）

图 7-2　止水座板与反轨轨面的相互关系

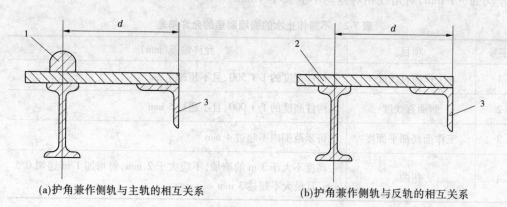

(a)护角兼作侧轨与主轨的相互关系　　(b)护角兼作侧轨与反轨的相互关系

1—主轨轨面；2—反轨；3—护角

图 7-3　护角与主轨及反轨的偏差

（8）弧门侧止水座板和侧轮导板的中心线曲率半径偏差不应超过 ±3 mm。

（9）锥形支铰基础与支承的组合面应平整，其平面度公差经过加工的不得大于 0.5 mm，未经加工的不得大于 2 mm。锥形支铰见图 7-4。

（10）分节制造的埋件，应在制造厂进行组装，组装时相邻构件组合出的错位，经过加工的不应大于 0.5 mm，未经加工的不应大于 2 mm 且应平缓过渡。检查合格后应在组合处打上明显的标记并编号。

三、平面闸门制造的技术要求

（1）闸门不论整体或分节制造，出厂前均应进行整体组装（包括滚轮胶木滑道等部件的组装），检查结果合格后，在组合处打上明显的标记并编号，并焊上定位板。

（2）闸门吊耳孔的纵横中心偏差均不应超过 ±2 mm，吊耳吊杆的轴孔应各自保持同心，其倾斜度不应大于 1/1 000。

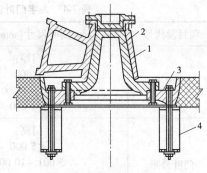

1—轴套；2—轴；3—支承环；4—基础环

图 7-4　锥形支铰

（3）在同一横断面上，胶木滑道或滚轮的工作面与止水座面的距离偏差不应大于 1.5 mm。同侧滚轮或滑道的中心偏差不应超过 ±1.5 mm。

四、弧形闸门制造的质量技术要求

（1）弧形闸门出厂前应进行整体组装检查，各项指标合格后方可出厂。其两个铰链轴孔的同轴度公差 a 不应大于 1 mm，每个铰链轴孔的倾斜度不应大于 1/1 000。铰链中心至门叶中心距离 L_1 的偏差不应超过 ±1 mm。

（2）支腿开口处弦长的允许偏差如表 7-3 所示的规定。

（3）支腿的侧面扭曲不应大于 2 mm。

（4）支臂两端连接板上的螺孔应分别与铰链和主梁的螺孔配钻，其中有一端的连接板在工厂可点焊在支臂上，待工地安装时再焊，但未焊前其和铰链、主梁的组合面应接触紧密。两个铰链轴孔的同轴度公差 a 不应大于 1 mm，每个铰链轴孔的倾斜度不应大于 1/1 000。

表 7-3　支腿开口处弦长的允许偏差

序号	支腿开口处弦长 L(cm)	允许偏差（mm）
1	<4	±2.0
2	4~6	±3.0
3	>6	±4.0

（5）支臂中心与铰链中心的不吻合值不应大于 2 mm，支臂腹板中心与主梁的腹板中心的不吻合值不应大于 4 mm。

（6）支臂中心至门叶中心距离的偏差不应超过 ±1.5 mm。

（7）组合处错位不应大于 2 mm。

五、人字门制造的技术要求

（1）人字门叶制造、组装的允许偏差应符合表 7-4 的规定。

表 7-4 人字门叶制造、组装的允许偏差

序号	项目及代号	门叶尺寸（mmm）	允许偏差（mm）
1	门叶厚度 b	门厚： ≤500 501～1 000 >1 000	±3.0 ±4.0 ±5.0
2	门叶外形 高度 H	门高： ≤5 000 5 001～10 000 10 001～15 000 15 001～20 000 >20 000	±5.0 ±8.0 ±12.0 ±16.0 ±20.0
3	门叶外形 半宽 $\frac{B}{2}$	门宽： ≤5 000 5 001～10 000 >10 000	±2.5 ±4.0 ±5.0
4	对角线相对差 $\mid D_1 - D_2 \mid$	取门高或门宽中尺寸较大者： ≤5 000 5 001～10 000 10 001～15 000 15 001～20 000 >20 000	3.0 4.0 5.0 6.0 7.0
5	门轴柱、斜接 柱正面弯曲度	≤5 000 5 001～10 000 >10 000	±2.5 ±4.0 ±5.0
6	门轴柱、斜接 柱侧面弯曲度		±5.0
7	门叶横向 直线度 f_1		$B/1\ 500$，且不超过 6
8	门叶竖向 直线度 f_2		$H/1\ 500$，且不超过 4
9	顶、底主梁的 长度相对差	门宽： ≤5 000 5 001～10 000 >10 000	2.5 4.0 5.0
10	面板与梁组合面 的局部间隙		1.0
11	面板局部凹 凸不平度	面板厚度 δ： ≤10 10～16 >16	每米范围内 6.0 5.0 4.0

（2）支枕垫块出厂前应逐对配装研磨，使其接触紧密，局部间隙不应大于 0.05 mm，其累计长度不应超过支枕垫块长度的 10%。

（3）底枢蘑菇头与底枢顶盖轴套应在厂家内组装研刮，并满足下列要求：

①在加工时定出磨菇头的中心位置。

②应转动灵活无卡阻现象。

③蘑菇头与轴套接触应集中在中间 120°范围内。接触面上的接触点数，在每 25 mm × 25 mm 面积内应有 1~2 个点。

（4）人字闸门出厂应进行整体组装检查，还应符合下列要求：

①底枢顶盖和门叶底横梁组装后其中心偏差不应大于 2.0 mm，倾斜度不应大于 1/1 000。

②如顶枢装置不是在工地进行樘孔或扩孔的，则顶、底枢中心同轴度，当门高小于或等于 15 m 时，不应大于 1.0 mm，当门高大于 15 m 时，不应大于 2.0 mm。

第二节　门闸和埋件安装的技术要求

一、埋件安装的技术要求

（1）埋件安装前，门槽中的模板等杂物必须清除干净，一、二期混凝土的结合面应全部凿毛，二期混凝土的断面尺寸和预埋螺栓位置应符合图纸规定。

（2）平面闸门埋件安装时的允许偏差应符合设计图样的规定和规范要求。

（3）弧门铰座的基础螺栓中心和设计中心位置偏差不应大于 1 mm。

（4）弧门铰座钢梁中心的里程、高程和对孔中心线距离的偏差不应超过 ± 1.5 mm。铰座钢梁的倾斜度按其水平投影尺寸 L 的偏差值来控制，要求的偏差不应大于 L/1 000。

（5）锥形铰座基础环的中心偏差和表面垂直偏差均不应大于 1 mm（如表面为非加工面，则垂直偏差为 2 mm），其表面对孔口中心线距离的允许偏差为 +2.0 mm、–1.0 mm。

（6）埋件安装调整后，应用加固钢筋与预埋螺栓焊牢，螺栓应板直，加固钢筋的直径不应小于螺栓的直径，其两端预埋件及螺栓的焊接长度均不应小于 50 mm。

（7）深孔闸门预埋件过流面上的焊疤和焊缝加强高应铲平，弧坑应补平。

（8）埋件安装完，经检查合格后，应在 5~7 d 内浇筑二期混凝土。如过期或有碰撞，应予复测，复测合格后方可浇筑混凝土。浇筑时应注意防止撞击。

（9）埋件的二期混凝土拆模后，应对埋件的位置进行复测并做好记录。同时，检查混凝土表面尺寸，清除选面的钢筋头和杂物，以免影响闸门的启闭。

二、平面闸门安装的技术要求

（1）整体到货的闸门在安装前，应对其各项尺寸按设计要求和规范规定进行复查。

（2）分节到货的闸门组成整体后，其各项尺寸除按设计要求和规范规定进行复查外，应满足下列要求：

①节闸如采用螺栓连接，则螺栓应均匀拧紧，节闸橡皮的压缩量应符合图纸的规定。

②节间如采用焊接,则焊接前应按已评定合格的焊接工艺编制焊接工艺规程,焊接时应监视变形。

③止水橡皮的螺孔应按门叶或止水压板上的螺孔位置定出,然后进行冲孔或钻孔,孔径应比螺栓直径小1.0 mm,严禁烫孔,当螺栓均匀拧紧后,其端头应低于止水橡皮自由表面8.0 mm以上。

④止水橡皮表面应光滑平直,不得盘折存放。其厚度允许偏差为±1.0 mm,其余外形尺寸的允许偏差为设计尺寸的2%。

⑤止水橡皮接头可采用生胶热压等方法胶合。胶合接头处不得有错位、凹凸不平和疏松现象。

⑥止水橡皮安装后,两侧止水中心距离和顶止水中心至底止水底缘距离的偏差均不应超过±3.0 mm,止水表面的平面度为2.0 mm。闸门处于工作部位后,止水橡皮的压缩量应符合图纸规定,其允许偏差为+2.0 mm、-1.0 mm。

⑦单吊点的平面闸门应做静平衡试验,试验方法为:将闸门吊离地面100 mm,通过滚轮或滑道的中心测量上下与左右方向的倾斜,倾斜度不应超过门高的1/1 000,且不大于8.0 mm。

三、弧形闸门的安装技术要求

(1)圆柱形、球形和锥形铰座安装的允许偏差应符合表7-5的规定。

表7-5　圆柱形、球形和锥形铰座安装的允许偏差

序号	项目	允许偏差
1	铰座中心对孔口中心线的距离	±1.5 mm
2	里程	±2.0 mm
3	高程	±2.0 mm
4	铰座轴孔倾斜(指任何方向的倾斜)	1/1 000
5	两铰座轴线的同轴度	2

(2)分节到货的弧形闸门门叶组成整体后,除对各项尺寸按规范有关规定进行复查外,还应在焊接时监视变形。

(3)弧门安装应符合下列规定:

①支臂两端的连接板和铰链、主梁组装焊接时,应采取措施减少变形,焊接后其组合面应接触良好。抗剪板应和连接板顶紧。

②铰轴中心至面板外缘的曲率半径的偏差,对露顶或弧门不应超过±8.0 mm,两侧相对差不应大于5.0 mm;对潜孔或弧门不应超过±4.0 mm,两侧相对差不应大于3.0 mm。

③顶侧止水安装的允许偏差和止水橡皮的质量要求应符合规范中的有关规定。

四、人字闸门安装的技术要求

（1）底枢装置安装的偏差应符合下列规定：

①蘑菇头中心的偏差不应大于 2.0 mm，高程偏差不超过 ±3.0 mm，左右两蘑菇头标高相对差不应大于 2.0 mm。

②底枢轴座的水平偏差不应大于 1/1 000。

（2）顶枢装置的安装偏差应符合下列规定：

①顶枢埋件应根据门叶上顶枢轴座板的实际高程进行安装，拉杆两端的高差不应大于 1.0 mm。

②顶枢轴线与底枢轴线应在同一轴线上，其偏离值不应大于 2.0 mm。

③两拉杆中心线的交点与顶枢中心偏差不应大于 2.0 mm。

④顶枢轴两座板要求，其倾斜度不应大于 1/1 000。

（3）支枕座安装时以顶底支枕座中心的连线检查中间支枕座的中心线，要求其任何方向的偏移不应大于 2.0 mm。

（4）支枕垫块调整后应符合下列规定：

①不作止水的支枕垫块间不应有大于 0.2 mm 的连续间隙，局部间隙不应大于 0.4 mm，兼作止水的支枕垫块间应有不大于 0.15 mm 的连续间隙，局部间隙不应大于 0.3 mm，间隙累计长度应不超过支枕垫块长度的 10%。

②每对相接触的支枕垫块中心线相对偏移值 C 不应大于 5.0 mm。

（5）支枕垫块与支枕座间浇注填料应符合下列规定：

如浇注环氧垫料，则其成分配制比例和允许最小间隙宜经试验确定。

如浇注巴氏合金，则当支枕垫块与支枕座间的间隙小于 7 mm 时，应将垫块和支枕座均匀加热到 200 ℃后方可浇注，禁用氧－乙炔焰加热。

（6）旋转门叶从全开到全关过程中，斜接柱上任意一点上的最大跳动量，门宽小于或等于 12 m 时为 1.0 mm，门宽大于 12 m 时为 2.0 mm。

（7）人字门安装后底横梁在斜接柱一端的下垂值不应大于 5.0 mm。

（8）当闸门全关，各项止水橡皮的压缩量为 2.0～4.0 mm 时，门底的限位橡皮块应与闸门底槛角钢的竖面均匀接触。

五、闸门试验的技术要求

（1）闸门在安装完毕后，应在无水的情况下做全程启闭试验。共用闸门应对每个门槽做启闭试验。试验前必须清除门叶和门槽内所有杂物并检查吊杆的连接情况，启闭时应在止水橡皮处浇水润滑，有条件时工作闸门应做动水启闭试验。

（2）闸门启闭过程中应检查滚轮转动情况，闸门升降有无卡阻，止水橡皮有无损伤等现象。

（3）闸门全部处于工作部位后，应用灯光或其他方法检查止水橡皮的压紧程度，不应有透亮或间隙。如闸门为上游止水，则应在支承装置和轨道接触后检查。

（4）闸门在承受设计水头的压力时，通过橡皮止水每米长度的漏水量不应超过 0.1 L/s。

第三节　拦污栅制造和安装的质量要求

拦污栅制造和安装的技术要求与允许偏差：

（1）拦污栅栅体制造的偏差，宽度和高度不应超过 ±8.0 mm。

（2）栅体厚度的偏差不应超过 ±4.0 mm。

（3）栅体对角线相对差不应超过 6.0 mm，扭曲不应超过 4.0 mm。

（4）拦污栅埋件制造的允许偏差应符合表 7-6 的规定。

表 7-6　拦污栅埋件制造的允许偏差

序号	项目	允许偏差
1	工作面弯曲度	构件长度的 1/1 000，且不超过 6.0 mm
2	侧面弯曲度	构件长度的 1/750，且不超过 8.0 mm
3	工作面局部凹凸不平度	每米范围内不超过 2.0 mm
4	扭面	3.0 mm

（5）各栅条应互相平行，其间距偏差不应超过设计间距的 ±5%。

（6）栅体的吊耳孔中心距偏差不应超过 ±4.0 mm。

（7）栅体的滑块或滚轮应在同一平面内，其工作面的最高点和最低点的差值不应大于 4.0 mm。

（8）滑块或滚轮的跨度偏差不应超过 ±6.0 mm，同侧滑块或滚轮的中心线偏差不应超过 ±3.0 mm。

（9）两边梁下端的承压板应在同一平面内，若不在同一平面内，则其平面度公差应不大于 3.0 mm。

（10）固定式拦污栅埋件安装时，各横梁工作表面应在同一面内，其工作表面最高点与最低点的差值不应超过 3.0 mm。

（11）栅体吊入后，应做升降试验，检查其动作情况及各节的连接是否可靠。

（12）活动式拦污栅埋件安装的允许偏差应符合表 7-7 的规定。

表 7-7　活动式拦污栅埋件安装的允许偏差　（单位：mm）

序号	项目	底槛	主轨	反轨
1	里程	±5.0		
2	高程	±5.0		
3	工作表面一端对另一端的高差	3.0		
4	对栅槽中心线		+3.0 -2.0	+5.0 -2.0
5	对孔口中心线	±5.0	±5.0	±5.0

对于倾斜设置的拦污栅埋件,其倾斜角的偏差不应超过±10′。

第四节　启闭机的制造技术要求

某些水闸的闸门(如泄水溢洪系统的工作闸门)能否全启闭直接影响水闸工程建筑物甚至整个枢纽的安全。我国曾发生因暴雨来临电源发生故障造成闸门不能开启使洪水泛坝或堤防的事故,而造成重大损失。因此,《水利水电工程启闭机设计规范》(SL 41—93)第5.1.11条规定,对用以操作泄洪及其他应急闸门的启闭机,必须设置可靠的备用电源,保证在电源发生故障时仍能启闭闸门,并要注意以下事项:

(1)液压启闭机的安全阀主要用于超载等方面原因引起的泄流,为安全起见,在一般情况下不应动作,而行程限位则可能是经常性地动作。如闸门到达底槛,行程控制装置就应动作,切断电源,使其处在设计要求的位置上。所以,SL 41—93规定:液压启闭机应设有行程控制装置,不得用安全阀来代替行程控制装置。

(2)在《固定卷扬式启闭机通用技术条件》(SD 315—89)中保证钢丝绳质量具体规定为:钢丝绳应符合的有关规定,同时钢丝绳长度不够时禁止接长,因为采用接长的方法会影响强度和使用性能。由于滑轮和卷筒一般为铸件,其焊接性能差,如进行焊补很难确保质量,所以规范规定发现卷筒和滑轮上有裂纹时不允许焊补,应报废。用来固定钢丝绳的螺孔必须完整,螺纹不允许出现破碎、断裂等缺陷,钢丝绳固定卷筒的绳槽,其过渡部分的顶峰应铲平磨光,否则会磨损钢丝绳。

(3)启闭机外购件和外协件的质量技术要求:只有所有零部件包括外购件、外协件的质量得到保证才能保证整机的质量,为了确保启闭机的质量,规范规定所有零部件必须经检验合格,外购件应有合格证文件方可进行组装。

(4)水闸工程所用闸门及埋件启闭机等机械设备均应进行防腐蚀处理,其结构防腐蚀的质量技术要求如下:

水闸闸门及启闭机、拦污栅等金属结构的腐蚀是破坏性的,所造成的损失也是惊人的,很多水闸工程的金属结构就是因为构件的锈蚀而造成结构的强度或刚度下降致使闸门运行存在安全隐患,直接威胁着国家和人民的生命财产的安全。通过长效的防腐蚀方法,每年可以节约大量的检修费用。为此,水利部在1995年年底颁布了强制性行业标准《水工金属结构防腐蚀规范》(SL 105—95),该规范颁布后,立即成为全国大中型水利水电工程的设计制造和安装的执行标准。所以,对水工金属结构的防腐蚀队伍及施工进行强制性管理作了明确的规定,在各地的水闸工程施工中必须严格遵守。

第五节　启闭机安装的技术要求

水闸工程所用的启闭机一般有固定式启闭机和油压启闭机两种。

一、固定式启闭机安装的技术要求

(1)固定式启闭机安装应根据起吊中心线找正,其纵横向中心线偏差不应超过±3.0

mm,高程偏差不应超过 ±5.0 mm,水平偏差不应大于 0.5/1 000。

(2)快速启闭机过速限制器上离心飞摆弹簧的长度及摩擦片间隙,应按图纸尺寸进行初调。试运转时,再按实际关闭时间,最后调整弹簧的松紧。

(3)螺杆式启闭机安装的偏差应符合下列规定:

①螺杆与闸门连接前其垂直度偏差不应大于 0.2/1 000,螺杆下端口与滑块装置连接时,其倾斜方向应与滑块槽倾斜方向一致。

②滑块槽对起重螺母中心偏差不应大于 0.2/1 000,滑块在滑槽内上下移动时应无别劲现象,两侧间隙应在 0.2 ~ 0.4 mm 内。

二、油压启闭机安装的技术要求

(1)油压启闭机机架的纵横向中心线与从门槽实际位置测得的起吊中心线的距离偏差不应超过 ±2.0 mm,高程偏差不应超过 ±5.0 mm,双吊点油压启闭机,支承面的高差不应超过 ±0.5 mm。

(2)机架钢梁与推力支座的组合面不应有 0.05 mm 的缝隙,其局部间隙不应大于 0.1 mm,深度不应超过组合面宽度的 1/3,累计长度不超过周长的 20%,推力支座顶面水平偏差不应大于 0.2/1 000。

(3)在活塞杆竖直状态下,测定活塞杆的垂直度,其值应符合图纸规定。如无规定,则其垂直度不应大于 0.5/1 000(每天测一点),且全长不应超过杆长的 1/4 000,并检查油缸内壁有无碰伤和拉毛现象。

(4)存放、运输和吊装活塞杆时,应根据活塞直径和长度决定支点或吊点个数,以防止变形。

(5)活塞上的缓冲套筒与活塞杆之间的间隙以及缓冲套筒的节油孔均应清洗,使其畅通。

(6)缓冲环应能灵活动作,其限位压环螺栓应有防松装置。

(7)检查缸体、活塞杆、吊头连接器等部件上的螺纹,要求其表面光滑,不允许有裂缝、凹陷和断扣,局部微小的断扣不得超过两圈,螺纹和螺母的支承面在安装前应涂防锈润滑脂。

(8)油缸组装后,应按图纸规定的压力和稳压时间试压,如无规定,则按额定压力(启门力)试压 10 min,活塞沉降量不应大于 0.5 mm,上下盖法兰不应漏油,缸壁不得有渗油现象。

(9)径向柱塞油泵或经门叶片油泵等,根据情况需要分解清洗时,柱塞或叶片严禁互换。装配后用手转动油泵,应灵活而无别劲现象。

(10)安装油封时,油封应压缩至设计尺寸,相邻两圈的有缝接头应错开 90°以上。

(11)活塞杆与闸门吊耳连接时,在活塞与油缸下端盖之间应留有 50 mm 左右的间距,以保证闸门能严密关闭。

(12)电磁操作阀、差动配压阀、逆止阀、起动阀及手动阀等,根据情况需要分解清洗时,则在分解、清洗时所测出的各阀的行程值应符合图纸规定,阀内弹簧不得有断裂,阀体应能自由升降而无别劲现象。装配后,各阀应按图纸规定试压,如无规定,则按 1.25 倍工作压力进行试压,其漏油量应符合图纸的要求。

(13)油桶和贮油箱的渗漏试验以及管路弯制、清洗和安装的技术要求,均应符合《水轮发电机组安装技术规范》(GB 8564—2003)中的有关规定。

(14)走台、作业平台、斜梯和栏杆等在水闸工程的施工时,应符合劳动保护和安全的有关规定,保证操作人员和维修人员的安全。所以,要求其各项均牢固,栏杆的垂直高度不得小于1 m,离铺板约450 mm处应有中间扶杆,底部有不低于70 mm的挡板。

第八章 文明施工、安全管理和环境保护

水闸工程施工中的安全控制十分重要,它直接关系到人的生命和国家的财产安全。因此,在工程建设中,搞好施工安全控制,实现安全生产,既有重大的政治意义,也有重大的经济意义。

水闸工程施工作业是伤亡事故最多的作业之一,政府部门对水闸施工颁布有许多安全生产的法规。"建筑生产、安全第一、质量第一"是每个施工单位必须落实的,施工安全技术是施工组织管理中的重要组成部分。在水利工程中必须从单位工程或分部工程的建筑及结构特点、施工条件、技术要求和安全生产的需要出发,拟定保证工程质量和施工安全的措施与规程。它是进行施工作业交底,明确施工技术要求和质量标准,预防可能发生的工程质量事故和生产安全事故的一项重要内容,也是施工管理中不可缺少的重要环节。

文明施工、安全管理和环境保护,是指在施工生产活动中,职工的安全和健康,机械设备的安全使用以及器物的安全保护,施工环境的污染防治等工作,是施工安全管理制的主要任务。

第一节 文明施工

随着社会的进步,人类的文明,人们对环境条件的要求越来越高,由于水利工程的施工对当地的环境造成一定的影响,如施工机械的运转、噪声、灰尘等,因此我们要提倡文明施工,并且要做到以下事项:

(1)施工道路平整,做到硬地施工。

(2)施工现场的排水设施应全面规划,其设置位置不得妨碍交通,并须组织专人养护,保持排水通畅,做到施工区域无积水。

(3)施工现场存放的设备、材料应做到场地安全可靠,存放整齐,通道完整,必要时设专人进行守护。

(4)上岗着装符合安全规程或有关规定要求,并戴安全帽坚守生产工作岗位,接待来访或检查工作,做到热情、有礼貌、解答问题主动耐心,交接班全面细致。

(5)职工能自觉遵守劳动纪律,严格执行作业规定,语言、举止文明,专研业务,勤奋学习。

第二节 施工安全管理

施工安全管理的具体内容包括建立安全组织,制定安全管理计划,制定安全技术措施和安全检查,做好事故的调查与分析等。

一、建立安全组织

保证和推进有效的安全管理必须有适当的组织。安全管理机构的设立(或设立各不同岗位的安全员),应根据工程规模的大小分级设置,层层负责,确定安全生产责任制。主要职责是贯彻执行国家和地方的有关规定,检查监督执行情况,制定安全施工制度和安全技术操作规程,进行安全检查、宣传教育和事故处理。工地各级负责人应亲自领导相应机构的安全工作。

二、制定安全管理计划

安全技术规程和计划是行动的指南,为了确保安全施工,在制定施工计划的同时,可制定安全管理规程。

制定安全管理计划必须亲临现场,针对工地上物资和各工序的情况,充分听取基层负责人的意见,结合其他工地的经验,仔细地加以选择采用。

施工计划的主要内容:安全控制的意义,包括政治意义和经济意义;施工不安全因素的分析及措施,包括各施工工序中的不安全因素及措施等。

(一)搞好安全控制的政治意义

国家和政府在国家的各项工程建设中,一贯重视安全生产,一致强调"安全第一、预防为主"是国家工程建设的基本方针。国务院颁布了"三大规程"和"五项规定",有关部委也分别颁布了安全技术规程,这些安全法规都强调了"安全第一、预防为主"的方针,对促进安全生产、文明生产具有重要的意义。其具体的要求如下:

(1)抓好施工安全措施是施工单位的头等大事,加强劳动保护工作,抓好安全生产保护,保证劳动者的安全和健康是国家对工程建设的基本原则,不断改善职工劳动条件,防止事故和职业病,是一项严肃的政治任务。就是要尽一切努力,在生产劳动中避免一切可以避免的事故,保护劳动者的人身安全和国家财产安全。

(2)安全生产是精神文明在生产中的具体体现,精神文明建设在工程建设中的具体体现,就是文明生产、安全生产。安全生产关系着劳动者的安危,也是人道主义的广泛体现。

(二)搞好安全生产的经济意义

搞好施工安全生产是实现工程建筑生产管理中的重要任务,它对于提高施工单位的经济效益有着直接的影响。

(1)高效益的生产必须是安全生产,因为以最低的成本消耗获得最大的生产价值。成本的消耗包括因职工伤亡和职业病使职工丧失劳动能力而造成的劳动率降低,以及包括物资的消耗和浪费等。如果一个施工单位安全生产条件很差,职业病多,伤亡率高,职工思想不稳定,误工时间多,是无法实现高效益生产的。

(2)施工中如发生安全事故,所造成的直接经济损失往往是十分惊人的,主要包括以下内容:

①人身伤亡造成的经济损失,如丧葬费用和抚恤费用、医疗护理费用、补助及救济费用、误工费用等。

②设备、设施的损失,如固定资产损失费用、因事故造成的修复费用、流动资产损失费用等。

③善后处理的损失,如事故调查处理费用、现场保护及抢救费用、现场清理费用、事故罚款及赔偿费用等。

(3)发生安全事故还会造成间接的经济损失,主要包括停工损失、减产损失、工作损失、资源损失、环境污染处理费及其他的损失。

(三)施工中的各工序安全施工的主要技术措施

(1)土方工程施工中最常发生的安全事故是塌方造成的伤亡事故。所以,土方开挖的施工应做好以下事宜:开挖边坡要稳固,土方工程施工前应进行必要的工程地质和水源地质勘测,并按设计要求的边坡稍微放大,制定出土方开挖方案,以控制高边坡的开挖坡度。边坡太缓但开挖量大,虽然安全但增加开支;边坡太陡容易塌方,虽然经济但易出事故。所以,应根据开挖的深度和土壤的物理力学性质,以及地下水的实际情况采用规范规定的数值。施工中应由上到下逐层开挖,并根据土体性质、开挖深度,确定安全边坡或加强固臂支撑。所挖出的土方要及时运走,不需运走的土方应堆放到距基坑较远的地方。

(2)做好排水工程。由于土体具有一定的渗透力和较低的抗冲力,因此在土方的施工中要很好地解决地下水及在雨季施工的工程排水问题,尤其是施工场地的排水要设置有效的排水设施,保证排水系统的畅通,防止地下水和地表水流入基坑和冲刷边坡。

(3)高空作业。因作业面临空、工作条件差、操作人员有恐惧心理,危险因素比较多,为避免高空坠落,应在科学管理和技术措施上加强控制。主要的措施如下:

①组织施工人员在施工前熟悉高空作业的部位和特性,熟悉高空作业的操作规程、操作方法及防护用具的使用方法等,以增强安全意识,真正做到不违章作业。

②实施"三保"防护,即工人进入施工现场必须保证戴安全帽和安全带、手套,结构物上必须设有安全网等。做到"四口"防护,即在楼梯口、电梯口、预留孔口及建筑物的进出口,必须设置防护栏、盖板和架网等。

高空作业的临时周边应设置围栏或搭设安全网,各路口还应设置指示牌和标牌,以示路人和车辆通行时注意,重要工地还应设安全员指挥。高空作业所搭的脚手架和梯子的结构必须保证坚固牢靠。

(4)注意电气工程的不安全因素。电气事故的预兆不直观明显,而危害性却很大,往往会发生伤害人体、损坏设备等严重事故,直接影响工程的生产效益和经济效益,故要在施工中采取以下预防措施:

①根据电气设备的性质、电压等级、周围环境、运行条件等对经常带电的设备进行意外接触防护,如对裸导线或母线应采取封闭、高挂、设置盖等绝缘屏护遮拦,保证安全距离等。

②对偶然带电设备,如电机外壳、电动工具等可采取保护接地、保护接零线或安装漏电断路器等措施,也可对不带电的部分采取双重绝缘结构等。

③检查修理作业时,为了防止工作人员产生麻痹思想,应采用标牌或口号提醒广大职工注意,为避免触电事故发生,应使用适当的防护用具。

(5)爆破工程中的安全措施。在水闸工程的施工中开挖基岩,大都采用爆破施工,其所使用的材料主要是炸药和雷管,这些均是危险品,所以在运输和保管中必须严守操作规程。任何的疏忽都将造成人员和财产的重大损失,爆破工程科学性强、危险性大,要搞好安全工作需要做好以下工作:

①做好爆破材料在运输、保管、使用过程的安全保障工作,防止意外爆炸事故的发生。

②爆破前应计算爆破正面的安全距离,防止放炮时正面伤人等。

③爆破前应计算爆破的撞冲击波的危害半径,采用适宜的爆破方法,防止爆破中断交通、通信、输电线路等。

④爆炸前应根据工程地质情况精确计算爆破的用药量,防止爆破引起爆破区塌方、滑坡等。

⑤做好爆破区的安全防护工作,各路应设置标牌和设立安全指挥员。

(6)爆破方案的选择及确定如下:

①爆破设计包括爆破规模的核定、爆破参数的计算、爆破施工图标、制定爆破方法、爆破网络计算、验算地震效应、编制施工材料和机具的种类与用量及施工进度表等。

②认真实施爆破方案中的各项安全技术措施,落实组织措施。要组成由监理、施工和地方派出所有关人员参加的爆破安全领导小组,认真讨论爆破方案中的安全措施,从组织上落实,明确责任,对放炮的时间、信号、警戒范围要在联席会上进行交底落实。

③严格检查制度,为保证措施的实施,事前应进行"三检"工作,即装炮前检查炮眼的深度、方向、距离是否符合方案的要求,在装药过程中检查炮孔预留的堵塞深度是否符合要求等。

④事后坚持爆破效果分析,通过分析,总结经验教训,从而增强作业人员的工作责任心,防止或减少爆破事故的发生。

三、建立安全体系

为了切实对施工安全进行有效的控制,在工地现场必设置安全办公室或安全科,各部位设立专职的安全员,他们主要任务如下:

(1)全面贯彻执行党和国家的安全生产及劳动保护的政策和法规。

(2)做好安全生产的宣传教育和管理工作,及时总结交流和推广安全生产的先进经验。

(3)经常深入基层指导施工单位和下级安全技术人员的工作,调查研究安全中的不安全问题,提出改进意见和措施。

(4)组织安全活动,定期召开安全工作会议,进行施工安全检查。

(5)参加审查施工方案和安全技术措施计划,督促检查贯彻执行情况。

(6)在审核新技术、新工艺、新结构、新材料、新设备等方案时,同时审核有关相应的安全技术操作规程。

(7)研究施工过程中有损职工身体健康的各种职业病变、有害作业,为安全作业,重点控制人的不安全行为和物的不安全状态,两方面尤应以人为安全控制的核心。

(8)在编制项目工程(包括单元、分部、单位工程)和临时工程施工组织设计时必须同时编制安全技术措施,并在技术交底时把安全技术交代清楚。

（9）施工人员应服从安全人员提出的意见。施工单位领导应重视和支持安全人员的工作。若施工中不遵守安全规程,安全人员有权制止,直至通知停工,待隐患处理后方可恢复工作。

（10）各级领导必须认真贯彻执行国家有关劳动保护的政策、法令和指示。单位行政第一负责人是安全生产的第一负责人,在计划、布置、总结和评比生产时,应同时计划、布置、检查、总结评比安全工作。

（11）对现场的广大职工及施工人员进行三级安全教育,对特殊工种工作人员必须进行专业培训,取得合格证后,才能从事本专业的工作。

四、安全检查

定好安全管理制度后要进行经常性的安全检查,主要从以下几方面着手:

（1）在每项工程开工前都应按规程、制度进行安全检查,哪一项不合格都不允许开工,工程施工中还应进行抽查或隔一定时间进行一次全面大的检查。

（2）检查"安全第一、预防为主"的方针和国家现在的安全生产法规,建设行政主管部门的安全规章和制度的执行情况。

（3）检查施工单位落实安全生产的组织保证体系,建立健全安全生产责任制。

（4）检查所制定的安全技术措施执行情况。

（5）检查按建筑施工安全技术标准和规范要求,落实分部、单元工程和各工序关键部位的安全防护措施。

（6）不定期地组织安全综合检查,提出处理意见,并限期整改。

五、做好安全事故的调查与分析

通过事故的调查与分析,能及时找出事故的作业内容,这样就有了防止事故的重点,从而明确了措施的方向,减少事故的发生。

工伤事故按照人身伤亡的性质分为死亡、重伤、轻伤。重伤是指受伤后造成残废,轻伤是指不造成残废,但需休息 8 h 以上。造成事故的原因有物体打击、车辆伤害、机械伤害、起重伤害、触电、淹溺、灼烫、火灾、高处坠落、坍塌、窒息、中毒、爆炸等。

事故发生后,应对事故发生的时间、地点、原因、伤亡性质,经过责任者等进行登记,并及时作出严肃认真的处理,按年、月份、类型及性质分别统计,以便从中找出发生事故的主要原因,作为以后的防范借鉴。

第三节　施工区域的环境保护

水闸施工区域的环境保护主要从以下两个方面着手:一是固体废弃物的污染防治;二是施工区噪声污染防治;三是防止施工活动新增的水土流失。

一、固体废弃物的污染防治

固体废弃物是指人们在开发建设、生产经营和日常生活中排放的固体和泥状废物。

固体废弃物直接倾入水体或不适当的堆置,会成为污染环境的重要污染源。对环境的污染最终主要是以水污染、大气污染及土壤污染的形成出现。

施工区固体废弃物分为生产废弃物、生产生活垃圾和医院及生活区垃圾等。生产废弃物主要包括开挖的石渣、生产的废料(如混凝土废料、废木料等)和机械设备破旧而丢弃的零件等。生产生活垃圾包括施工人员和其他人员在日常生活中产生的废弃物、化粪池底渣等。医院及生活区垃圾主要是指各承包商、分包商、施工单位等的饭渣、洗澡水、洗碗水、洗衣水等垃圾。

(1)渣的处理。施工产生的堆弃渣,按设计合同文件的要求送到指定的渣场,在堆弃渣过程中注重环境保护,不影响泄洪和交通。

(2)生产垃圾处理措施。水闸场地、施工现场产生的生产垃圾,若不能合理堆置将会影响周围景观。生产垃圾中的混凝土弃渣,由于混凝土属强碱性物质,所以其淋滤液也是碱性的,因此水闸施工中的混凝土弃渣应妥善处理。

(3)生活垃圾的处理。施工人员日常生活过程中将产生大量的生活垃圾,而这些生活垃圾是苍蝇、蚊虫卵生,致病细菌繁衍,鼠类集中的场所,因此生活垃圾不适当堆放将对周围人群健康带来不利影响。

二、施工区噪声污染防治

水闸工程开工后大量的施工机械涌入施工现场,各种机械运输、交通运输等所产生的噪声对周边群众的生产生活带来了干扰和危害。主要施工机械有挖掘机、凿岩机、冲击钻、铲运机、堆土机等,对现场施工人员的身心健康也会产生危害。其防治措施如下:

(1)选用噪声低的施工机械或在施工机械上安装消声装置。

(2)加强个人防护,给现场人员发放耳塞、耳罩。

(3)在生活区植树造林,周围设置围墙等。

(4)加强环境监督,对施工区噪声污染较重的区域限期整改。

三、施工期间新增的水土流失防治

水闸施工期由于各种因素扰动地表和损坏场地及周边的林草植被面积,应根据施工区总体布局,土地使用的功能而造成水土流失的特点,地形地貌,按照集中连片,便于水土保持措施体系布置的原则,引导水闸施工区分为工程占压交通道路,场地布置如钢筋加工场、料场、搅拌场等地区。根据地形地貌、地表植被破坏情况,在保持原貌恢复和预测的基础上采用不同的水土流失防治体系。对原地貌扰动程度较大、对原地表植被破坏严重、水土流失严重的区域,采用以工程为先导、以生物措施为主体的水土流失防治体系;对原地貌扰动程度不大、对原地表植被破坏较轻、产生水土保持流失不严重的区域,采用以生物措施为主、适当配置工程防护措施的水土流失防治体系;对弃土弃渣和料场开挖区采用以地表整治为主、适当配置工程防护措施和生物措施的水土流失防治体系。

第九章　施工组织与管理

施工组织设计是工程项目初步设计文件的组成部分。按部颁文件规定,初步设计是根据批准的可行性研究报告和必要而准确的设计资料,对设计对象进行全盘研究,阐明拟建工程在技术上的可行性和经济上的合理性,规定项目的各项基本技术参数,编制项目的总概算。初步设计文件报批前,一般须由项目法人委托有相应资格的工程咨询机构或组织行业各方面(包括管理、设计、施工等方面)的专家,对初步设计中的重大问题进行咨询论证。设计单位根据咨询论证意见,对初步设计文件进行补充、修改、优化。初步设计文件按有关程序申报审批。批准后的初步设计文件,主要内容不得随意修改、变更,并作为项目建设实施的技术文件基础。因此,在工程的建设实施阶段中,应以初步设计文件中的施工组织设计为依据,组织工程项目的施工。水闸工程建设程序一般分为项目建议书、可行性研究报告、初步设计、施工准备(包括招标设计)、建设实施、生产准备、竣工验收、后评价等阶段。

第一节　施工组织设计的内容

施工组织设计是研究工程的施工条件、确定施工方案、指导和组织施工的技术经济文件。施工组织设计的基本任务,是利用实际的施工条件,对工程施工在单位工程项目和时间顺序上进行合理安排,对施工现场在平面和空间上进行妥善布置,以保证工程建设项目用较少的资金,保质保量地如期或提前建成投产。

施工组织设计的任务是配合闸址和闸型的选择,从施工导流、对外交通运输、工程建筑材料、施工场地布置、主体工程施工方案等主要方面进行比较论证,提出施工期限、工程投资、劳动工日、机械设备及主要材料需用量等估算指标。当闸址、闸型选定后,研究枢纽建筑物的各种施工方案,提出对施工方案的推荐意见。

一、施工组织设计的内容

(一)施工条件分析

分析工程建设项目所在地区的地理位置、地形状况,水文、气象、地质、水文地质条件,当地建筑材料、劳动力、电力供应及交通运输情况。根据水文和气象特性,提出工程施工的有效工作日数,分析拟建工程的结构特征,指出本工程施工的基本特点。

(二)施工总体布置

根据工程特点和施工条件,拟定施工期间场内外交通的形式及道路、临时用房、各类仓库和施工辅助企业、大型临时设施等的规模和总体布置。

(三)施工方法

根据工程规模和施工条件,选定主体工程的施工程序、施工方案,提出雨季、冬季和夏季的施工方法及具体措施。

（四）施工导流

按照施工导流设计标准确定施工时段，选定导流流量和导流方案，拟定施工期间度汛、灌溉、通航以及蓄水、发电等措施，制定截流方案和基坑排水方案，进行导流建筑物设计。

（五）施工进度计划

依据施工年限、施工条件、导流方法及施工方案，确定各单项工程施工顺序和时间，编制施工总进度计划。

（六）施工组织管理

提出按项目法施工的施工管理机构和人员配备的意见。

（七）物质供应及生活供应计划

根据施工程序和施工进度安排，确定资金、劳动力、材料、施工机械设备，以及粮食、蔬菜、燃煤等需要量及供应计划。

（八）质量安全保证体系

结合工程实际，从技术、组织、管理等方面全面分析，提出实现质量安全目标的各项措施。

二、施工组织设计的编制原则

施工组织设计的编制，必须遵照发展国民经济的各项方针和水利工程建设的政策法规，充分进行调查研究，参照有关工程经验，吸取国内外先进技术，结合工程建设条件制定各项技术措施，使施工组织设计真正符合实际，对工程的施工起着正确的指导作用，达到投资省、效益高的目的。

编制施工组织设计，应遵循以下基本原则：

（1）遵循水利工程建设程序。施工组织设计要符合工程建设程序的要求，施工总进度的安排应在保证工程质量和安全的前提下，使之符合高速施工的要求。要切实保证截流、度汛、蓄水、发电等时段施工措施的落实。

（2）制定的施工技术措施和组织形式，应符合按项目法施工模式管理的要求，保证工程质量和施工安全。

（3）确保资金和资源的有效使用，提高投资效益。因地制宜，就地取材；节省原材料，降低工程成本；合理规划施工用地，少占耕地。

（4）不断提高施工机械化水平，充分利用现有机械设备，并选用效率高、效果好的施工机械，减轻劳动强度，机械的使用率达到90%以上。

（5）积极采用新技术、新工艺及行之有效的技术革新成果，提高水利工程建设的科技含量。

（6）做好冬季、夏季和雨季的施工准备，做好人力、物力的综合平衡，力争均衡、连续地施工。

三、编制施工组织设计所需的基本资料

施工组织设计的编制，除收集有关工程规划、设计方面的资料外，还必须收集与工程

有关的自然和社会经济条件等资料。这些施工条件资料主要通过现场查勘,深入调查,布置勘测任务和委托试验研究等取得。其资料通常包括以下内容。

(一)地形资料

地形资料包括工程附近的地形、料场及其与工地间的交通路线、建筑物位置、大型施工设施(围堰、导流建筑物及辅助企业)的范围等,以满足导流方案选取和施工总体布置要求。

(二)地质资料

地质资料包括工程和水文地质资料,用钻探、槽探、物探等方法了解建筑物部位的地质构造、坝址覆盖层厚度、岩石性质、断层裂隙、溶洞及地下水情况,同时对当地建筑材料的质量和储量必须勘察清楚。

(三)水文气象资料

水文气象资料包括流域、雨量、气温、风力、冰冻、洪(枯)水位、流量以及上下游已建的水利工程对本工程的影响等。要着重研究不同季节(冬、夏、雨季)对施工的影响和不同时期的施工导流流量,以满足主体工程施工方案的设计要求。

(四)施工地区经济调查

施工地区经济调查包括该地区工业、农业、矿产、交通运输情况,当地建设规划及施工道路、临时房屋结合的可能性,施工期间有关防洪、灌溉、通航、供水、渔业及交通等各部门对施工的要求,城镇人口分布等。

(五)其他资料

其他资料包括对外交通连接情况,当地建筑材料的产地、产量、质量及价格资料,劳动力供应和电源、水源条件等。

第二节　施工进度计划

施工进度计划是施工组织设计的重要组成部分,并与其他部分(如施工导流、截流、施工总体布置、施工度汛)的设计联系密切,因此必须通盘考虑。在编制施工进度计划时,应选择先进有效并切实可行的施工方法,要与施工场地的布置相协调,并考虑技术供应的可能性和现实性。拟定的各类施工强度要与选定的施工方法和机械设备的生产能力相适应,使施工进度计划建立在可靠的基础上。因此,施工进度计划既要以施工组织设计中各组成部分为基础,又影响着各组成部分的施工方法及作业方式的确定。

施工进度计划以图表的形式规定了工程施工的顺序和速度。它反映了工程建设从施工准备工作开始,直到工程竣工验收为止的全部施工过程;反映了土建工程与机电设备及金属结构安装工程间的分工与配合关系。

编制施工进度计划的目的,首先在于保证工程进度,使工程能按规定的期限完成或提前完成。进度计划安排的恰当,就可以将各项单位工程的施工工作组织成一个有机的统一体,保证整个工程的施工能够均衡、连续、有节奏地顺利进行,确保工程质量和生产安全,使资金、材料、机械设备和劳动力使用更趋于合理,以保证项目建设目标的实现。

一、施工进度计划的编制原则

在水利工程建设的进程中,不同的阶段对施工进度计划的编制有不同的要求,但编制的原则基本相同,所需遵循的主要原则如下:

(1)严格遵守规定的施工期限,确保工程按期或提前完成。全面考虑,合理安排,使计划既能起到动员和组织群众,提高劳动生产率的积极作用,又能适应不断发展的新情况,在执行计划的过程中留有余地进行适当的调整。

(2)分清工程的主次关系,统筹兼顾,集中力量保证关键工程项目按期完成。次要项目则配合关键工程项目进行,并为关键工程项目的施工创造有利条件。

(3)重视准备工程的合理安排,组织平行作业和流水作业,尽量做到均衡和连续施工。

(4)避免汛期和冬季、夏季的不利影响,使各单项工程项目尽可能在较有利的条件下施工。

(5)必须考虑设计图纸、机电设备、资金及材料等供应的可能性和现实性,使施工进度计划建立在有可靠的物质保障基础上。

(6)进度计划中的施工强度指标,应与选定的施工方法和机械设备能力相适应。

(7)合理使用和安排工程投资,避免资金的积压和浪费。

(8)保证施工安全,确保导流和拦洪度汛的可靠性,避免各项施工的相互干扰,并注意满足工农业生产及有关行业部门的用水要求。

二、施工进度计划的类型

(一)施工总进度计划

施工总进度计划是针对整个水利工程建设项目编制的。要求根据确定的工期,定出整个工程中各个单项工程的施工顺序和起止日期,以及施工准备工作和结尾工作的施工期限。确定关键工程项目的施工程序,合理安排施工分期,协调各单项工程的施工进度,提出各施工阶段目标任务。计算均衡施工强度、劳动力、材料等主要指标。初步设计阶段,主要论证施工进度在技术上的可行性和经济上的合理性。

(二)单项工程进度计划

单项工程进度计划是对枢纽中的主要工程项目如水闸底板、闸室、闸墩、消能设施、护坡等组成部分进行编制的。单项工程进度计划是根据批准的初步设计中施工总进度计划,安排并定出各单项工程的准备工作及施工顺序和起止日期。要求进一步从施工方法和技术供应等条件上,论证施工进度的合理性和可靠性,组织平行作业和流水作业,研究加快施工进度和降低工程成本的具体方法。根据单项工程进度计划,对施工总进度计划进行调整或修正,并编制各种物资及劳动力的技术供应计划。

在水闸工程的建设实施阶段,还应结合当时现场施工的实际情况,由施工单位编制施工作业计划,作为施工单位按计划组织施工的基本依据。施工作业计划要同下达的阶段性的施工任务、劳动力调配、材料和机械设备供应与施工现场的实际情况相适应,以保证单项工程进度计划和总进度计划的实现。

施工作业计划有月(旬)作业计划、循环作业计划以及季节性作业计划,以满足水利工程建设的施工期长、季节多变性以及施工队伍短期突击等施工特点。

三、施工总进度计划的编制

编制施工总进度计划时,需收集该工程所规定的施工期限等有关文件、工程勘测和技术经济调查资料、工程的规划设计和工程的预算文件、交通运输和技术供应的基本条件,以及国民经济各部门对施工期间的防洪、灌溉、航运、供水等方面的要求。

施工总进度计划的编制,可按下列步骤进行。

(一) 编列工程项目

根据工程设计图纸,将拟建工程的各单项工程中的各分部分项工程、各项施工前的准备工作、辅助设施及结束工作等——列出。对一些次要项目,可作必要的归并。然后按这些施工项目的先后顺序和相互联系的程度,进行适当的排队,依次填入进度计划表中。

进度计划表中工程项目的填写顺序一般为:先列准备工作,然后填入导流工程、水闸工程、厂房工程及其他单项工程,最后列入机电安装、场地清理及结尾工作等。各单项工程的分部分项工程,一般按它们的施工程序分,如拦河闸工程,可列出基坑开挖、闸基处理、闸体施工、闸堤工程以及金属结构安装等项目。

列工程项目时,注意不得漏项。列项时,可参照水利部颁发的《水利基本建设工程项目划分》。

(二) 计算工程量

依据所列的工程项目,计算建筑物、构筑物、辅助设施以及施工准备工作和结尾工作的工程量。工程量计算一般应根据设计图纸和部颁的《水利水电工程设计工量计算规定》计算。考虑到各设计阶段提供的设计图纸深度不同,又规定了按图纸计算的工程量,应乘以相应的阶段系数,如表9-1所示。

表9-1　工程量计算阶段系数

种类	设计阶段	钢筋混凝土	混凝土			土石方开挖			土石方填筑			钢筋	钢材	灌浆
			工程量(万 m³)											
			300以上	100~300	100以下	500以上	200~500	200以下	500以上	200~500	200以下			
永久水工建筑物	可行性研究	1.05	1.03	1.05	1.10	1.03	1.05	1.10	1.03	1.05	1.10	1.05	1.05	1.15
	初步设计	1.03	1.01	1.03	1.05	1.01	1.03	1.05	1.01	1.03	1.05	1.03	1.03	1.10
施工临时建筑物	可行性研究	1.10	1.05	1.10	1.15	1.05	1.10	1.15	1.05	1.10	1.15	1.10	1.10	
	初步设计	1.05	1.03	1.05	1.10	1.03	1.05	1.10	1.03	1.05	1.10	1.05	1.05	
金属结构	可行性研究												1.15	
	初步设计												1.10	

工程量计算通常采用列表的方式进行。按照工程性质,考虑工程分期、施工顺序等因素,分别计算各分部分项工程的工程量。有时需计算不同高程(如大坝)、不同桩号(渠道)的工程量,作出高程或桩号的工程量积累曲线,以便分期、分段组织施工。

(三)初拟工程进度

初拟工程进度是编制施工总进度计划的主要步骤。初拟进度时,必须抓住关键,分清主次,合理安排,互相配合。要特别注意把与汛期洪水有关,受季节性限制较强的,或施工技术比较复杂的控制性工程的施工进度首先安排好。

如一般水闸枢纽工程,其关键工程均位于河床或渠道,因此施工总进度的安排应以导流程序为主线,先把导流、截流、基坑开挖、基坑处理、度汛、拦洪等关键的控制性进度排好,其中应包括相应的施工准备工作、工程结尾工作和辅助工程的进度。这就构成了整个工程进度计划的轮廓。在此基础上,再将不直接受水文条件控制的其他工程项目予以调剂安排,即可拟定该枢纽工程施工总进度计划初稿。

第三节　施工总体布置

施工总体布置,就是根据工程特点和施工条件,研究解决施工期间所需的交通道路、房屋、仓库、辅助企业以及其他工程施工设施的平面和高程的布置问题,是施工组织设计的重要组成部分,也是进行施工现场布置的依据。其目的是合理地组织和使用施工场地,使各项临时设施能最有效地为施工服务,为保证工程施工质量、组织文明施工、加快施工进度、提高经济效益创造条件。

根据工程的规模和复杂程度,必要时还要设计单项工程的施工布置图。对于工期较长的大型水闸工程,一般还要根据各阶段施工的不同特点,分期编制施工布置图。

施工总布置的设计成果一般标在1:2 000~1:5 000的地形图上,单项工程的施工布置则可标在1:200~1:1 000的地形图上。

一、施工总体布置的内容

施工总体布置一般包括以下内容:

(1)一切地上和原有的建筑物。

(2)一切地上和拟建的建筑物。

(3)一切为拟建建筑物施工服务的临时建筑物和临时设施。其中,有导流建筑物,交通运输系统,临时房建及仓库,料场及加工系统,混凝土生产系统,施工辅助企业;风、水、电供应系统,金属结构、机电设备安装基地,安全防火设施及其他临时设施等。

二、场内外交通运输

场内外交通运输是保证工程正常施工的重要手段。场外交通运输是指利用外部的运输系统把物资器材从外地运到工地,场内交通运输是指工地内部的运输系统,在工地范围内将材料、半成品或预制构件等物资器材运到建筑安装地点。

对外交通运输的方式,基本上取决于施工地区原有的交通运输条件和发展计划,建筑器材运输量、运输强度和重型器材的重量因素。对外运输的方式最常见的是铁路、公路和水路。有水运条件时,应充分利用。公路运输是一般工程采用的主要运输方式。

场内运输方式的选择,取决于对外运输方式、运输量、运输距离及地形条件等。汽车运输灵活机动,适应性强,因而应用最广泛。砂石骨料和土料常采用自卸汽车运输。小型工程也常用小型三轮车、农用机动车作为运输工具。

场内运输道路的布置,除应符合施工总体布置的基本原则外,还应考虑满足一定的技术要求,如路面的宽度、最小转弯半径等,并尽量使临时道路、永久道路相结合。

三、临时设施

(一)仓库

由于供应与使用之间的不协调,必须修建临时仓库进行一定的物料储备,以保证及时供应。仓库面积的大小,应根据仓库的贮存能量确定。仓库的贮存能量应满足施工的要求。

仓库中某种物料的贮存量可按下式估算:

$$P = \frac{Qnk}{T} \tag{9-1}$$

式中　P——某种物料的贮存量,t 或 m^3;

　　　Q——计算时段内该种物料的需要量,t 或 m^3;

　　　n——物料贮存天数指标,参考表9-2选用;

　　　k——物料使用的不均衡系数,取 1.2～1.5;

　　　T——计算时段内的天数。

表9-2　各种材料贮存天数参考

材料名称	贮存时间(d)	说明	材料名称	贮存时间(d)	说明
钢筋、钢材	120～180		电石、油泵、化工	20～30	
设备配件	180～270	根据同种配件的多少,要乘以0.5～1.0的修正系数	煤	30～90	
水泥	7～15		电线、电缆	40～50	
炸药、雷管	60～90		钢丝绳	40～50	
油料	30～40		地产房建材料	10～20	
木材	30～90	在工地打捞、贮放的木材,可按下一年用量贮备	砂、石骨料成品	10～20	
			混凝土制品	10～15	
五金、材料	20～30		劳保、生活用品	30～40	
沥青、玻璃、油毡	20～30		土产杂品	30～40	

根据物料的贮存量,可按下式确定所需的仓库面积:

$$F = \frac{P}{qa} \tag{9-2}$$

式中　F——仓库面积,包括通道及管理室,m^2;

　　　P——某种物料的贮存量,t 或 m^3;

　　　q——仓库单位有效面积的存放量,见表9-3;

　　　a——仓库有效面积利用系数,参考表9-3选定。

表9-3　仓库面积估算指标

材料名称	单位	堆高(m)	每平方米有效面积存放量	存放方式	仓库形式	仓库有效面积利用系数
水泥	t	1.5~1.6	1.3~1.5	堆垛	仓库、料棚	0.45~0.60
圆钢	t	1.2	3.1~4.2	堆垛	料棚、露天	0.66
方钢	t	1.2	3.2~4.3	堆垛	料棚、露天	0.68
扁、角钢	t	1.2	2.1~2.9	堆垛	料棚、露天	0.45
工、槽钢	t	0.5	1.3~1.6	堆垛	料棚、露天	0.32~0.54
钢板	t	1.0	4.0	堆垛	仓库、料棚	0.57
钢管	t	1.2	0.8	堆垛	料棚、露天	0.11
铝线	t	2.2	0.4	堆垛	仓库	0.11
电缆	t	1.4	0.4	堆垛	仓库	0.35~0.40
炸药、雷管	t	1.5	0.66	堆垛、料架	仓库	0.45~0.60
油毡	卷	1~1.5	15~22	堆垛	仓库	0.35~0.45
石油沥青	t	2.0	2.2	堆垛	料棚	0.50~0.60
小五金	t	2.2	1.5~2.0	堆垛	仓库	0.35~0.40
石灰	t	1.5	0.85	堆垛	仓库、料棚	0.55
原木	m	2.0~3.0	1.3~2.0	堆垛	露天	0.40~0.50
锯材	m	2.0~3.0	1.2~1.8	堆垛	露天	0.40~0.50
砂石料	m	5.6~6.0	3.0~4.0	堆垛	露天(机械化)	0.60~0.70
砂石料	m	1.5~2.0	1.5~2.0	堆垛	露天(机械化)	0.60~0.70

(二)临时房屋

一般中型水闸工程中常设的工地临时房屋包括办公室、会议室等行政办公用房,职工及家属宿舍等居住用房,俱乐部、图书室等文化娱乐用房,以及生活福利用房等。

工地各类临时房屋的需要量,取决于工程规模、工期长短及工程所在地区的条件。设计时可根据工地职工的总人数,按国家规定的房屋面积定额,并参照工程所在地区的具体条件,计算出各类临时房屋的建筑面积。

四、风、水、电供应

（一）工地供风

工地供风包括风动机械供风（凿岩机、风镐等）、风力输送（如风力输送水泥）和其他供风（如风砂枪除锈）。

供风系统由压缩空气站和供风管网两部分组成。压气站规模可根据用气高峰期内同时使用的风动机械数量和额定耗气量计算。计算公式为

$$Q = k_1 k_2 k_3 \sum n q k_4 k_5 \tag{9-3}$$

式中　Q——压气需用量，m/min；

　　　k_1——因空气压缩机效率降低及未预计到的少量用气而采用的系数，取 1.05 ~ 1.10；

　　　k_2——管网漏气系数，一般取 1.10 ~ 1.30，管网长或铺设质量差时取大值；

　　　k_3——高原修正系数，参照表 9-4 选取；

　　　n——同时工作的同类型风动机械台数；

　　　q——一台风动机械的定额耗气量，m/min；

　　　k_4——各类风动机械同时工作系数，参照表 9-5 选取；

　　　k_5——风动机械磨损修正系数。

表 9-4　压气高原修正系数

海拔（m）	0	305	610	914	1 219	1 524	1 829	2 134	2 433	2 743	3 049	3 653	4 572
k_3	1.00	1.03	1.07	1.10	1.14	1.17	1.20	1.23	1.26	1.29	1.32	1.37	1.43

表 9-5　凿岩机同时工作系数

同时工作凿岩机台数	1	2	3	4	5	6	7	8	9	10	12	15	20	30
k_4	1.00	0.90	0.90	0.85	0.82	0.80	0.78	0.75	0.73	0.71	0.68	0.61	0.59	0.50

工地供风应满足风压要求。通常选用空压机的工作压力为 588 ~ 785 kPa，较风动机具的驱动压力大 98 ~ 196 kPa。为调节管网中的风压、排出压缩空气中的水分和油脂，每台空压机均需设置贮气罐。对于较长的管道，还应在中间适当的位置增设贮气罐，以调节风压。

压气站的位置应尽量靠近耗气负荷中心，接近供电和供水点，处于空气洁净、通风良好、交通方便、远离需要安静和防震的场所。压气管网一般沿地表敷设，管道应具有 0.005 ~ 0.01 的顺坡，并且每隔 200 ~ 300 m 在管底部设一放水阀，以排除管中的凝结水。压气管网的压力降低值最大不应超过气压站供给压力的 10% ~ 15%。

(二)工地供水

工地供水主要指生产、生活和消防用水。供水系统由取水工程、净水工程和输配水工程等三部分组成。供水设计的主要任务是确定需水量和需水地点,根据水质和水量要求,选择水源,设计供水系统。

1. 生产用水

生产用水指土石方工程、混凝土工程等施工用水以及施工机械、动力设备和施工辅助企业用水等。生产用水的需要量可按下式计算:

$$Q_1 = 1.2 \times \frac{\sum kq}{8 \times 3\,600} \tag{9-4}$$

式中 Q_1——生产用水的需要量,L/s;

q——生产用水项目每班(8 h)平均用水量,L,查施工生产用水定额;

k——用水不均匀系数,见表9-6;

1.2——考虑水量损失和未计入的各种小额用水系数。

表9-6 用水不均匀系数

用水对象	k 值
土建工程施工	1.5
建筑运输机械	2.0
施工辅助企业	1.25
施工现场生活用水	2.7
居住区的生活用水	2.0

2. 生活用水

生活用水包括生活区用水和现场生活用水。

$$Q_2 = \frac{k_2 k_4 n_3 q_3}{24 \times 3\,600} + \frac{k_2' k_4' n_3' q_3'}{8 \times 3\,600} \tag{9-5}$$

式中 Q_2——生活用水量,L/s;

n_3——施工高峰工地居住最多人数;

q_3——每人每天生活用水量定额,综合定额参考表9-7;

k_2——一天生活用水不均衡系数,见表9-8;

k_4——未计及的用水系数,可取1.1;

n_3'——在同一班次内现场和施工生产企业内工作的最多人数;

q_3'——每人每班在现场生活用水量定额,见表9-7;

k_2'——现场生活用水不均衡系数,见表9-8;

3. 消防用水

消防用水 Q_3 按工地范围及居住人数计算,见表9-9。

表9-7 生活用水量定额

用水项目	单位	用水量定额	用水项目	单位	用水量定额
全部综合生活用水	L/(人·d)	100～120	托儿所、幼儿园	L/(人·d)	75～90
饮用及盥洗	L/(人·d)	25～30	医院	L/(人·d)	100～150
食堂	L/(人·d)	15～20	道路绿化洒水	L/(人·d)	20～30
浴室	L/(人·次)	50～60	现场生活	L/(人·班)	10～20
洗衣	L/(人·d)	30～35	现场淋浴	L/(人·班)	25～30
理发室	L/(人·次)	15	现场道路洒水	L/(人·班)	10～15
小学校	L/(人·d)	12～15			

表9-8 给水不均衡系数

项目	类别	不均衡系数	项目	类别	不均衡系数
施工、生产用水	工程用水	1.50	生活用水	居住区生活用水	2.00
	辅助企业生产用水	1.25			
	施工机械用水	2.00		现场生活用水	
	动力设备用水	1.05～1.10			1.30～1.50

表9-9 消防用水量定额

用水项目	按火灾同时发生次数计(次)	耗水量(L/s)	用水项目	按火灾同时发生次数计(次)	耗水量(L/s)
居住区消防用水			施工现场消防用水		
5 000人以内	1	10	现场面积在25 hm² 以内	2	10～15
10 000人以内	2	10～15	每增加25 hm² 递增		5
25 000人以内	2	15～20			

施工供水量应满足不同时期日高峰生产用水和生活用水的需要,并按消防用水量进行校核,即 $Q = Q_1 + Q_2$,但不得小于 Q_3。

供水系统可分为集中供水和分区供水两种方式,一般包括水泵站、净化建筑物、蓄水池或水塔、输水管网等。生活用水和生产用水共用水源时,管网应分别设置。

4. 工地供电

工地供电主要指施工动力用电和照明用电。其设计工作包括确定用电量、选定电源和设计供电系统。

工地的用电量,应根据施工阶段分别确定。供电系统应保证生产、生活高峰负荷需要。电源选择一般优先考虑电网供电,施工单位自发电作备用电源和用电高峰时使用。

估算水利工地所需临时发电站或变电站的设备容量时,可用下式求得:

$$P = 1.1\left(\frac{k_m \sum k_c P_y}{\cos\varphi_0} + \sum k_c P_z\right) \tag{9-6}$$

式中 P——工地所需的电站设备容量,kVA;

1.1——考虑输电线路中功率损失的系数;

k_m——动力用电的同时负荷系数,可采用 $0.75 \sim 0.85$;

$\cos\varphi_0$——功率因素的平均计算值,可采用 $0.5 \sim 0.6$;

k_c——容量利用系数(即蓄电系数),见表9-10;

P_y——动力用电的铭牌功率,kW;

P_z——照明用电量,kW。

工地供电系统由电网供电时,应在工地附近设总变电所,将高压电变为中压电(3 300 V 或 6 600 V),输送到用电地点附近时,再通过变压站变为低压电(380 V/220 V),由变电站输送至用户。生产用电与生活用电的配电所尽可能分开,若混合供电,应在 380 V/220 V 侧的出线回路上分开。

表 9-10 蓄电系数 k_c 值

负荷特征	k_c	负荷特征	k_c
电动挖掘机 1~3 台	0.5	水泵、鼓风机、空压机	0.6
电动挖掘机 3 台以上	0.4	电焊变压器	0.3
塔式起重机和门式起重机 1~2 台	0.3	单个电焊机	0.35
塔式起重机和门式起重机 2 台以上	0.2	混凝土工厂电力设备	0.6
连续式运输机械	0.5	木工厂电力设备	0.5
移动式机械	0.1		

五、施工总体布置的设计

施工总体布置的设计,大体可按以下步骤进行。

(一)收集分析基本资料

设计施工总体布置,必须深入现场调查研究,并收集有关资料,如比例尺 1/10 000 ~ 1/1 000 的施工地区的地形图,对外交通运输设施资料,施工现场附近有无可供利用的住房,当地建筑材料和电力供应情况,河流渠道的水文特性以及施工方法、导流程序和进度安排等资料。

（二）编制临时建筑物项目单

根据工程的施工条件，结合类似工程的施工经验，编制临时建筑物的项目单，并大致拟定占地面积、建筑面积和平面布置。编制项目单时，应了解施工期间各阶段的需要，力求详尽，避免遗漏。

（三）对总体布置进行规划

这是施工总体布置中关键的一步，着重解决总体布置的一些重大原则问题，如采用一岸布置还是两岸布置，是集中布置还是分散布置，现场布置几条交通干线及其与外部交通的衔接等。

规划施工场地时，必须对水文资料进行认真研究，主要场地和交通干线的防洪标准一般不应低于 20 年一遇。在坝址上游布置临时设施，要研究导流期间的水位变化；在峡谷冲沟布置场地时，应考虑山洪突然袭击的可能。

（四）具体布置各项临时建筑物

对现场布置做出总规划的基础上，根据对外交通方式，以此合理安排各项临时建筑物的位置。

当对外交通采用准轨铁路或水路时，先确定车站、码头位置，然后布置场内运输道路，再沿道路布置施工辅助企业和仓库等各项设施，布置供风、供水、供电系统，最后布置行政管理及文化生活福利等临时房屋。

如对外交通采用公路时，则可与场内运输结合起来布置，然后确定施工辅助企业和仓库的位置，再布置风、水、电供应系统，最后布置行政管理和文化福利房屋。

（五）选定合理的布置方案

在各项临时建筑物和施工设施布置完成后，应对整个施工总体布置进行协调和修正工作。主要检查施工设施与主体工程，以及各项临时建筑物之间，彼此有无干扰，是否协调一致，能否满足多项布置原则，如有问题，则进行调整修改。

施工总体布置，一般提出若干个可能的布置方案以供选择。选取方案时，常从各种物资的运输工作量或运输总费用、临时建筑物的工程量或造价、占用耕地的面积，以及生产管理与生活的便利程度等方面进行比较分析，选定最合理的布置方案。方案选定后，再根据该方案绘制施工总体布置图。

第四节　项目法施工管理

项目是指在一定约束条件下，具有特定目标的一次性任务，如建设一项工程、完成某项科研任务、撰写一篇论文等。而工程建设则是典型的项目问题。

项目法施工是以项目经理对项目建设的工期、质量、成本的全面负责制，是工程项目的三个主要因素一体化，由项目经理对项目的实施进行系统化的管理，优化工程总体功能，达到缩短工期，保证质量，降低成本，提高工程投资效益和施工单位综合经济效益的一种科学管理模式。

一、施工项目管理与项目法施工

施工项目管理的对象可以是项目获得者自行管理施工,也可以是受委托者(如承包给某个施工队伍)管理施工,如为后者,则项目管理目标与项目目标是一致的。项目法施工的研究对象则是专门从事施工的施工单位。

水闸工程建设项目管理按不同的管理目标,可制定一系列的管理责任制。如建设部印发的《工程项目施工质量管理责任制》,其内容包括工程报建制度、投标前评审制度、工程项目质量总承包负责制度、技术交底制度、材料进场检验制度、样板引路制度、施工挂牌制度、过程三检制度、质量否决制度、成品保护制度、质量文件记录制度、工程质量等级评定核定制度、竣工服务承诺制度、培训上岗制度、工程质量事故报告及调查制度等15项制度。

项目法施工则侧重于企业管理模式的研究,即只涉及施工项目管理的一般规律。以下仅介绍项目法施工的基本知识。

(一)项目法施工的特征

(1)项目经理负责制,需组建一个精干高效的项目管理班子及其组织保证体系。

(2)以经济责任制为中心,将投资控制目标层层分解,建立以工程项目为对象的责任体系。

(3)合理地组织生产要素的投入,建立生产要素在项目上的动态组织系统,实现优化的劳动组织,合理的机械配套,为项目投资控制打好物资基础。

(4)工期、质量、成本三位一体,项目实施过程中,紧紧围绕这三个目标,形成以目标管理为核心的管理系统。

(5)优化施工方案。采用先进适用的施工技术与方法,有保证地实现合同工期的先进科学的进度控制计划。

(6)科学组织施工。实行目标管理,运用全面质量管理、网络计划技术、价值工程、计算技术等先进的管理方法,建立完整的质量保证体系。

(二)项目法施工项目的形成

项目法施工项目,是指施工单位拟承揽或已经承揽的施工项目。在建设项目实施的全过程中,施工单位承揽的只是其中施工阶段的工作。一个施工单位通常可以同时承揽若干个施工项目。这些施工项目可以来自一个或数个建设项目(业主),可以直接来自业主或间接由承包单位分包而得。

在实行招标承包制后,施工单位通过建筑市场投标竞争获得施工项目,因此项目法施工的项目又是指施工单位通过投标竞争而获得的施工项目。

招标承包制是指招标投标和发包承包相结合的制度。前者决定施工单位能否获得项目,后者决定施工单位应该承包该施工项目的工作范围、内容、施工期限以及工程造价等。所以,就一个施工项目而言,项目法施工就是工程承包合同所规定的项目。

(三)项目法施工的全过程

项目法施工的全过程,是指施工单位中每一个施工项目的施工全过程,在项目管理中一般称项目寿命周期。寿命周期包括两层含义:一是指项目全过程经历时间的长短,二是指项目从发生到终结期间必须经过的阶段。

1. 立项阶段

立项阶段的决策者和责任者,为施工单位经营决策层以及拟承担该项目的经理部主要成员。本阶段起点是已形成投标或争取该项目的意向,终点为合同的签约。本阶段工作要点如下:

(1)获得有关资料,并决定是否投标。

(2)决定投标后,进一步调查收集更多的资料与信息。

(3)研究分析有关资料,进行风险分析。

(4)确定投标策略,确定报价。

(5)投标,若中标则谈判签约。

2. 规划阶段

规划阶段的决策者和责任者,为项目经理部、施工单位经营决策层及中间管理层。起点从中标签约开始,终点为下达开工令。本阶段工作要点如下:

(1)成立项目经理部,配齐经理部成员。

(2)编制项目工作概要,确定项目管理目标。

(3)施工程序安排,进度和费用计划编制。

(4)分包安排。

(5)完成现场施工的一切具体准备工作。

3. 实施阶段

实施阶段的决策者和责任者,为项目经理部。起点是开工,终点是完成合同规定的施工任务。本阶段工作的要点如下:

(1)进度、费用和质量的控制及计划的调整,施工安全的保证。

(2)确保生产诸要素的及时合理供应。

(3)协调内外关系,处理合同变更、索赔及各种例外性事务。

(4)施工现场管理。

(5)做好交工准备。

4. 终结阶段

终结阶段的责任者仍为项目经理部。起点多与实施阶段交叉,终点为对外债务的清洁,对内为项目的评价、总结。本阶段工作要点如下:

(1)工程收尾工作。

(2)试运转。

(3)工程验收,编制竣工文件,办理工程交付手续。

(4)办理竣工决算。

(5)技术经济分析,施工技术和项目管理总结。

(四)项目法施工的系统

系统是相互制约因素有机结合构成的整体。项目法施工把管理的所有项目看成一个系统,而不是一个个孤立的项目。每一个项目都是项目法施工总系统中的一个分系统。

项目法施工系统是施工单位为适应项目法施工需要而设计的层级系统、结构系统。

1. 施工单位的层级系统

(1)经营决策层：是施工单位的利润中心，决定施工单位全局性及战略性问题。

(2)项目综合管理层：将施工单位获得所有项目进行综合管理，为所有项目的指挥、监督、协调中心。

(3)作业管理层：项目直接实现者，这一层的管理直接决定项目合同目标的实现和项目实施中物质资源的节约、成本的降低。

2. 施工单位的结构系统

(1)围绕项目中心的职能结构，主要包括三个分系统：一是经营系统，其职能是项目的寻求和获得、须处理的项目外部关系事务以及生产要素的获得中需由企业解决的问题；二是技术系统，其作用是技术、质量和安全的服务、指导与监督，以及单位内部标准、定额的制定与管理；三是财务系统，其任务是为单位筹措资金、计划和控制资金的运用。

(2)施工单位战略发展、综合性的职能机构。

二、施工项目经理负责制

施工项目经理负责制是实行项目法施工的关键。实行项目法施工的施工单位，施工项目经理是代表施工单位管理施工项目全过程的负责人，负责项目目标的全面实现。对施工单位来说，施工项目经理是单位项目承包责任者、单位动态管理的体现者、项目生产要素合理投入和优化组合的组织者、参与项目施工职工的最高指挥者。

施工项目经理负责制，是项目法施工带有核心性质的一项内容，也是施工企业体制改革的重要组成部分。因此，要把施工项目经理负责制的这种管理的组织形式，作为一种实际推行的制度来认识，它必须具备一定的条件才能实行。

(一)施工项目经理的选择

1. 项目经理应具备的素质

(1)施工项目经理必须要有较全面的综合素质，能够独当一面，具有独立决策和工作的能力。如某方面较弱，则须在项目经理班子中配备相对能力较强的人。

(2)施工项目经理工作任务繁重、紧张，具有挑战性和创新开拓性质，所以项目经理应该具有较好的体质、充沛的精力和开拓进取的精神。

(3)项目经理要对项目的全部工作负责，处理众多的单位内外关系，所以必须具有较强的组织管理、协调人际关系的能力。这方面的能力比技术能力更重要。

(4)由于项目经理遇到的许多问题具有"非程序性"、"例外性"，难以套用书上现成的理论知识，而必须依靠实践经验。所以，一个称职的施工项目经理除要有丰富的理论基础知识外，还应具有相当丰富的实际工作经验。

2. 选择项目经理的方式

(1)由施工单位经理委任、指派。这种方式要求单位经理必须是负责任的主体，且知人善任。

(2)由施工单位与建设单位或施工单位内部协商选择。其优点是可以集中诸方面的意见，防止任人唯亲，形成约束机制。

(3)采取竞争招聘的方式。招聘范围可以局限在单位内部，也可扩大到社会。这样可以充分挖掘各方面人才,有利于加强项目经理的责任心和增强进取心。

（二）项目经理的责、权、利

1. 施工项目经理的责任

施工项目经理的责任主要有两个方面:一是要保证施工项目按规定的标准完工;二是在限定的人力、物力、财力条件下,保证工程按期保质完成。具体的主要责任如下:

（1）组织精干的项目领导班子。

（2）设计项目的组织形式和机构,适当配备项目组成员。

（3）做好项目组成员的思想工作。

（4）处理项目的内部及外部关系。

（5）制定项目计划,并负责工程进度、成本、质量和安全的控制与协调工作。

（6）落实项目的人力、物力和财力条件,组织项目施工。

（7）负责履行合同,处理工程变更,确保项目目标的实现。

（8）组织有关的协调会议,进行信息交流。

2. 项目经理的权利

项目经理的权利是实现施工项目经理承担责任的保证。其权利应贯穿到施工项目的所有方面,要贯穿到施工项目的全过程。

从施工项目全过程看,其权利应从施工项目投标前的准备工作开始直至项目完工。一般来说,项目决策前的权力较小,实施阶段的权力较大。

从施工项目所有方面看,施工项目经理的权利应涉及施工过程所有生产要素,其中包括人力、财力、物力、技术及组织管理等。其权力主要如下:

（1）有权处理与项目有关的外部关系,受委托签署有关合同。

（2）有权组织项目经理班子,设计组织形式。

（3）有权在合同范围内组织施工项目的生产经营活动。

（4）有权建立项目内实行的各种责任制,以及分配、奖惩制度。

（5）有权合理调配现场物资、资金、人员,安排部署施工任务与施工进度。

（6）有权拒绝接受违反项目承包合同的要求,协助处理工程变更事项。

3. 项目经理的利益

施工项目经理的利益是市场经济条件下责、权、利体系的有机组成部分,是施工项目经理行施权力和承担责任的动力。利益分为两大类:一类是物质利益,在我国目前条件下,其获得的形式是工资、津贴和奖金等;另一类是精神利益,包括晋级、表彰以及给予某种荣誉等。

（三）施工项目的经济承包

施工单位推行项目法施工,必须抓住经济承包这一核心。责、权、利的统一,体现了施工项目经理同施工企业的关系,是一种经济关系,应通过施工项目对施工企业的经济承包来确立。

（1）施工项目经济承包合同价款。合同价款主要取决于施工企业对建设单位工程承包合同的价款形式,以及施工企业的内部具体条件。

计价的标准可采用预算定额按施工图预算承包,也可采用施工定额按施工预算承包。

由于按施工图预算包干,扣除其中全部或部分的利润,计算较为方便,故一般多采用此种方式。

(2)施工项目经济承包形式。取决于工程承包合同的内容和施工项目经理介入或设立的时间。一般有以下形式:

①取得施工任务后再选择施工项目经理,然后根据工程承包合同内容,把工程任务的全部或部分承包给施工项目经理。这种方式是施工单位在投标时可以全面考虑的问题,只个别项目利益于施工企业整体利益中考虑,而且施工项目经理经济承包内容明确易行,但不利于施工项目经理在投标期间充分发挥作用。

②在准备招揽工程任务时,就选择施工项目经理,并确定他在一定的承包条件下,交纳固定总额或固定比例的利润。这种方式有利于充分发挥施工项目经理的工作能力去争取项目的施工任务,但是在这种形式中,施工项目经理一般难以全面地考虑施工企业的长远利益和整体利益。

三、项目法施工的运行

项目法施工的运行是指施工单位在一定的环境条件下,具体运用项目法施工模式管理项目施工活动的过程。

(一)项目法施工的运行机制

项目法施工的运行机制是项目法施工过程中运行的各要素的有机结合,各要素相互制约、相互作用,形成一种内在的力量推动项目法施工按其内在规律运行,从而实现目标。

1.项目法施工运行机制生产的内在基础

运行机制涉及运行的各要素和外部的环境。项目法施工的运行机制,根源于项目法施工运行的三个层级主体对各自物资利益的追求。在项目法施工中,施工单位要实行分项目的独立核算、自负盈亏,项目内部要实行作业承包和按劳分配制度,这样就使项目法施工运行中出现了相对独立的三个层级主体的利益:施工单位的收入、项目的收入、施工作业人员的收入。这种在共同利益基础上的相对独立的利益是项目法施工运行动力机制生产的内在基础。

项目法施工运行的三个层级主体利益的一致性,促使其相互协作,共同完成项目施工任务。项目法施工运行的三个层级主体利益的相对独立性,又促使其在相互制约中共同协作,完成项目施工任务。完成项目施工任务是三个层级主体利益实现的前提,只有以施工项目为核心运行,才有可能实现较高的效率、最大的效益,才能使各层级主体的收入高于相应的社会平均收入。

正是这种以施工项目为核心,在共同利益基础上的主体间相互协作和相互制约的过程和关系,推动着项目法施工的运行,构成了项目法施工运行的内在动力机制。

2.项目法施工运行机制的特征

项目法施工的运行机制与传统的施工管理模式运行机制不同,主要表现在以下几个方面:

(1)运行的自主性。项目法施工的运行是其内在各要素相互作用的结果,是一种自主的运动过程,目的明确,具有巨大的潜力。

（2）运行的整体性。项目法施工运行的目标是国家、投资者、施工单位目标的统一，是项目成本、工期、质量和产值目标的统一，是施工单位内部三个层级主体目标的统一。项目法施工的运行是各生产要素和施工单位各项组织管理活动全面配套的运动。

（3）运行的动态性。从宏观上看，推行项目法施工，是为了使建筑生产要素或施工技术力量与施工项目的需要不断保持着动态的适应。具体到一个项目上看，每一个项目都是在特定的地点和时间施工的，内外条件会不断发生变化，为保证项目的顺利实施，生产要素的配置与组合也必须随着变化。所以，对项目的管理必须是动态且有序的。

（二）项目法施工运行的要素

1. 运行的主体

项目法运行的主体，从总体上说就是施工单位。由于施工单位是由不同层次、不同职能的人员组成的，故其主体又可细分为施工单位经营管理层成员、项目经理部成员及施工作业班组成员。项目法施工运行是在其运行主题的操纵下实现的

2. 运行的目标

项目法施工的运行作为施工单位的一种自主活动，要有明确的目标。这一目标包括通过运行达到项目法施工模式设计的要求，即运行的目标就是实现设计的目标，以及通过运行对设计的模式进行检验、修正和完善。

3. 运行的规则

任何一项有目标的活动都必须遵循一定的运行规则。项目法施工的运行规则主要包括：

（1）按照项目法施工模式的设计标准与要求运行。

（2）按照价值规律和工程建设规律的要求运行。

（3）按照施工项目的工程特点运行。

4. 运行的信息系统

项目法施工有效运行的前提是有一个完善的运行信息系统。该系统包括国家宏观控制信息、市场信息、单位内部信息。运行的主体要根据掌握的信息作出决策，调节项目的运行，而运行的状况要通过信息传递给运行主体。

5. 运行的客体

项目法施工运行的客体是施工项目。以施工项目为核心运行是项目法施工运行不同于以往施工管理模式运行的重要特征。上述四个运行要素最后都要在施工项目上体现出来，从而实现各自的价值和效用。

（三）项目法施工有效运行条件

项目法施工工作为施工单位的一种经济管理模式，除本身的设计和运行需要符合一定的标准和要求外，其有效运行还需要一定的条件。

1. 适宜的运行环境

项目法施工运行的环境，包括单位的外部环境和内部环境条件。

外部环境是指社会环境，主要是国家宏观经济管理和政策环境、建筑市场环境以及建设单位状况等。

施工单位的内部条件，包括单位的经营战略、组织结构、技术装备、内部市场环境以及

内外人际关系等。

适宜的环境,是指符合项目法施工运行基本要求,即项目施工在其中运行不会遇到过大阻力的环境。

2. 施工单位的人员要具有一定的素质

项目法施工在环境、条件一定的情况下,其运行效果取决于施工单位的素质。虽然技术水平和管理水平对推行项目法施工具有非常重要的作用,但技术和管理的最终载体还是人,归根到底还是人的素质问题。

施工单位的人员一般可分为经营决策管理人员、一般技术和管理人员、作业工人三部分。

施工单位经营决策管理人员的主要职责,是对单位总体进行管理,而不是对具体事务的管理,需要战略管理的素质、创新的思想意识和全局观念。尤其是单位经理,需要具有广博的知识、丰富的经验和创造性、全局性的思想。

施工单位一般技术和管理人员的主要工作,是对某一方面或某种具体工作的技术或管理任务负责,不一定需要有很广的知识面和战略管理水平,最需要的是某一方面或从事某种具体工作的素质。如项目经理,必须对项目施工全过程的业务很熟悉,而不一定熟悉单位宏观战略的制定。

施工单位的作业工人,主要负责某一方面具体工作的操作,管理能力不要求很强,需要的是技术水平、具体的操作熟练程度和操作能力。

无论是哪一层次的人员,其思想素质都必须强调,项目法施工的推行,离不开人的思想观念的转变。